本书受到华中科技大学文科学术著作出版基金和华中科技大学文科双一流建设项目基金（区域高等教育发展研究中心）的共同资助

批判性思维能力增值研究系列丛书
主　编◎沈　红

中国本科生
批判性思维能力增值研究

张青根　著

中国社会科学出版社

图书在版编目（CIP）数据

中国本科生批判性思维能力增值研究／张青根著.—北京：中国社会科学出版社，2023.9

（批判性思维能力增值研究系列丛书）

ISBN 978-7-5227-2364-8

Ⅰ.①中⋯ Ⅱ.①张⋯ Ⅲ.①大学生—思维方法—研究—中国 Ⅳ.①B804

中国国家版本馆 CIP 数据核字（2023）第 145123 号

出 版 人	赵剑英
责任编辑	赵　丽
责任校对	王　晗
责任印制	王　超

出　　版	中国社会科学出版社
社　　址	北京鼓楼西大街甲 158 号
邮　　编	100720
网　　址	http://www.csspw.cn
发 行 部	010-84083685
门 市 部	010-84029450
经　　销	新华书店及其他书店
印　　刷	北京明恒达印务有限公司
装　　订	廊坊市广阳区广增装订厂
版　　次	2023 年 9 月第 1 版
印　　次	2023 年 9 月第 1 次印刷
开　　本	710×1000　1/16
印　　张	19
插　　页	2
字　　数	302 千字
定　　价	99.00 元

凡购买中国社会科学出版社图书，如有质量问题请与本社营销中心联系调换
电话：010-84083683
版权所有　侵权必究

总　　序
批判性思维能力增值研究系列丛书

2008年，华中科技大学出版社开始出版由我主编的"21世纪教育经济研究丛书·学生贷款专题"，主体内容集中在高等教育学生财政上，如《国家助学贷款运行机制》《学生贷款的补贴》《学生贷款的担保》等。2014年，中国社会科学出版社开始出版由我主编的"高等教育财政研究丛书"，主体内容涉及《中国公办高校学费标准研究》《学生贷款的社会流动效应研究》《后4%时代教育投入与高校绩效薪酬研究》《我国高等教育支出责任与财力保障的匹配研究》等。可以看出，上述两套丛书名和入选著作选题是密切关联并有推进之意的，从"高等教育学生财政"（Higher Education Student Finance）向"高等教育财政"（Higher Education Finance）扩展。2016和2018年，我和我的团队在中国社会科学出版社分别出版了《中国高校学生资助的理论与实践》和《大学教师评价的效能》两本集成性著作，向学术界和社会大众报告我们自1997年到2018年这22年间有关"高等教育学生财政"和"学术职业与大学教师"研究的系列成果，我们从经济、财政与管理的角度，重点研究高等教育中的学生发展和教师发展。2019年，仍在中国社会科学出版社，我主编的"教育经济研究"系列丛书开始出版，主要涉及到《中国文凭效应》《丝绸之路沿线省域学科与产业的协同》《中国过度教育的形成与效应》等。现在，2023年，由我主编的"批判性思维能力增值研究"系列丛书也开始陆续出版了，这是我从事高等教育经济与财政系列研究20多年来出版的第四套丛书。

本人的学士、硕士和博士学位，本人的讲师、副教授和教授职称都来自华中科技大学，于2019年9月以讲席教授身份入职南方科技大学并任高等教育研究中心主任。我是77级工科本科生，毕业后先任高校工科助教并兼任校教务科科长，1988年2月才开始专门从事高等教育研究。35年来，得到著名的中国大学校长（任职华中工学院主要校领导31年）朱九思教授、美国纽约州立大学总校前校长Bruce Johnstone教授（"高等教育成本分担"的提出者，著名的教育经济与财政研究专家）的多年指导。正因为如此，我的研究领域在"高等教育管理学"和"教育经济学"两领域之间得以交叉。1997年，我完成了国内第一部专门研究"研究型大学"的博士学位论文并于1999年出版专著，机缘巧合地为"985工程计划"的实施做了些许理论准备。因中国大学学费政策改革和学生资助实践的需要以及本人做计量研究的可行性，在国家利益的需求下，自1999年起我跟随世界著名高等教育财政专家们（美国的Bruce Johnstone，澳大利亚的Bruce Chapman，以色列的Adrian Ziderman）专门研究高等教育学生财政问题，擅长于学生贷款的财政计算和政策设计。由于中国高等教育全球影响力的增长，也由于本人学术声望的提高，2004年底我接受了由某些国家高等教育研究专家自发构成的"高等教育研究共同体"的邀请，领衔中国学者团队参加了近20个国家持续合作研究十年的"学术职业变革（Changing Academic Profession，CAP）"项目，具体讲是专门研究本科院校大学教师发展及其管理的。总结来看，在自1988年算起的35年的从事高等教育研究的学术生涯中，我的研究思想和学术成就集中在对"大学与大学财政""大学生""大学教师"的研究上，并在这三个研究领域指导了98名博士（生）和66名硕士，是6位博士后的合作导师。

多年对研究型大学的研究和大学教师的研究，促使我思考"大学发展和教师发展的标志是什么"？除了大学或教师，其本身向上走、所在学科和所在机构向上走之外，更重要的是，要使学校和教师的教育教学对象——学生——能够向前进。

一般而言，教育，给人以知识，给人以能力，在给人的知识中也包含着如何提高人的能力的内容。接受高等本科教育的学生的主体年龄在

18至22岁，其知识与能力的积淀，既来自此前多阶段的教育成长，也来自人的生理与心理的自然成熟，还来自人与人之间、人与自然之间经交往见识的社会成长。所以，人的知识增长与能力增长是自然的、社会的、教育的多维作用相叠加的结果。凝聚在学生身上的含知识、能力、技能、健康、见识等要素在内的人力资本，在"毕业面对劳动力市场筛选时"与"入学接受高等教育录取时"有什么不同呢？这个"不同"就是我们所说的高等教育增值（Added-Value in Higher Education）。

2015年开始，我带领着我的主要由博士生和少量硕士生构成的研究团队在高等教育增值问题上不断钻研，2016年成功申请并获批国家自然科学基金面上项目"高等教育增值与毕业生就业之间的关系——基于教育经济学的理论分析与实证检验"。在项目执行过程中，研究团队做了许多开创性工作，如结合国内外多学科专家力量，研制出具有本土化特点的客观的批判性思维能力测试工具，还有创造力、人际交往能力、问题解决能力测试量表。2016年冬天，研究团队对全国16省83所高校的1.6万名本科生进行了批判性思维力能力、创造力、人际交往能力、问题解决能力的水平测量，得到的有效样本数为15336，并于2019年秋季学期对参加2016年四项能力测试的大一（2019年时为大四）学生进行了相同的四项能力的"后测"，得到有效样本1440人。基线测试与追踪测试过程都伴随着有关被试个人成长情况、家庭背景情况、大学学习投入等方面的内容丰富的调查问卷。在上述工具研制及调查数据采集基础上，我们团队近年来在高等教育增值研究领域产出博士后出站报告1篇、博士学位论文和硕士学位论文各9篇，发表期刊论文30余篇，撰写高校调研分析报告近百篇，获得了2项省部级社会科学研究优秀成果奖，并衍生了多项国家级和省部级科研项目。在诸多研究中，最突出的成果集中在有关中国本科生批判性思维能力增值问题上。这就是本套丛书"批判性思维能力增值研究系列"诞生的理由。

我和我的团队成员集体撰写的《中国本科生的高等教育增值》，是对国家自然科学基金面上项目"高等教育增值与毕业生就业之间的关系"研究进展与成果的系统性总结，特别是把高等教育增值研究中最重要、最具精华、最有思想、最适合传承的部分呈现出来，尤其是全面梳理了中国本科生在高等学校就读期间的批判性思维能力、创造力、人际交往能力、问题解决能力等四项通用能力的现状水平及其增值。张青根博士的《中国本科生批判性思维能力增值研究》，是在其博士后出站报告基础上改写而成的，该著作使用了多元的量化分析方法，专门探讨本科生批判性思维能力增值的程度及其关键性影响因素。陶威博士的《家庭背景对中国本科生批判性思维能力增值的影响》，着力探讨城乡、区域、家庭类型、是否为独生子女、父母受教育年限、家庭经济水平等家庭背景因素对本科生批判性思维能力增值的影响效应及其作用路径。汪洋博士的《性别对中国本科生批判性思维能力增值的影响》，基于社会性别理论、大学生认知发展理论和院校影响力理论，探讨了本科生在大学期间的批判性思维能力增值的性别差异及其影响因素。李文平博士的《学习性投入对中国本科生批判性思维能力增值的影响》，从学生就学期间所能参与的各项学习性活动入手，系统探讨了可控、可变的学习性投入要素对批判性思维能力增值的影响及影响机制。然而，本套丛书不止于以上几本，我们会以开放的态度，安排更多的相关优秀成果列入其中。

  我衷心感谢本套丛书中每本著作的作者！感谢为我们的本科生批判性思维能力增值研究提供良好学术环境和工作条件的华中科技大学和南方科技大学！感谢中国社会科学出版社和各位责任编辑给予的大力支持！感谢阅读我们的成果、理解我们追求的每一位读者！

2023 年 6 月 6 日
南方科技大学文科楼 B206

序
将大学建成一个锤炼思维的场所

　　爱因斯坦是 20 世纪最伟大的科学家，他对教育也有很多深刻见解。他曾经说过，大学教育的价值，不在于学习很多事实，而在于训练大脑会思考。爱因斯坦这里说的事实就是知识。知识当然重要，但是传授知识不是教育的全部任务。他在这里提出了有关教育价值的一个新命题，就是教育的价值不是让学生记住很多知识，而是训练学生的思维。这就提出了教育价值超越知识的另一个维度——思维。而恰恰是在这个维度上，我们中国教育是薄弱的。大学教育亦然。

　　长期以来，我们高度重视教育，是因为它能够让学生掌握知识。在中国长期盛行的应试教育，更是一种知识本位的教育。在上世纪 80 年代，教育界曾经讨论过教育学的逻辑起点，当时给出的一个比较权威的答案就是知识的授受。在这种教育模式下，学生的任务是学习知识，教师的职责是传授知识，学校的任务是保存知识。这些似乎都是天经地义的。

　　知识有各种类型，包括基础知识、专业知识和前沿知识。在现代科学进入学校之前，所谓的知识主要是人文知识和实用知识。随着现代科学的强势崛起并大规模进入学校，知识更多体现为科学知识，包括自然科学知识和社会科学知识，以及各类实用知识。在中国的应试教育中，知识往往被处理为"知识点"，表现为关键概念、基本理论和定理公式。

事实上，重视知识是现代社会的共同特征。培根提出的"知识就是力量"这句名言，已经产生了世界性影响，说明在现代社会中，知识的确是改变世界的力量。在中国，知识也常常与人的命运联系在一起，更有知识改变命运的说法。无论是历史上的科举制度，还是今天的高考制度，都是通过学习知识改变命运的重要制度。

在当今中国教育界，以知识为本位的教育观念派生出一系列教育制度，进而催生出极具中国特色的教育与学习实践。首先是学生被迫投入超多的时间学习知识。据考察，中国学生比主要发达国家学生用在学习知识上的时间平均每天多两个小时。毫无疑问，这种时间安排会产生对其他活动的挤出效应，由于用在学习知识上的时间多了，投入到其他更有意义、或者也更有趣味活动的时间自然就少了。被挤出的既包括音体美等边缘活动，也包括好奇心、想象力和思维训练，尤其是批判性思维这样的高阶思维能力训练。

这种知识本位的教育带来的一个直接结果是学生学习负担超重，不仅反映在校内学业负担重，而且也反映在课外培训负担过重。负担过重的一个直接后果是对学习兴趣的损害。中国学生普遍缺乏内在学习兴趣，在一定程度上封闭了认知发展的上限。最重要的是，这种教育极可能养成封闭型思维模式，存在太多的思维定式。最近教育行政部门推出了双减政策，试图减少学生校内外学业负担，但效果似乎极为有限。其实，还在新中国成立初期，政府就意识到过度的教育竞争导致的中小学生学业负担过重的问题，也一直试图根治这一问题。但学生的学业负担反而越减越重，体现出另类黄宗羲定律。

在以知识为本位的教育观念下，学生为应对考试而形成了一系列行之有效的学习方法。对于文科题目，通行的是"死记硬背"。而对于理科题目，除了死记硬背公式和概念，就是通过"大量刷题"来形成感觉，磨练解题技巧，最终达到掌握知识的目的。如此，从各级学校脱颖而出的学生往往是会考试的学生。当然，在高分考生中，也的确存在部分各方面均十分优秀的学生。

这种以知识为本位教育方式也被用于拔尖创新人才的培养。在拔尖创新人才的培养上，大面积使用的方法是所谓的"因材施教"，其本质依然是知识的训练。其具体方式为先选出一批优秀学生，给他们安排更好的教师，提供更适宜的环境，核心则是完成更多、更难的知识教学任务。这种拔尖创新人才培养的小灶模式曾经风行全中国，中科大少年班可谓其中的典型。从这种小灶中产出过杰出人才吗？当然产出过。问题在于，即使产出过杰出人才，到底是小灶的功效，还是这些杰出人才本身足够优秀，即使经受了小灶的摧残依然富有创造力，很难给出结论。

当代中国正处于转型时期，各行业各领域均面临很大的挑战。现在提得比较多的是要把中国建设成为创新型国家。考虑到中国巨大的人口规模、教育规模和经济规模，尤其是高等教育规模，这一目标的实现是值得期待的。但反观现实，中国离创新型国家似乎还很远。无论是以代表顶级原创性成果的诺贝尔奖来衡量，还是以高新科技的占有率来衡量，中国都算不上创新型国家。

中国为什么迄今尚未建成创新型国家？原因当然包括文化传统、法治制度、产权保护以及国有制的问题，但也与中国教育体系的价值取向高度相关。在中国，从幼儿园到小学、大学、再到研究生，一直都强调死记硬背，强调掌握知识和硬技能。这种教育当然很难支持创新型国家的建设。为了向创新型国家转型，就必须侧重思辨能力的培养，致力于养成成长型思维模式，这就要求我们转变教育理念，从强调知识本位过渡到强调思维本位。事实上，重视思维训练是欧美发达国家教育的共同特征。20世纪80年代以来，批判性思维能力被主要国际组织视为高阶核心认知能力，各级学校，尤其是大学，首先是探究的场所，是思维训练的场所。

可喜的是，我们已经开始重视思维训练了。从小学到大学，批判性思维课程得到了广泛开设。但是，经过包含批判性思维训练的新型教育之后，学生的思维水平果然得到提高了吗？换言之，我们的教育成功实现了从知识本位向思维本位的转变吗？这一问题值得研究。

张青根副教授的专著《中国本科生批判性思维能力增值研究》正是以大学教育如何影响本科生批判性思维能力增值为研究内容的一部高水平研究成果。该书基于人力资本理论和院校影响力理论，运用问卷调查和计量分析等方法，设计了本科生批判性思维能力增值的测度方案，考察了本科教育经历对批判性思维能力增值的影响，讨论了本科生早期成长特征与批判性思维能力增值之间的关系，归纳总结了本科生批判性思维能力增值的基本特征。全书立意高远，内容充实，主题突出，思路清晰，结构严谨，论证深入，其中不乏真知灼见。

是为序。

贾永堂

华中科技大学教科院

2023 年 6 月 30 日

目　录

第一章　绪论 ……………………………………………………（1）
　第一节　问题的提出 ………………………………………………（1）
　第二节　研究意义 …………………………………………………（4）
　第三节　概念界定 …………………………………………………（6）
　第四节　文献综述 …………………………………………………（10）
　第五节　研究思路与方法 …………………………………………（31）

第二章　理论基础与研究设计 …………………………………（34）
　第一节　理论基础 …………………………………………………（34）
　第二节　本书的理论分析框架 ……………………………………（43）
　第三节　测试工具 …………………………………………………（44）
　第四节　数据来源 …………………………………………………（49）

第三章　本科生批判性思维能力增值测度 ……………………（51）
　第一节　增值测量方法及其应用模型 ……………………………（51）
　第二节　基于 HLM 的残差差异法下的本科生批判性思维
　　　　　能力增值 …………………………………………………（68）
　第三节　反向测度法下的本科生批判性思维能力增值 …………（82）
　第四节　基于基线与追踪调查数据的直接测度法 ………………（88）
　第五节　本章小结 …………………………………………………（94）

第四章　本科教育经历与批判性思维能力增值 …………………（95）
- 第一节　学校类型、学科差异与批判性思维能力增值 …………（95）
- 第二节　"一流大学"建设高校与批判性思维能力增值…………（106）
- 第三节　本科学习成绩与批判性思维能力增值 …………………（115）
- 第四节　科研参与与批判性思维能力增值 ………………………（136）
- 第五节　本章小结 …………………………………………………（159）

第五章　早期成长特征与批判性思维能力增值 …………………（162）
- 第一节　早期流动求学经历与批判性思维能力增值 ……………（162）
- 第二节　独生子女与批判性思维能力增值 ………………………（177）
- 第三节　家庭第一代大学生与批判性思维能力增值 ……………（189）
- 第四节　高考发挥失常经历与批判性思维能力增值 ……………（204）
- 第五节　本章小结 …………………………………………………（230）

第六章　本科生批判性思维能力增值的基本表征 ………………（233）
- 第一节　本科生批判性思维能力增值的三重属性 ………………（233）
- 第二节　本科教育经历对批判性思维能力增值影响的四类差异 ……………………………………………………………（235）
- 第三节　早期成长特征与批判性思维能力增值之间的四种效应 ……………………………………………………………（241）
- 第四节　中国本科生批判性思维能力发展的理论空间 …………（243）

第七章　批判性讨论 …………………………………………………（250）
- 第一节　创新与不足 ………………………………………………（250）
- 第二节　增值性评价与本科教育质量：质量诉求与现实困境 …………………………………………………………（253）

参考文献 ………………………………………………………………（261）

后　记 …………………………………………………………………（290）

第 一 章

绪 论

第一节 问题的提出

一 培养大学生批判性思维能力是高校服务新时代经济社会发展的应有之义

批判性思维是一种合理的、反省的思维[①],强调对观点、假说、论证等持审慎的态度,在敢于反省、谨慎论证的科学逻辑下寻求思想、制度、技术等方面的突破与创新。国家经济要保持强劲增长和持续发展,提高全体人民的创新能力至关重要,而提高创新能力的前提是提高人们的批判性思维能力,只有人们能够自觉进行反思性、审慎性思维,才能够提出新问题,出现新思想。在一定程度上说,社会成员批判性思维能力的发展"将决定国家的生活质量乃至整个世界的未来"[②]。为此,批判性思维能力是创新创造的必要条件。

从国际经验上来看,20世纪80年代以来,批判性思维能力——作为高阶"核心认知能力"——被越来越多的国际专业机构或高校组织重点关注。如,美国大学联合会将大学生批判性思维能力认定为21世纪学生必须具备的学习成果之一[③],其组织的雇主调查也显示81%的美国雇主最

[①] Ennis R., "Critical Thinking: A Streamlined Conception", *Teaching Philosophy*, Vol. 14, No. 1, 1991.

[②] Hunt E., *Will We Be Smart Enough*? New York: Russell Sage Foundation, 1995, p. 23.

[③] AACU, *Essential Learning Outcomes*, 2005, http://aacu.org/leap/essential-learning-outcomes.

关注大学生的批判性思维能力①，全球最大的美国管理教育机构 AMA 调查发现，97.2%以上的企业管理者认为批判性思维技能最重要②，21 世纪技能合作组织更是将批判性思维能力作为全球知识经济时代最迫切需求的核心能力纳入《21 世纪技能框架》③。为此，大力发展社会成员的批判性思维能力成为国际社会或组织的共识。

从中国现实上来看，尽管中华人民共和国成立以来特别是改革开放40 多年以来，中国经济社会发展取得了举世瞩目的伟大成就，综合国力不断增强，科技整体能力持续提升，一些重要领域跻身世界先进行列，正处于从量的积累向质的飞跃、点的突破向系统能力提升的重要时期。但我们必须深刻认知，在中国已经成为具有重要影响力的经济与科技大国的同时，总体的科技创新基础与创新能力不强，科技发展水平总体不高，科技创新对经济社会发展的支撑能力不足，科技对经济增长的贡献率远低于发达国家水平，已成为中国经济的"阿喀琉斯之踵"。特别是，近年来，伴随着经济新常态下的产业结构变迁及人工智能技术发展等带来的行业变革，当前新时代经济社会发展对创新创造的需求愈发强烈，而其核心在于拥有批判性思维的人才。为此，传授批判性思维知识、发展批判性思维技能以及培养具有批判性思维态度和习性的批判性思维者（即能在适当的时候愿意并善于进行批判性思维的人），已然成为中国高等教育系统的应有之义。

二　批判性思维能力增值是评价与检验高等教育质量的重要手段

当今时代，社会公众越来越关注高等教育质量，高校机构如何利用有限的教育资源最优化培育社会需求人才，已被呈现在聚光灯之下，日益公开透明。高等教育机构的效率和效力如何成为社会利益相关者评价

---

① AACU., *Falling Short? College Learning and Career Success*, 2015, http://www.aacu.org/stes/default/files/files/LEAP/2015employerstudentsurvey.pdf.
② 彭正梅、邓莉：《迈向教育改革的核心：培养作为 21 世纪技能核心的批判性思维技能》，《教育发展研究》2017 年第 24 期。
③ Partnership for 21st Century Skills, *Framework for 21st Century Learning*, 2015, http://www.p21.org/storage/documents/P21_framework_0515.pdf.

和监督教育质量的关键指标,高等教育增值评价也成为高等教育机构和研究者关注的热点问题。

但实际上,对人才培养质量的评价是极为困难的,甚至可以说是一道"世界难题"。由于教育在给人以知识的同时也在提高人的能力,那么高等教育人才培养的质量可以用"在校期间的知识增长量和能力增值程度"来反映。现实中,知识增长量是难以测量的,因为读书量的多少并不等于知识量的多少;通过多次考试得到的学业成绩分数或者 GPA 的提高量只能在狭窄的知识领域可用来表示知识增长量,且不具有个体间、课程间、教师间、院校间的可比性。相对而言,能力的增值幅度是可测且多维度可比的。当然,能力有细分,专业能力与所学专业相关;通用能力指的是一般性的基础能力,应与专业壁垒无关,可在所有学生间进行比较。但通用能力有多种多类,如,批判性思维能力、创造能力、人际交往能力和问题解决能力等。批判性思维能力是一种高阶核心认知能力,是其他通用能力发展的基础。为此,高等学校能否构建科学完善的本科教育课程体系和开展丰富多彩的课外活动,帮助本科生养成问题意识、质疑精神、批判性思维和创新能力、为经济社会发展和高层次人才培养提供源源不断的新鲜血液等成为检验其教育质量的重要手段。

2016 年 7 月 31 日《纽约时报》刊登的"研究新发现:中国学生在大学前具备超常的批判性思维"报道引发了多位著名专家的讨论。[①] 报道中说,斯坦福大学的研究团队测试了中国大陆 11 所大学的 2700 名计算机科学和电子工程专业学生的批判性思维能力,结果显示,中国大一新生在刚进大学时,批判性思维能力比美国和俄罗斯同龄人领先两到三年。但随着年级升高,中国学生逐渐失去领先优势。入校两年后,中国大学生的批判性思维没有提高,外国大学生却取得长足进步。该报道还批评了中国大学教育质量低下,无法提高大学生的批判性思维能力。[②] 尽管这项研究是具有重要意义的,但在测试工具、所得数据及研究方法等方面仍

[①] 该报道刊发出来后,经济学家钱颖一教授、批判性思维研究专家董毓、武宏志教授等对此展开热烈讨论。

[②] Javier C. Hernandez, *Chinese Students Excel in Critical Thinking —until University*, 2016, https://www.nytimes.com/2016/07/31/world/asia/china-college-education-quality.html.

存在一些值得商榷之处：一是研究的测试工具由美国ETS开发，具有很强的国别特色（如国家文化、校园文化、社会习性等），尽管研究者在汉化过程中检验了所用测评工具的信效度与难度系数等，但是否适合用来测试本土大学生的批判性思维能力仍值得怀疑；二是研究采用的批判性思维能力测试工具仅仅考察了大学生在"识别假设、测验假设和发现变量间的关系"上的能力，并未测验涵括在批判性思维能力中的其他技能（如，和分析论证、评估和发展相关的技能等），而该项测试所测的技能并不被该专业领域学者认为是批判性思维能力；三是来自11所被试大学的两个理工科专业的学生样本代表性不足，不能由此推论中国大学教育质量低下；四是该报道并未交待如何利用横截面数据来测度大学生批判性思维能力跨年度增长，单纯比较大一和大三学生的批判性思维能力的均值差异并不能反应高等教育期间的增值状况。那么，事实到底如何？中国大学教育真的无法提高批判性思维能力吗？

为此，本书基于本土化批判性思维能力测试工具，追踪调查与测试中国本科生批判性思维能力水平及其增值，实证检验中国本科生批判性思维能力增值状况。

第二节　研究意义

一　理论意义

第一，基于中国经验材料对人力资本理论进行再检验。教育与生产率之间的关系一直是劳动经济学研究中未解的难题，人力资本理论提出教育可以提高个人的人力资本存量，提高个人能力，进而提高劳动生产率。但这种提法也仅停留在抽象的理解层面，并未得到实证研究的验证。即使是美国20世纪60年代之后大力推进教育投资，也并没有显著提高生产率、就业率，国民收入差距反而逐渐变大。也正是在这一时期，筛选理论逐渐发出自己的声音，认为教育并不能提高个人能力，只是作为一种筛选装置将不同能力的个人区分出来。筛选理论一定程度上解释了人力资本理论面临的难题。自此，人力资本理论与筛选理论之争开始登上历史舞台。然而，随着大量实证研究的进行，经济学家们都无法明确地对人力资本理论或筛选理论进行验证或验否，两个理论也开始走向融合，两者的争论焦点也发生着变化，一条主线是："从"教育到底具有哪个功能（生产性功能，还是信息功能？）"到"教育同时具有生产性功能和信息功能，但孰重孰轻？"，再到"人力资本理论和筛选理论：谁涵括谁？"等等。所有这些争论都未得到明确答案，世界各国的研究者都尝试基于不同的经验材料从不同角度对此进行研究，加入争论的大军。因此，基于中国经验材料，研究中国本科生批判性思维能力增值状况是对人力资本理论最直接的实证检验，为理论发展增添来自发展中国家的素材。

第二，探讨中国本科生批判性思维能力增值的内在机制，检验院校影响力理论的本土适应性。教育具有提升人的能力功能，但教育影响学生能力发展的内部作用机制又是什么呢？研究者们从微观层面剖析高等教育是如何影响大学生能力发展的，并在大量经验研究基础上构建了一系列院校影响力理论，如阿斯汀的 IEO 模型及学生参与理论、汀托的学生辍学理论、帕斯卡瑞拉的变化评定模型等。这些理论本出自西方国家，是否适合用于中国，需要用本土的实证研究对其进行理论检验，或理论校正，甚至做到理论扩展。本书正是通过收集本土化的实证数据，来分析中国高校本科生批判性思维能力增值及其内在机制，以达到院校影响力理论在中国的适应性检验。

二 实践意义

第一，有助于高校管理者和广大教师了解当前本科生的批判性思维能力水平、增值及其影响因素，找到促进本科生批判性思维能力发展的路径和方案，为以学生为中心、服务大学生能力发展、提高本科教育质量等目的的实现提供针对性建议，如，高校应制定哪些相应的校内政策、规则及具体方案，开展哪些课内外活动，实施哪些教育教学改革等。进而，尽可能地为未来推广研究结论提供参考，如，为提高全民的批判性思维意识及能力，地方和中央政府要制定哪些政策，提供哪些条件，开展哪些活动等。

第二，有助于学生个体了解自身批判性思维能力水平及其提升途径、优化本科期间的学习、科研和各种活动的时间和精力投入，以期获得最大程度的批判性思维能力的提高。

第三节 概念界定

一 批判性思维能力

批判性思维概念最早由美国哲学家约翰·杜威提出，他在《我们怎样思考》著作中提出了"反思性思维是根据信仰或假定的知识背后的依据及可能的推论来对他们进行主动、持续和缜密的思考"。[1] 这种"反思性思维"的本质是对"信仰或假设的知识"进行系统检验，一个或多个假设被当作可能的解决方案提出来后，人们设计并用系统的观察和实验来检验这些假设，再对实验结果进行定性或定量的分析和解释，随之产生一些猜测性但需要进一步检验的结论。他认为，"如果提议一提出就马上被接受，那么我们的思考是非批判性的，反思极少。要将它在头脑中反复考虑，进行反思，就意味着要搜寻另外的证据，搜寻那些会发展这个提议的证据，如我们所说，或支持它，或搜寻把它的错误揭示出来的新证据……简言之，反思性思维就是在进一步探究之前延迟判断。"[2]

奥舍尔·史密斯将批判性思维定格在评估的范畴，"如果我们要找出一个陈述的意思，并决定是接受还是拒绝它，我们便会进行思考。由于没有更好的词，我们称这种思考为批判性思维"[3]。在此基础上，罗伯特·恩尼斯将杜威"反思性思维"的逻辑起点"信仰或假设的知识"改变成"陈述"，将批判性思维定义为"对陈述的正确评估"以及"为决定相信什么或做什么而进行的理性的、反省的思维"，从 12 个方面界定了这一行为且对其正确表现列出了标准[4]，研究具有里程碑意义。

---

[1] Dewey John, *How We Think*, Boston, New York and Chicago: D. C Heath, 1910, pp. 6 – 13.

[2] Dewey John, *How We Think*, Boston, New York and Chicago: D. C Heath, 1910, pp. 6 – 13.

[3] Smith B., "The Improvement of Critical Thinking", *Progressive Education*, Vol. 30, No. 1, 1953.

[4] Ennis R., "A Concept of Critical Thinking: A Proposed Basis for Research in the Teaching and Evaluation of Critical Thinking Ability", *Harvard Educational Review*, Vol. 32, No. 1, 1962.

在批判性思维研究的进程中,越来越多的学者对其进行了专门的定义和评估,如理查德·保罗[1]、亚力克·费舍尔和迈克尔·斯克里芬[2]、斯蒂芬·诺里斯和恩尼斯[3]等,人们对"批判性思维"的定义和内涵上存在诸多争论。直到1990年,彼得·范西昂运用德尔菲法,邀请了46位心理学家、教育研究者和哲学家对批判性思维的概念和内涵进行判断,得出了一份批判性思维的专家共识,"有目的的、自律性的判断,通过这种判断得到针对它所依据的那些证据性、观念性、方法性、标准性或情境性思考的阐述、分析、评估、推导以及解释……"[4]。专家共识不再将批判性思维局限于评估的范畴,认为批判性思维至少包含情景分类、解图、解述语句、设计方案、提出替代方案或假设、判断前提和推理的可接受性以及推导出结论等能力。这份专家共识对评估、指导和完善批判性思维教育具有极大意义。

除了批判性思维的核心内涵外,研究者们也格外关注批判性思维的行为过程,构建批判性思维的要素图、行动框架或"思维图",意图告知人们如何运用批判性思维的核心技能和态度在合适的时间批判性思考某个问题、假设或观点。典型的代表有,恩尼斯将批判性思维过程归纳为六要素模式"FRISCO":①识别重点:主要观点或主要问题(Fcous)。②识别并评估相关理由(Reasons)。③判断推论(Inference)。④注意情景:产生意义和规则的背景(Situation)。⑤确立和保持语言的明确性(Clarity)。⑥重新审视自己的探究、决定、知识及推论(Overview)。[5] 米罗斯·简尼塞克和戴维·希契柯克将批判性思维描述为解决问题的一种形

---

[1] Paul R., "Critical Thinking in North American: A New Theory of Knowledge, Learning and Literacy", *Argumentation*, Vol. 5, No. 3, 1989.

[2] Fisher A., Scriven M., *Critical Thinking: Its Definition and Assessment*, Point Reyes: Edgepress, 1997, p. 20.

[3] Norris S., Ennis R., *Evaluating Critical Thinking*, Pacific Grove: Midwest Publications, 1989, p. 3.

[4] Facione P., "Critical Thinking: A Statement of Expert Consensus for Purposes of Educational Assessment and Instruction", *Research Findings and Recommendations Prepared for the Committee on Pre-College Philosophy of the American Philosophical Association*, Eric Document ED, 1990, pp. 315-423.

[5] Ennis R., "A Concept of Critical Thinking: A Proposed Basis for Research in the Teaching and Evaluation of Critical Thinking Ability", *Harvard Educational Review*, Vol. 32, No. 1, 1962.

式，存在七个要素，分别是：①问题识别与分析：识别主要疑问或论点，如有需要将其分解成更小的组成部分。②澄清意义：明确单词、词组、句子以及对问题的澄清等。③搜集证据：获得与问题相关的证据。④评估证据：判断证据的质量。⑤推导结论：依据最好的证据推导结论，或评估他人作出的推导。⑥考虑其他相关信息：可能的例外情况、外在条件、假设性结论的含义、其他替代立场及理由、可能的反驳和批评等。⑦综合判断：综合前面所有要素，对问题进行综合判断。[①] 由上述代表性的"思维图"可以看出，批判性思维超越了单一论证的维度，包含对证据本身的批判性评估，具有创造性成分，如，提出并评估替代观点，从中选择最好的方案。[②]

从教育的角度来看，批判性思维可分为两个层次，一是"能力"层次，是一种与形式逻辑、非形式逻辑及统计推断等有关、适用于所有学科的思维能力，批判性思维的能力层次是可学习、可训练、可测量的。二是超越"能力"层次之外的"心智模式"层次，是一种思维心态或思维习惯，是一个价值观或价值取向的层次，可通过被感悟、被启发等方式学习，但相对难以被测量。[③] 本书聚焦于批判性思维的"能力"层次。本书团队借鉴范西昂经由专家法得出的定义，认为批判性思维能力是一种有目的的、自律性的判断，通过这种判断得到针对它所依据的那些证据性、观念性、方法性、标准性或情境性思考的阐述、分析、评估、推导以及解释等。同时借鉴已有研究，将批判性思维能力划分为六要素，分别为：分析论证结构、意义澄清、分析评价论证和推理、评估信息叙述可推出含义、评估信息可信度、识别隐含假设。

二 增值

"增值"一词最初来自于经济学中对产品增值的判断，是指除原材料

[①] Jenicek M., Hitchcock D., *Evidence – Based Practice*：*Logic and Critical Thinking in Medicine*, Chicago：Ama Press, 2005, p. 85.

[②] ［加］戴维·希契柯克：《批判性思维教育理念》，张亦凡、周文慧译，《高等教育研究》2012年第11期。

[③] 钱颖一：《批判性思维与创造性思维教育：理念与实践》，《清华大学教育研究》2018年第4期。

成本和外购过程中的服务外，产品在每一生产阶段中产生的价值量。① 后被用于教育学中，建立在"教育可以增加'价值'到学生身上"的假设之上②，教育增值评价也随之产生。基础教育中一般用来评价在前测与后测中学生的成绩差异③，而高等教育中一般用来评价学生的整体发展程度，指学校教育对大学生学业成就及毕业后的工作与生活带来的积极影响的程度。其核心在于选取合乎教育内涵的反映学生学业成果的关键指标，包括认知与非认知、心理和行为等层面。④

教育增值评价方式一般有两种，一是直接的、客观的、侧重考查学习效果、反映核心认知能力增值的学生标准化测试，它有利于改进教学和学习，也可通过校际比较来发掘差异背后的原因。目前国际上认可的、测量大学生认知能力的标准化测试有《大学学习评估》和《大学生学术水平与进步测量》等，测得的数据可用于评价大学在学生综合能力提升上的表现，即学生能力的增值。⑤ 二是间接的和主观的自陈式量表或自我报告型调查问卷，它关注的是学习的过程、经历、态度、感受，能够反映课内外活动的参与、个体发展与收获。⑥ 具有代表性的，是针对学生各项有效学习活动投入程度展开调查的"全国大学生学习性投入调查"（NSSE）⑦ 和"中国大学生学习性投入调查"（NSSE – China）⑧。

参考已有文献，本书中的"增值"特指高等教育期间本科生在核心

---

① ［英］特朗博·史蒂文森：《牛津英语大词典简编本》，上海外语教育出版社2004年版，第3500页。

② 苏林琴、孙佳琪：《我国高校学生学业增值评价研讨——兼评美国的研究与实践》，《教学研究》2014年第5期。

③ 薛海平、王蓉：《教育生产函数与义务教育公平》，《教育研究》2010年第1期。

④ Alexander W. Astin, *Achieving Educational Excellence: A Critical Assessment of Priorities and Practices in Higher Education*, San Francisco: Jossey – Bass, 1985, p. 23, 60, 61.

⑤ Janicke Lisa, et al., *Environments for Student Growth and Development: Libraries and Student Affairs in Collaboration*, Chicago: Association of College & Research Libraries, 2012, pp. 41 – 55.

⑥ 苏林琴、孙佳琪：《我国高校学生学业增值评价研讨——兼评美国的研究与实践》，《教学研究》2014年第5期。

⑦ Evans N. J., Forney D. S., Guido – Dibrito F., *Student Development in College: Theory, Research, and Practice*, San Francisco: Jossey – Bass Publishers, 1998, p. 11.

⑧ 史静寰、文雯：《清华大学本科教育学情调查报告2010》，《清华大学教育研究》2012年第1期。

认知能力（批判性思维能力）上发生的增长情况，通过标准化测试工具来测度本科生批判性思维能力，并采用计量经济学技术测度本科生批判性思维能力在高等教育期间的增长情况。

第四节　文献综述

关于批判性思维的相关研究浩如烟海，研究者们开发了一系列的批判性思维能力测评工具，并对不同国家、学校、学科、年级等异质性群体的大学生样本进行了测试和评估，研究结果为大学教育质量评价、教学或课程设计与改进、大学生个人发展规划等提供了启示。

一　批判性思维能力的测试工具

批判性思维能力水平如何是研究者们关注的焦点问题。研究者们相信，批判性思维是教育和培训的产物，能被习得，也能被传授，并且可以进行客观测试。[1] 因此许多由个人或第三方机构开发的批判性思维能力测评工具应运而生。

个人开发的测试工具有，恩尼斯和米尔曼开创的康奈尔批判性思维测试（The Cornell Critical Thinking）[2]、罗伯特·斯滕伯格主持编制的三元智能测验（The Triarchic Test of Intellectual Skills）[3]、提莫斯·罗森开发的心理学批判性思维能力测评工具（psychological critical thinking）[4]、古德温·华生和爱德华·格拉泽开发的一般性批判性思维能力测试工具

---

[1] Smith F., *To Think in Language, Learning and Education*, London: Routledge, 1992, p. 92.

[2] The Critical Thinking Co.™, *Cornell Critical Thinking Tests*, 2017, http://www.criticalthinking.com/cornell-critical-thinking-tests.html.

[3] Sternberg R. J., *Sternberg Triarchic Abilities Test (Modified), Level H*, New Haven: Department of Psychology University of Yale, 1993, p. 7.

[4] Lawson T. J., "Assessing Psychological Critical Thinking as a Learning Outcome for Psychology Majors", *Teaching of Psychology*, Vol. 26, No. 3, 1999.

（Watson – Glaser Critical Thinking Appraisal）[1]、大卫·温特和戴维·麦克利兰开发的专题分析测试（the Test of Thematic Analysis）[2] 以及范西昂等人编制的加利福尼亚批判性思维技能测验表（The California Crtical Thinking Skills Test）和加利福尼亚批判性思维倾向问卷（The California Critical Thinking Disposition Inventory）等[3]。

第三方机构开发的工具有，美国教育考试服务中心（Educational Testing Service，ETS）开发的水平轮廓测试（ETS Proficiency Profile，EPP）[4]、ACT股份有限公司开发的大学学业水平评估考试（Collegiate Assessment of Academic Proficiency，CAAP）[5] 以及美国教育援助理事会（Council for Aid to Education，CAE）开发的大学学习评估考试（Collegiate Learning Assessment，CLA）[6] 等。这些测试都将批判性思维作为通用性能力的核心之一进行人性化、针对性、模块化、标准化的设计和完善。CLA选取学生高中阶段的学术能力评估考试（SAT）或大学入学考试（ACT）的成绩作为参照控制学生样本的能力基础，对比秋季入学的大一新生的CLA得分和春季毕业的大四学生的得分来测评学生在大学期间的能力增长。CAAP主要将它对大四学生的测评结果与学生在高中时参加大学入学考试的分数进行对比，以评估学生在大学期间的能力变化。EPP选择一个能充分代表全部学生特征的学生群体样本，在大学期间的不同试点进行测试，判断能力的增长情况。这三大机构开发的测评工具被全世界范围内几千所高校应用和实践，更是成为美国院校自愿问责系统（Voluntary System of Accountability，VSA）指定的大学生学习成果测试工具。

---

[1] Watson G., Glaser E. M., *Watson – Glaser Critical Thinking Appraisal Manual*, San Antonio：Psychological Corp, 1994, p. 6.

[2] Winter D., Mcclelland D., "Thematic Analysis：An Empirically Derived Measure of the Effects of Liberal Arts Education", *Journal of Educational Psychology*, Vol. 70, No. 1, 1978.

[3] Facione P. A., *Cctdi Test Manual*, Millbrace：the California Academic Press, 2000, p. 8.

[4] ETS, *ETS Proficiency Profile*, 2017, http：//www. ets. org/proficiencyprofile/about. html.

[5] ACT, *CAAP*,2017, http：//www. act. org/content/act/en/products – and – services/act – collegiate – assessment – of – academic – proficiency. html.

[6] CAE, *CLA +：Measuring Critical Thinking for Higher Education*, 2017, http：//cae. org/flagship – assessments – cla – cwra/cla/.

二 批判性思维能力的水平差异

大量实证研究利用上述测评工具对不同群体的大学生样本进行了批判性思维能力测试,从多个角度比较分析了批判性思维能力的水平差异。

(一)大学生批判性思维能力的院校间差异

大量研究文献从院校的层次、类型、选拔性、规模大小、地理位置、学习生产率等角度比较分析了大学生的批判性思维能力差异。

从院校类型上看,赵婷婷等基于汉化版的 EPP 测试工具对中国一所地方本科大学和一所研究型大学共 2023 名大学生的批判性思维能力进行了测试,发现,研究型大学学生的批判性思维能力显著高于地方本科大学学生的批判性思维能力,且学生的批判性思维能力存在显著的年级和学科差异。[1] 欧内斯特·帕斯卡雷拉等研究机构选拔性与较好的本科教育实践的关系,他们将批判性思维能力的平均分作为机构选拔性的操作性代理变量来解释好的教育实践,结论是,机构选拔性在培养好的本科教育实践上的确重要但又不是特别重要。[2] 欧内斯特·帕斯卡雷拉等的另一项研究发现,很难在文理学院、研究型大学、地方性学院的学生批判性思维能力上发现差异,但是在控制了学院的选拔性变量后,在选拔性文理学院就读的学生的批判性思维能力比研究型大学、地方性学院的学生的批判性思维能力显著高出 0.13 个标准差。[3]

从院校的机构大小上看,库格麦斯·希瑟和道格拉斯·瑞迪基于 245 所学院和大学的 35323 位高年级学生样本的 CLA 测试数据进行,发现,高年级 CLA 得分与机构大小间呈中等程度的联系,在控制了许多相关变

---

[1] 赵婷婷、杨翊、刘欧、毛丽阳:《大学生学习成果评价的新途径——EPP(中国)批判性思维能力测试报告》,《教育研究》2015 年第 9 期。

[2] Pascarella Ernest T., et al., "Institutional Selectivity and Good Practices in Undergraduate Education: How Strong Is the Link?", *Journal of Higher Education*, Vol. 77, No. 2, 2006.

[3] Pascarella E. T., Wolniak G. C., Seifert T. A., Cruce T., & Blaich C., *Liberal Arts Colleges and Liberal Arts Education: New Evidence on Impact*, San Francisco: Jossey-Bass/Ashe, 2005, p. 52.

量的影响后，机构越大，CLA 测试得分越高（效应量为 0.07）。① 但是施特劳斯·琳达和费雷德里克斯·沃尔克韦因的研究结果并不支持这一结论，机构大小变量并没有达到统计显著性。②

从院校的地理位置上看，库格麦斯·希瑟和道格拉斯·瑞迪基于上述样本同样研究了地理位置与 CLA 得分的关系，发现，位于郊区或小城镇的大学的学生的 CLA 得分高于位于都市环境下的大学的学生 CLA 得分。③ 阿鲁姆·理查德和约瑟夫·罗克斯同样对大学地理位置与 CLA 得分的关系感兴趣，发现，西部学校的学生在认知技能增值上显著高于北部学校的学生。④ 但欧内斯特·帕斯卡雷拉和帕特里克·特伦兹尼指出，在解释大学地理位置与 CLA 得分间的显著关系时要尤其小心，因为他们的研究样本在不同地理位置间并非随机分布的，在这些研究样本中，相对其他学校而言，非城镇的大学或者西部大学很有可能能够获得更多的学校资源。⑤

从机构的平均学习生产率⑥上看，卡琳·罗伯特等对比分析了低学习生产率组的机构（11 所）和高学习生产率组的机构（3 所），发现，学生投入与批判性思维能力的关系在高学习生产率组的机构中更强的显著性关系。⑦ 但由于每种组别下的机构数太少，在解释这些结论时要小心。

---

① Kugelmass H., & Ready D. D., "Racial/Ethnic Disparities in Collegiate Cognitive Gains: A Multilevel Analysis of Institutional Influences on Learning and Its Equitable Distribution", *Research in Higher Education*, Vol. 52, No. 4, 2010.

② Strauss L. C., & Volkwein J. F., "Comparing Student Performance and Growth in Two – And Four – Year Institutions", *Research in Higher Education*, Vol. 43, No. 2, 2002.

③ Kugelmass H., & Ready D. D., "Racial/Ethnic Disparities in Collegiate Cognitive Gains: A Multilevel AnalysIs of Institutional Influences on Learning and Its Equitable Distribution", *Research in Higher Education*, Vol. 52, No. 4, 2010.

④ Arum R., & Roksa J., *Academically Adrift: Limited Learning on College Campuses*, Chicago: University of Chicago Press, 2011, p. 7.

⑤ Pascarella E. T., Terenzini P. T., *How College Affects Students: 21st Century Evidence that Higher Education Works* (Vol. 3), San Francisco: The Jossey – Bass, an Imprint of Wiley, 2016, p. 827.

⑥ 学习生产率是指学生在教育性的、有目的性的活动中的投入与在一些结果或目标上的提高间的比率。Kuh G. D., Hu S., "The Effects of Student – Faculty Interaction in the 1990s", *Review of Higher Education*, Vol. 24, No. 3, 2001.

⑦ Carini R. M., Kuh G. D., & Klein S. P., "Student Engagement and Student Learning", *Research in Higher Education*, Vol. 47, No. 1, 2006.

(二) 大学生批判性思维能力的院校内差异

既有研究主要从学科、专业、年级、语言、肤色、性别等角度来探讨大学生批判性思维能力差异。

从学科或专业背景上看，理查德·韦茨坦等发现，有较强理科知识背景（在理科课程上完成了10个学分）的高年级学生的批判性思维能力显著高于那些理科知识背景较弱的同伴学生的批判性思维能力。[1] 布林特·史蒂文等对加利福尼亚大学系统内超过16000名大学生的批判性思维能力进行了测试，通过对比研究发现，相对社会科学专业的大学生而言，自然科学、生命科学、工程学专业的大学生的批判性思维能力相对更高，但人文专业的学生的批判性思维能力较低。相对于社会学专业的大学生而言，主修哲学、历史学、生物学、化学等专业的大学生的批判性思维能力更高，但是主修英语、外国语的大学生的批判性思维能力更低。[2] 而海斯·柯比和艾米·德维特的研究发现，主修食品科学专业和其他专业的大学生的批判性思维能力间并无显著差异。[3]

许多学者探讨了不同专业或学科之间存在着批判性思维能力差异的原因。[4] 如，金英和琳达·萨克斯认为，不同学科或专业的学生参与师生

---

[1] Wettstein R. B., Wilkins R. L., Gardner D. D., & Restrepo R. D., "Critical Thinking Ability in Respiratory Care Students and Its Correlation with Age, Educational Background, and Performance on National Board Examinations", *Respiratory Care*, Vol. 56, No. 3, 2011.

[2] Brint S., Cantwell A. M., & Saxena P., "Disciplinary Categories, Majors, and Undergraduate Academic Experiences: Rethinking Bok's "Underachieving College" Thesis", *Research in Higher Education*, Vol. 53, No. 1, 2012.

[3] Hayes K. D., & Devitt A. A., "Classroom Discussions with Student – Led Feedback: A Useful Activity to Enhance Development of Critical Thinking Skills", *Journal of Food Science Education*, Vol. 7, No. 4, September 2008.

[4] Pike G. R., & Killian T., "Reported Gains in Student Learning: Do Academic Disciplines Make a Difference?", *Research in Higher Education*, Vol. 42, No. 4, 2001; Pike G. R., Kuh G. D., & Mccormick A. C., "An Investigation of the Contingent Relationships between Learning Community Participation and Student Engagement", *Research in Higher Education*, Vol. 52, No. 3, October 2010; Pike G. R., Kuh G. D., Mccormick A. C., Ethington C. A., & Smart J. C., "If and When Money Matters: The Relationships among Educational Expenditures, Student Engagement and Students' Learning Outcomes", *Research in Higher Education*, Vol. 52, No. 1, September 2011; Nelson Laird T. F., Shoup R., Kuh G. D., & Schwarz M. J., "The Effects of Discipline on Deep Approaches to Student Learning and College Outcomes", *Research in Higher Education*, Vol. 49, No. 6, February 2008.

互动的频率和程度等存在差异,而这种差异可能由以下几点原因造成:①有更多开放的渠道和教师交流;②教师平等且公平地对待每一个学生;③从教师那里迅速地获取了针对学业的有益反馈;④清晰地理解了项目的要求、规则和政策;⑤被要求去尝试和考虑其他的方法、结论,从其他课程吸收观点,形成新的管线,使用事实和例子来支持他们的观点。[1]

从年级差异上看,许多研究利用横截面数据比较高年级与一年级大学生的批判性思维能力差异[2]。如,爱德勒·巴特尔和山姆·汉堡利用澳大利亚教育研究委员会开发的毕业生能力测试工具(Graduate Skills Assessment,GSA)对澳大利亚29所大学的5300名学生(含2000年毕业生、2001年新生、2001年毕业生以及2002年新生)进行了测试,研究发现,在批判性思维能力上,无论是商科或人文艺术类,还是计算机科学和数学等,高年级学生均显著高于低年级学生。[3]

此外,琼尼·莱金等利用美国教育考试服务中心开发的EPP工具对美国20个州30所高校(5所社区学院、15公立四年制大学和10所私立四年制大学)的65651名大学生的批判性思维进行测试,发现,英语非第二语言的大学生的批判性思维能力显著高于英语为第二语言的大学生的批判性思维能力,效应量达到了0.44。[4] 佛劳尔丝·拉蒙特和欧内斯特·帕斯卡雷拉的研究关注种族的批判性思维能力差异。[5]

---

[1] Kim Y. K., & Sax L. J., "Are the Effects of Student – Faculty Interaction Dependent on Academic Major? An Examination Using Multilevel Modeling", *Research in Higher Education*, Vol. 52, No. 6, January 2011.

[2] Saavedra A. R., & Saavedra J. E., "Do College Cultivate Critical Thinking, Problem Solving, Writing, and Interpersonal Skills?", *Economics of Education Review*, Vol. 30, No. 6, December 2011; Strauss L. C., & Volkwein J. F., "Comparing Student Performance and Growth in Two – And Four – Year Institutions", *Research in Higher Education*, Vol. 43, No. 2, 2002.

[3] Adele B. & Sam H., *Graduate Skills Assessment*: *What Are the Results Indicating*, 2002, http://aair.org.au/app/webroot/media/pdf/AAIR%20Fora/Forum2002/Butler.pdf.

[4] Joni M. Lakin, Diane Cardenas Elliott & Ou Lydia Liu, "Investigating Esl Students' Performance on Outcomes Assessments in Higher Education", *Educational and Psychological Measurement*, Vol. 72, No. 5, 2012.

[5] Flowers L. A., & Pascarella E. T., "Cognitive Effects of College: Differences between African American and Caucasian Students", *Research in Higher Education*, Vol. 44, No. 1, 2003.

三 大学生批判性思维能力增值测度及其归因分析

许多研究基于横截面或追踪调查数据,利用实验或准实验设计来测度和评估大学生批判性思维能力增值,并从不同方面阐述大学生批判性思维能力增值的来源。

(一) 测度某段时期内大学生批判性思维能力的增长

欧内斯特·帕斯卡雷拉和帕特里克·特伦兹尼基于大量实证研究论文的元分析发现,将近63%~90%的批判性思维能力的变化发生在大二学年,在批判性思维能力及批判性思维能力倾向上,高年级学生比新生均高出0.5个标准差(19个百分点)。[①] 欧内斯特·帕斯卡雷拉等基于923个大一学生样本,发现,这些学生在大学第一年学习期间批判性思维能力上提高了0.11个标准差(分数增长了4个百分点),大学四年学习期间,大学生批判性思维能力平均增长了0.44个标准差(17个百分点增长)。[②] 而尼古拉斯·鲍曼基于3072位大学一年级的学生样本,发现,在大学第一年学习期间,他们的批判性思维能力提高了0.04个效应量(2个百分点增长)。[③] 理查德·阿鲁姆和约瑟夫·罗克斯使用美国教育资助委员会(CAE)的本科生学习评估(CLA)追踪调查数据(2005–2007),发现,平均而言,两年大学经历提高了大学生批判性思维能力0.18个标准差(7个百分点增长)。四年大学经历后,来自24所机构的2322位学生样本的批判性思维能力分数平均增长了0.47个标准差(18个百分点)。[④] 基恩·谢丽尔也对经历四年大学学习后本科生批判性思维

[①] Pascarella E., & Terenzini P., *How College Affects Students Revisited: Research from the Decade of the 1990s*, San Francisco: Jossey – Bass, 2005, p. 812.

[②] Pascarella E. T., Blaich C., Martin G. L., & Hanson J. M., "How Robust Are the Findings of Academically Adrift?", *Change: The Magazine of Higher Learning*, Vol. 43, No. 3, 2011.

[③] Bowman N. A., "Can First – Year College Students Accurately Report Their Learning and Development?", *American Educational Research Journal*, Vol. 47, No. 2, 2010.

[④] Arum R., & Roksa J., *Academically Adrift: Limited Learning on College Campuses*, Chicago: University of Chicago Press, 2011, p. 272.

能力的增长状况进行了研究。[1]

（二）评估某项课程、教学模式或活动等能否有效提高学生的批判性思维能力

正如希契柯克所言，尽管多数人会在成长过程中，尤其是在接受学校教育过程中，或多或少会发展一些批判性思维的习性和技能，但专门强调批判性思维者的知识、技能和态度的教育会使他们在这方面的数字得到明显提高。[2] 为此，大量研究探讨了不同的教学方法、教学模型、教师实践、教学观念、课程、学习投入活动等对学生批判性思维能力增值的影响。

教学方法：卡罗拉·安吉丽和尼科斯·瓦拉尼德斯基于144位本科生样本进行了一项实验研究，来评估三种批判性思维教学方法对批判性思维能力增值的影响。①一般性方法（general approach），教授一般的批判性思维技能但不涉及具体的主题或素材（如，讲座、讨论，没有反馈（no reflection））；②灌入式方法（infusion approach），教授特定主题的批判性思维技能（如，讲座、讨论、反馈、和研究者对话等）；③沉浸式方法（immersion approach），学生被要求迅速地考虑、分析、评估不同看法或观点的要点（如，没有讲座、反馈、苏格拉底式质疑研究者）。结果表明，不同方法的效果是不一致的，相比第一种方法下的学生的批判性思维能力增值表现，灌入式方法和沉浸式方法分别高出1.10和0.99个标准差。[3]

教学模型：里德·詹妮弗和杰弗里·克罗姆雷设计了一个准实验追踪研究，来探讨教学中使用保罗模型（Paul's model：一种批判性思维教学工具）对学生批判性思维发展的影响，样本为进入历史课程学习的52位社区学院学生。实验组使用该教学工具，对照组不使用。结果发现，使

---

[1] Keen C., "A Study of Changes in Intellectual Development from Freshman to Senior Year at a Cooperative Education College", *Journal of Cooperative Education*, Vol. 36, No. 3, 2001.

[2] ［加］戴维·希契柯克：《批判性思维教育理念》，张亦凡、周文慧译，《高等教育研究》2012年第11期。

[3] Angeli C., & Valanides N., "Instructional Effects on Critical Thinking: Performance on Ill-Defined Issues", *Learning and Instruction*, Vol. 19, No. 4, 2009.

用该工具的教学能够有效帮助学生发展批判性思维能力（两种测试结果：①Document based question section of an examination in US History；②the Ennis – Weir critical thinking essay test），但对批判性思维技能倾向或内容测验无影响。①

教师实践：翁巴赫·保罗和马修·沃兹恩斯基整合了 137 个机构中的 20220 位一年级学生和 22033 位高年级学生样本，同时特色之处在于，整合了这些学校中的 14336 位教师样本，试图解释教师实践对学生认知技能发展的效用，批判性思维能力增值采用自我报告形式，研究发现，在控制了一系列学校水平、学生水平、教师层面的协变量后，学生自我报告的批判性思维能力增值与下面几项显著正相关：①引入具有挑战性的任务或作业到课程体验中的教师；②与学生有课程相关的互动的教师；③在课堂上使用合作性学习技术的教师；④强调高阶认知活动的教师；⑤强调丰富教育活动重要性的教师；⑥在最优实践风气或文化的校园内工作的教师。②

教学观念：好的教学观念也成为很多研究的主体，关注它与认知技能发展的影响。克鲁斯等跟踪调查了 2474 位一年级大学生的认知技能发展，发现，在控制了学生的大学前特性、学校类型以及其他一年级学习经历后，好的实践（good practices，含有效教学观念、师生互动等）与批判性思维能力发展显著相关。③ 相关的，在罗伯特·卡里尼等的本科生样本④、乔迪·杰赛普安格的住宿大学生样本⑤及艾丽安·沃克的学习型社

---

① Reed J. H., & Kromrey J. D., "Teaching Critical Thinking in a Community College History Course: Empirical Evidence from Infusing Paul's Model", *College Student Journal*, Vol. 35, No. 2, 2001.

② Umbach P. D., & Wawrzynski M. R., "Faculty Do Matter: The Role of College Faculty in Student Learning and Engagement", *Research in Higher Education*, Vol. 46, No. 2, 2005.

③ Cruce T. M., Wolniak G. C., Seifert T. A., & Pascarella E. T., "Impacts of Good Practices on Cognitive Development, Learning Orientations, and Graduate Degree Plans during the First Year of College", *Journal of College Student Development*, Vol. 47, No. 4, 2006.

④ Carini R. M., Kuh G. D., & Klein S. P., "Student Engagement and Student Learning", *Research in Higher Education*, Vol. 47, No. 1, 2006.

⑤ Jessup – Anger J. E., "Examining How Residential College Environments Inspire the Life of the Mind", *Review of Higher Education*, Vol. 35, No. 3, 2012.

区学生样本①中均发现,好的实践(good practices,包括教学质量的观念、教师使用 email 等)往往相伴的是更高的批判性思维能力分数。

课程:戴维·希契柯克通过研究计算机辅助的批判性思维课程的效能来证明了这一论断。在批判性思维课程开设之前对数百名至少已经完成一年大学本科课程的学生进行了标准批判性思维技能测试,学生平均成绩是 17 分(总分 34 分)。在完成批判性思维课程后的期末考试中,他们的平均成绩上升到 19 分,升值达到非常显著的 0.5 个标准差,远远超出了 0.05 个标准差的预期值。②

范·杰尔德估算了参与单学期批判性思维课程的学生的批判性思维能力增值,平均增值达到了 0.3 个标准差。③

里格尔斯·迈克尔等进行了一项实验:社会学导论课程的四个部分都由两个教师教授,一个班级做为实验组、一个班级为参照组,所有部分的教学内容都是一样的,唯一的不同在于,实验组班级的教师更多集中于批判性思维任务。在控制其他相关协变量的影响后,在学期末实验组班级的学生的批判性思维能力显著提升。④

雷德·乔安妮和菲利斯·安德森对商业管理中一门高级高层次课程的学生进行了前后两次测量,课程中要求学生将批判性思维技能融入每周的案例研究分析中,发现,学生的批判性思维能力发生了显著正向改变。该研究本来还设计了一个对照组,不对学生做上述要求。但由于在对照组数据采集中出现了问题,最终只能分析实验组学生的批判性思维能力发展,无法衡量课程的净效应。⑤

---

① Walker A. A., "Learning Communities and Their Effect on Students' Cognitive Abilities", *Journal of the First - Year Experience*, Vol. 15, No. 2, September 2003.

② Hitchcock D., "The Effectiveness of Computer - Assisted Instruction in Critical Thinking", *Informal Logic*, Vol. 24, No. 3, 2004.

③ Van Gelder T., "The Rationale for Rationaletm", *Law, Probability and Risk*, Vol. 6, No. 1, 2007.

④ Rickles M. L., Zimmer Schneider R., Slusser S. R., Williams D. M., & Zipp J. F., "Assessing Change in Student Critical Thinking for Introduction to Sociology Classes", *Teaching Sociology*, Vol. 41, No. 3, 2013.

⑤ Reid J. R., & Anderson P. R., "Critical Thinking in the Business Classroom", *Jornal of Education for Business*, Vol. 87, No. 1, 2012.

威廉斯·罗伯特等采用实验法对参与了人类发展课程的超过200名学生的批判性思维能力进行了测试，干预手段是，在课程的每一个核心概念中融入批判性思维实践问题，研究发现，干预手段对大学生的心理学批判性思维能力（psychological critical thinking）有正向处理效应，但对一般性的批判性思维能力并无作用。① 在该研究中，心理学批判性思维能力（psychological critical thinking）使用的工具是psychological critical thinking instrument，而一般性批判性思维能力使用的工具是Watson – Glaser Critical Thinking Appraisal。

杰罗尔德·巴内特和阿丽莎·弗朗西斯设计了同样基于课程的准实验跟踪研究，探讨课程中使用高阶思维问题是否影响批判性思维能力发展，condition A：安排基于章节中陈述事实的多项选择题；condition B：安排小测验，2 – 3篇小论文，要求对章节内容进行批判性思考；condition C：小测验，小论文，仅要求利用基于事实的知识回答。研究发现，第二种方法下的学生的批判性思维能力增长更大。②

尼古拉斯·鲍曼对19所院校3000位一年级大学生样本进行跟踪调查，研究多元化课程参与对学生认知技能发展的影响，在控制一系列协变量的影响后，参加至少一门多元化课程对学生投入努力思考的意愿有显著影响，但对他们的批判性思维技能的发展无影响。他认为有两种因素可能导致这种混合结果：一是，测试差异，认知技能的需求的测试是主观的，然而批判性思维能力测试是客观的；二是，多元化课程对认知技能的影响可能存在于某些独特的范围或领域。③

纳尔逊·莱尔德等测试了密西根大学289位学生的批判性思维能力，通过横截面设计（使用一个界点cut – off）比较高批判性思维能力的学生

---

① Williams R. L., Oliver R., & Stockdale S., "Psychological Versus Generic Critical Thinking as Predictors and Outcome Measures in a Large Undergraduate Human Development Course", *Journal of General Education*, Vol. 53, No. 1, 2004.

② Barnet J. E., & Francis A. L., "Using Higher Order Thinking Questions to Foster Critical Thinking: A Classroom Study", *Educational Psychology: An International Journal of Personality and Social Psychology*, Vol. 51, No. 6, 2012.

③ Bowman N. A., "College Diversity Course and Cognitive Development among Students from Privileged and Marginalized Groups", *Journal of Diversity in Higher Education*, Vol. 2, No. 3, 2009.

与低批判性思维能力的学生,发现,参与多元化课程的数量与批判性思维能力显著相关,效应量达到了0.14。[1]

布查特·山姆等利用前测和后测数据发现参与在线课程的学生的批判性思维能力提高了0.45个标准差,但该项研究并未控制其他变量的影响。[2]

此外,也有研究进一步探讨了班级规模[3]、班级类型[4]、专为提升学生批判性思维能力而设计的课程材料[5]等对批判性思维能力发展的影响,这些研究为探讨课程参与行为及其对学生认知技能发展提供了新视角。

科研参与:金英和琳达·萨克斯利用参与加利福尼亚大学2006年本科生经历调查的58281位学生样本数据发现,在控制了一系列协变量后,为了课程学分或报酬(基于研究的教师合同)、自愿参与教师研究的经历对学生批判性思维能力增值有非常显著的正向影响。特别的,基于研究的教师合同与学生批判性思维能力增值呈显著正相关。[6]

师生互动:在金英和琳达·萨克斯的研究中发现,基于学生知觉和

---

[1] Nelson Laird T. F., Engberg M. E., & Hurtado S., "Modeling Accentuation Effects: Enrolling in a Diversity Course and the Importance of Social Action Engagement", *Journal of Higher Education*, Vol. 76, No. 4, 2005.

[2] Butchart S., Forster D., Gold I., Bigelow J., Korb K., Oppy G., & Serrenti A., "Improving Critical Thinking Using Web - Based Argument Mapping Exercises with Automated Feedback", *Australian Journal of Educational Technology*, Vol. 26, No. 2, 2009.

[3] Hayes K. D., & Devitt A. A., "Classroom Discussions with Student - Led Feedback: A Useful Activity to Enhance Development of Critical Thinking Skills", *Journal of Food Science Education*, Vol. 7, No. 4, September 2008.

[4] Angeli C., & Valanides N., "Instructional Effects on Critical Thinking: Performance on Ill - Defined Issues", *Learning and Instruction*, Vol. 19, No. 4, 2009.

[5] Cruce T. M., Wolniak G. C., Seifert T. A., & Pascarella E. T., "Impacts of Good Practices on Cognitive Development, Learning Orientations, and Graduate Degree Plans during the First Year of College", *Journal of College Student Development*, Vol. 47, No. 4, 2006; Renaud R. D., & Murray H. G., "The Validity of Higher - Order Questions as a Process Indicator of Educational Quality", *Research in Higher Education*, Vol. 48, No. 3, 2007.

[6] Kim Y. K., & Sax L. J., "Student - Faculty Interaction in Research Universities: Differences by Student Gender, Race, Social Class, and First - Generation Status", *Research in Higher Education*, Vol. 50, No. 5, 2009.

经历的课程相关的师生互动与批判性思维能力发展呈显著正相关关系。[1] 琳达·萨克斯等[2]，乔迪·杰赛普安格[3]认为课堂外师生互动与学生批判性思维能力增长（自我报告）相关，但翁巴赫·保罗和马修·沃兹恩斯基却得出了不同的结论，认为课堂外师生互动与自我报告的批判性思维能力增长间并不相关。[4]

同伴互动：纳尔逊·莱尔德基于289位学生的样本发现，批判性思维得分与学生拥有的多元化同伴交互的数量无关，但与多元化同伴交互的质量相关，越消极的多元同伴交互，批判性思维得分越低。[5] 克鲁斯等研究发现，相对于那些大学前批判性思维能力得分高于平均分的一年级学生而言，同伴互动对后测大学生批判性思维能力得分的影响在大学前批判性思维能力得分低于平均分的一年级学生中更为深厚和显著。[6] 罗伯特·卡里尼等[7]、施特劳斯·琳达和费雷德里克斯·沃尔克韦因[8]发现，"得到同伴的强烈支持"与批判性思维能力发展显著正相关。

学生课程相关行为：罗伯特·卡里尼等研究发现，课程中学生被要

---

[1] Kim Y. K. , & Sax L. J. , "Student–Faculty Interaction in Research Universities: Differences by Student Gender, Race, Social Class, and First–Generation Status", *Research in Higher Education*, Vol. 50, No. 5, 2009.

[2] Sax L. J. , Bryant A. N. , & Harper C. E. , "The Differential Effects of Student–Faculty Interaction on College Outcomes for Women and Men", *Journal of College Student Development*, Vol. 46, No. 6, 2005.

[3] Jessup–Anger J. E. , "Examining How Residential College Environments Inspire the Life of the Mind", *Review of Higher Education*, Vol. 35, No. 3, 2012.

[4] Umbach P. D. , & Wawrzynski M. R. , "Faculty Do Matter: The Role of College Faculty in Student Learning and Engagement", *Research in Higher Education*, Vol. 46, No. 2, 2005.

[5] Nelson Laird T. F. , "College Students' Experiences with Diversity and Their Effects on Academic Self–Confidence, Social Agency, and Disposition Toward Critical Thinking", *Research in Higher Education*, Vol. 46, No. 4, June 2005.

[6] Cruce T. M. , Wolniak G. C. , Seifert T. A. , & Pascarella E. T. , "Impacts of Good Practices on Cognitive Development, Learning Orientations, and Graduate Degree Plans during the First Year of College", *Journal of College Student Development*, Vol. 47, No. 4, 2006.

[7] Carini R. M. , Kuh G. D. , & Klein S. P. , "Student Engagement and Student Learning", *Research in Higher Education*, Vol. 47, No. 1, 2006.

[8] Strauss L. C. , & Volkwein J. F , "Comparing Student Performance and Growth in Two– and Four–Year Institutions", *Research in Higher Education*, Vol. 43, No. 2, 2002.

求完成阅读和写作的数量与批判性思维得分显著正相关。同时发现，当在课程中融入多元化时，低能力学生获得最大的收益，在批判性思维能力上发展更大，他们认为，低能力学生通过更多数量的师生互动以及完成更多的阅读和写作相关的课程任务。对于低能力学生而言，优质的同伴关系、好的支持性校园环境与批判性思维能力间呈显著正相关。[1]

卡布雷拉·阿尔贝托等[2]、格雷戈里·沃尼艾克等[3]、利森·罗伯特等[4]以及艾丽安·沃克[5]的研究均发现，学生每周花费在学习上的小时数与认知技能（包括分析能力、高阶认知能力、学术竞争力、批判性思维能力）发展正相关。但洛斯·查得等研究提供了相反的证据，他们发现，对于那些在大学入学前未做充分准备的一年级学生而言，花在课程准备上的时间与认知技能发展是显著负相关的。[6]

学习或校园活动参与：阿伦·盖林对1991至2000年间关于本科生学习参与对批判性思维能力影响的研究的文献进行元分析，发现，平均而言，相比那些不参与活动的学生而言，参与各种各样的课堂外活动的本科生的批判性思维能力提高了0.14个标准差，更具体的，参与俱乐部、社团组织的本科生的批判性思维能力提高了0.11个标准差。[7] 施特劳

---

[1] Carini R. M., Kuh G. D., & Klein S. P., "Student Engagement and Student Learning", *Research in Higher Education*, Vol. 47, No. 1, 2006.

[2] Cabrera A. F., Nora A., Crissman J. L., Terenzini P. T., Bernal E. M., & Pascarella E. T., "Collaborative Learning: Its Impact on College Students' Development and Diversity", *Journal of College Student Development*, Vol. 43, No. 1, January 2002.

[3] Wolniak G. C., Pierson C. T., & Pascarella E. T., "Effects of Intercollegiate Athletic Participation on Male Orientations toward Learning", *Journal of College Student Development*, Vol. 42, No. 6, 2001.

[4] Reason R. D., Terenzini P. T., & Domingo R. J., "First Things First: Developing Academic Competence in the First Year of College", *Research in Higher Education*, Vol. 47, No. 2, 2006.

[5] Walker A. A., "Learning Communities and Their Effect on Students' Cognitive Abilities", *Journal of the First-Year Experience*, Vol. 15, No. 2, September 2003.

[6] Loes C., Pascarella E., & Umbach P., "Effects of Diversity Experiences on Critical Thinking Skills: Who Benefits?", *Journal of Higher Education*, Vol. 83, No. 1, January 2012.

[7] Gellin A., "The Effect of Undergraduate Student Involvement on Critical Thinking: A Meta-Analysis of the Literature, 1991–2000", *Journal of College Student Development*, Vol. 44, No. 6, 2003.

斯·琳达和费雷德里克斯·沃尔克韦因[1]、张·米切尔等[2]的研究支持了上述结论，认为社会和社区组织参与、高水平校园参与与认知技能发展呈显著正相关关系。

然而，鲍尔·凯伦和梁庆峰基于美国东岸研究型大学的265位一年级大学生样本的研究发现，社会活动参与与批判性思维能力呈负相关关系。研究从6个维度测度了在个人/社会活动上的有效努力（quality effort in personal/social activities）：宿舍/兄弟联谊会/女大学生联谊会，学生组织，俱乐部和组织，个人经历，学生相识，运动/娱乐设施。在控制了一系列相关协变量后，作者发现上述活动参与与批判性思维能力间呈显著负相关关系。简言之，投入社会活动的时间和努力越多的学生，在批判性思维能力测试分数上得分越低。[3]

纳尔逊·莱尔德测试了一个机构中289位学生的批判性思维能力后发现，在控制了一系列协变量后，参与兄弟联谊会或女大学生联谊会与批判性思维能力呈显著负相关。[4] 理查德·阿鲁姆和约瑟夫·罗克斯[5]的研究支持了这一结果，但格瑞·派克[6]的研究发现了相反的结论。

阿伦·盖林对1991至2000年间关于本科生学习参与对批判性思维能力影响的研究的文献进行元分析，发现，平均而言，本科生的住宿选择是影响认知技能发展的最重要的参与活动：住在校园内与批判性思维得

---

[1] Strauss L. C., & Volkwein J. F., "Comparing Student Performance and Growth in Two – and Four – Year Institutions", *Research in Higher Education*, Vol. 43, No. 2, 2002.

[2] Chang M. J., Denson N., Saenz V. B., & Misa K. "The Educational Benefits of Sustaining Cross – Racial Interaction among Undergraduates", *Journal of Higher Education*, Vol. 77, No. 3, 2006.

[3] Bauer K., & Liang Q., "The Effect of Personality and Precollege Characteristics on First – Year Activities and Academic Performance", *Journal of College Student Development*, Vol. 44, No. 3, 2003.

[4] Nelson Laird T. F., "College Students' Experiences with Diversity and Their Effects on Academic Self – Confidence, Social Agency, and Disposition toward Critical Thinking", *Research in Higher Education*, Vol. 46, No. 4, June 2005.

[5] Arum R., & Roksa J., *Academically Adrift: Limited Learning on College Campuses*, Chicago: University of Chicago Press, 2011, p. 272.

[6] Pike G. R., "Membership in a Fraternity or Sorority, Student Engagement, and Educational Outcomes at Aau Public Research Universities", *Journal of College Student Development*, Vol. 44, No. 3, 2003.

分正相关（效应量为 0.23）。①

多元化经历：洛斯·查得等探讨了不同种族下多元化相关的经历对一年级学生批判性思维能力的影响，他们将样本划分为白人学生和其他非白人学生，在模型中计算了种族与其他多元化相关经历的交互效应后，他们发现，对于 271 位非白人学生样本而言，所在学院的结构性多元化与批判性思维能力发展呈显著负相关，但在 1083 位一年级白人学生样本中并未发现班级多元化与批判性思维发展间存在显著关系，但这些白人样本中非正式多元化交互与批判性思维能力发展呈显著正相关。②

教师支持：琳达·萨克斯等研究发现，相对于女性而言，教师支持对学生自我报告的批判性思维能力增值的影响在男性中更强，但是，在课堂中挑战教授的观点对学生自我报告的批判性思维能力增值的影响在男性中更低。③

（三）评估某段高中后教育经历对批判性思维能力增值的净影响

大量研究利用横截面或追踪调查数据，大部分使用客观的标准化测试工具，评估高中后教育经历对批判性思维能力发展的净影响。

刘欧使用美国教育考试服务中心设计的 MAPP 工具（EPP 前身）对美国 23 所四年制州立大学的 6196 名学生（4373 名大一新生和 1823 名大四学生）进行批判性思维测试，研究发现，大学入学考试分数能够用来预测学生批判性思维能力得分，并基于残差差异法测算出学生在某大学就读三年后批判性思维能力显著提高了 0.4 个标准差。④ 此外，基于上述相同的数据，刘欧在另一篇研究中对比分析了 OLS 和 HLM 方法下的研究

---

① Gellin A., "The Effect of Undergraduate Student Involvement on Critical Thinking: A Meta-Analysis of the Literature, 1991 – 2000", *Journal of College Student Development*, Vol. 44, No. 6, 2003.

② Loes C., Pascarella E., & Umbach P., "Effects of Diversity Experiences on Critical Thinking Skills: Who Benefits?", *Journal of Higher Education*, Vol. 83, No. 1, January 2012.

③ Sax L. J., Bryant A. N., & Harper C. E., "The Differential Effects of Student – Faculty Interaction on College Outcomes for Women and Men", *Journal of College Student Development*, Vol. 46, No. 6, 2005.

④ Ou Lydia Liu, "Measuring Value – Addedin Higher Education: Conditions and Caveats – Results from Using the Measure of Academic Proficiency and Progress (Mapptm)", *Assessment & Evaluation in Higher Education*, Vol. 36, No. 1, January 2011.

结果差异，发现，不同方法下计算的批判性思维增值存在差异。[①]

普桑·洛雅尔卡等对中国、美国、俄罗斯三国的电子工程和计算机专业的大学生的批判性思维能力进行了测试和比较，研究发现，在大一的学生中，中国学生的批判性思维能力测试成绩在三国中最高。但美国和俄罗斯的大三学生比大一学生的批判性思维能力高，而中国正好相反，大三学生反而比大一学生的批判思维能力弱。研究者由此推论，读了两年大学之后，中国学生在批判性思维方面几乎没有表现出任何长进，而中国大学教育质量不佳是导致这一结果的重要原因。[②]

里基尔·德夫林利用 the Watson – Glaser critical thinking appraisal 测试工具（标准化测试）对单个社区学院的刚入学的新生和即将离校的二年级学生进行测试，这些二年级学生已经至少完成了 43 个学分（毕业要求是 64 学分）。在控制了口头表达能力后，发现，二年级学生批判性思维能力得分比一年级学生的显著高出 0.34 个标准差（13 个百分点）。[③]

欧内斯特·帕斯卡雷拉等利用参与了国家大学生学习调查的 13 个四年制大学和 4 个两年制学院的大学生样本跟踪调查数据，评估高中后教育（操作化定义：学分小时参与）对一年级结束时批判性思维能力的影响。使用 CAAP 测试工具评估批判性思维能力。在控制了学生的大学入学前批判性思维能力得分、种族、性别、年龄、学术动机、工作责任感、学生所在院校的批判性思维能力平均得分、课程作业类型后，发现，四年制大学中，那些在第一年学习中至少 24 学分小时的大学生在第一年年末时的批判性思维能力比那些不超过 6 学分小时的大学生显著高出 0.41 个标准差（16 个百分点）。相应的，在两年制学院中，上述优势为 0.24

[①] Ou Lydia Liu, "Value – Added Assessment in Higher Education: a Comparison of Two Methods", *Higher Education*, Vol. 61, No. 4, 2011.

[②] Javier C. Hernandez, *Chinese Students Excel in Critical Thinking —until University*, 2016, https://www.nytimes.com/2016/07/31/world/asia/china – college – education – quality.html.

[③] Rykiel J., "The Community College Experience: Is There an Effect on Critical Thinking and Moral Reasoning", *Dissertation Abstracts International*, Vol. 56, No. 1, 1995.

个标准差（10个百分点）。①

欧内斯特·帕斯卡雷拉利用 Watson – Glaser 测试得分匹配高年级高中生样本，分为两组，一组进入大学，一组不进入大学，并对他们跟踪一学年。在控制了初始批判性思维能力水平、学术能力、高中阶段绩分、教育愿望后，研究发现，高中毕业后参与了一年大学教育的大学生的批判性思维能力比那些未进入大学的高中毕业生的批判性思维能力显著高出 0.44 个标准差（17 个百分点）。同时发现，一年大学经历对大学生批判性思维能力的净影响是有选择性的，在批判性思维能力的"对论据的解释和评估"两个子维度上，大学生相对非大学生有显著的高分。这些子维度测试的是个体在权衡证据、判断某些基于数据的归纳或结论的有效性、区分强论据和弱论据等方面的能力。但在批判性思维能力的推理、识别、演绎的子维度上，一年大学经历的净效应并无统计显著性。这些子维度测试的是个体在分辨推断的真实性或虚假性、识别假设、判断所陈述的结论是否来源于给定信息等上的能力。②

玛西娅·门特科夫斯基和迈克尔·海峡同样利用上述测试工具，但只检验了后面那些子维度方面的差异，与上述结论一致，在这些方面，大学经历对批判性思维能力发展的净影响并不存在。③

迈因斯·罗伯特等对单个院校的新生和高年级学生进行了两种批判性思维能力测试（the Watson – Glaser critical thinking appraisal、the Cornell Critical Thinking Test），为了避免学术能力对测试结果差异的混淆，他们利用综合 ACT 分数对批判性思维能力差异进行了调整，研究发现，高年

---

① Pascarella E., Bohr L., Nora A., & Terenzini P., "Is Differential Exposure to College Linked to the Development of Critical Thinking?", Research in Higher Education, Vol. 37, No. 1, 1996.

② Pascarella E., "The Development of Critical Thinking: Does College Make a Difference?", Journal of College Student Development, Vol. 30, No. 1, 1989.

③ Mentkowski M., & Strait M., A Longitudinal Study of Student Change in Cognitive Development, Learning Styles, and Generic Abilities in an Outcome – Centered Liberal Arts Curriculum (Final Report to the National Institute of Education, Research Report No. 6), Milwaukee: Alverno College, Office of Research and Evaluation, 1983, p. 394.

级学生在两种测试得分上比新生有统计性显著优势。[1] 但这种研究结果可能受年龄、成熟度等影响。

苏珊·多伊尔等对参与国家大学生学习调查的18所四年制大学的大学生进行了为期三年的跟踪调查（直到大学第三年结束），在控制了大学前批判性思维能力水平、学术动机、种族、性别、工作责任感、社会经济地位、校园居住情况、课程作业类型、教学质量后，学分小时参与数对第三年年末大学生批判性思维能力得分（CAAP）有正向且显著的统计性影响。[2]

迪恩·怀塔利用学术能力倾向和高中期间班级排名对新生和高年级学生队列进行独立匹配后，发现，在测试得分上高年级学生统计显著高于新生。在排除学术能力倾向和先前的学业成就的影响后，高年级学生在上升的有效性和符合逻辑的论据上（一个批判性思维能力的子维度）比新生表现更突出。[3] 斯图亚特·基利等发现了相似的结论，发现，在控制了学术能力倾向后，高年级学生的批判性思维能力得分显著高于新生的批判性思维能力得分（用小论文形式测试，类似于上述测试）。[4] 尽管上述两项研究控制了学术能力倾向的影响，但不能排除年龄、成熟度的影响。乔·斯提尔利用学术能力倾向对新生和高年级学生队列进行独立匹配后，发现，高年级学生的COMP推理能力分数显著高于新生的相应分数。考虑到年龄及成熟度问题，他将高年级样本划分为三组（20—22岁，23—30岁，30岁以上），三组在推理能力上的最大差异不及高年级学生与新生在推理能力上差异的十分之一，由此排除了成熟度

---

[1] Mines R., King P., Hood A., & Wood P., "Stages of Intellectual Development and Associated Critical Thinking Skills in College Students", *Journal of College Student Development*, Vol. 31, No. 1, 1990.

[2] Doyle S., Edison M., & Pascarella E., The "*Seven Principles of Good Practice in Undergraduate Education*" *as Process Indicators of Cognitive Development in College: A Longitudinal Study*, Paper Presented at the Meeting of the Association for the Study of Higher Education, Miami, 1998.

[3] Whitla D., *Value Added: Measuring the Impact of Undergraduate Education*, Cambridge: Harvard University, Office of Instructional Research and Evaluation, 1978, p. 116.

[4] Keeley S., Browne M., & Kreutzer J., "A Comparison of Freshmen and Seniors on General and Specific Essay Tests of Critical Thinking", *Research in Higher Education*, Vol. 17, No. 1, 1982.

的影响。[1]

四 文献评述

从既有研究上看,批判性思维已经引起西方研究学者、哲学家、国际教育界人士等的深切关注,从批判性思维的概念、内涵、要素图以及测试工具的开发,再到应用测试工具测度不同群体的批判性思维能力水平,定量评估大学生批判性思维能力增值的来源等,研究者们都开展了大量的研究,研究结果也被应用至教育实践中,服务人才培养和经济社会发展。然而,既有研究在以下方面还存在扩展空间:

第一,从测试工具上看,几乎所有的批判性思维能力测试工具皆源自西方国家,尤其集中于美国,其他国家本土化的批判性思维能力测试工具有待丰富和完善。测试工具的开发需要来自哲学、教育学、心理学、统计学、考试学等学科专家的通力合作,难度非常大,成本较高,如此现实原因致使其他国家相对缺乏测试工具的开发。但由于国家文化、语言、习惯等现实差异的存在,简单翻译或应用西方批判性思维能力测试工具来评估本土大学生批判性思维能力必然会产生偏差[2],研究结论也将存在偏颇。

第二,从研究对象上看,绝大部分聚焦于美国大学生群体,来自发展中国家的经验素材相对缺乏。这种现象的产生一方面得益于美国开发与设计的批判性思维能力测试工具较为丰富和完善,另一方面也归功于美国院校间形成的自愿问责系统及其他相关的调查联盟,高校自主加入相关的能力测试与调查,为批判性思维能力的相关研究奠定了扎实的数据基础。受限于本土化测试工具的缺乏以及数据获取渠道的有效性,中国关于批判性思维能力的研究相对缺乏,更多地停留在批判性思维概念

---

[1] Steele J., "*Assessing Reasoning and Communication Skills of Postsecondary Students*", Paper Presented at the Meeting of the American Educational Research Association, San Francisco, 1986.

[2] Liu L. O., Shaw A., Gu L., et al., "Assessing College Critical Thinking: Preliminary Results from the Chinese Heighten© Critical Thinking Assessment", *Higher Education Research & Development*, Vol. 37, No. 5, July 2018.

的引入、内涵的剖析、相关理念的阐释以及教学模式的探讨上[①]，部分已有的实证研究结果也是建立在运用国外开发的批判性思维能力测评工具的基础上[②]，且未系统地探讨大学生批判性思维能力的主要影响因素，特别是并未测度大学生在高等教育期间批判性思维能力的增值状况，由此也更未能分析大学生批判性思维能力增值的影响机制。未来亟须基于本土化测试工具及相应的测试数据来论证批判性思维的重要性、可教性，并通过评估批判性思维能力的增值来检验高等教育质量。

第三，从研究内容上看，已有的关于大学生批判性思维能力增值来源的研究主要集中在探讨高等教育期间相关活动或整段高等教育经历带来的影响，相对缺乏对高等教育之前相关因素的探讨。大量研究从高等教育期间的课程参与、科研参与、同伴互动、教师教学实践、教学观念等维度探讨了大学生批判性思维能力增值的来源，抑或是利用实验或准实验方法整体上评估某段大学教育经历对大学生批判性思维能力增值的净影响，很少有研究将注意力迁移至高等教育之前的相关因素（如，早期流动求学经历、早期留守经历、家庭背景相关特征、基础教育学习状况等），尽管有少量研究将这些前置性因素视为控制变量，但并未对其展开系统深入的分析。但从新人力资本理论可知，学生早期成长或学习经历会影响后期个人能力发展，对这些因素的深入分析有助于更清晰地探讨大学生批判性思维能力增值的内在机制。

有鉴于此，本书将基于本团队自主开发的本土化批判性思维测试工具，对全国公立四年制本科院校1.6万名本科生进行批判性思维能力测试与调查，利用多种计量经济学技术评估中国本科生批判性思维能力增

[①] 陈振华：《批判性思维培养的模式之争及其启示》，《高等教育研究》2014年第9期；罗清旭：《论大学生批判性思维的培养》，《清华大学教育研究》2000年第4期；[加]戴维·希契柯克：《批判性思维教育理念》，张亦凡、周文慧译，《高等教育研究》2012年第11期；董毓：《批判性思维三大误解辨析》，《高等教育研究》2012年第11期。

[②] 卢忠耀、陈建文：《大学生批判性思维倾向与学习投入：成就目标定向、学业自我效能的中介作用》，《高等教育研究》2017年第7期；赵婷婷、杨翊、刘欧、毛丽阳：《大学生学习成果评价的新途径——EPP（中国）批判性思维能力测试报告》，《教育研究》2015年第9期；夏欢欢、钟秉林：《大学生批判性思维养成的影响因素及培养策略研究》，《教育研究》2017年第5期。

值状况及其影响因素。具体而言,重点关注三类问题:一是,在高等教育期间,中国本科生批判性思维能力是否产生增值,增值大小如何?二是,在高等教育期间,不同类型学校、不同学科、以及不同的学习经历或活动等如何影响本科生批判性思维能力增值?三是,高等教育之前的个人成长或学习经历如何影响高等教育期间本科生批判性思维能力增值?在此基础上,本书将试图剖析本科生批判性思维能力增值的内在机制。

第五节 研究思路与方法

一 研究思路

图 1-1 呈现了本书的技术路线图,研究贯彻的是"问题提出—理论分析—研究设计—数据分析—理论发现—解决问题"的基本思路。

二 研究方法

本书使用的是实证研究方法。实证研究是在特定的研究范畴上综合了一系列的具体的研究方法,如实验法、准实验法和调查法等,通过这些方法来收集和处理所需要的数据,并结合所设计的理论框架来论证观点。从思维方式来看,研究者所遵循的研究原则表现出一种相对稳定的"认识框架",具体来说,可将其归纳为三个方面,"第一,提出一个理论假说;第二,从这一理论假说逻辑地推出可观测的具体结论;第三,将收集到的经验材料与逻辑推论相比较,证明或推翻理论假说"。[①] 按照实证研究经验材料的来源可分为案例实证研究和量化的实证研究,前者重视研究中的第一手资料,不刻意追求普遍意义的结论,而后者通过逻辑推理和数学分析等策略来把握复杂现象之间的内在联系。本书属于后者。从具体的研究方法上看,主要有三种:

(一) 文献研究法

本书旨在探讨中国本科生批判性思维能力增值状况及其内在机制,

---

① 冯向东:《关于教育的经验研究:实证与事后解释》,《教育研究》2012 年第 4 期。

```
研究内容                              研究程序

    ┌─────────────────────────┐
    │    问题提出              │ ········▶ ( 拟解决的问题 )
    │ 中国本科生批判性思维能力 │
    │    增值及其影响机制      │
    └─────────────────────────┘
                │
                ▼
    ┌─────────────────────────┐
    │    理论基础              │ ········▶ ( 理论分析框架 )
    │ 传统人力资本理论及新人力 │
    │   资本理论：能否增值？   │
    │ 院校影响力理论：如何增值？│
    └─────────────────────────┘
                │
                ▼
    ┌─────────────────────────┐
    │    研究设计              │
    │    测试工具              │
    │    数据来源              │
    └─────────────────────────┘
       │          │          │
       ▼          ▼          ▼
   ┌──────┐  ┌──────┐  ┌──────┐
   │本科生│  │本科教│  │早期成│
   │批判性│  │育经历│  │长特征│   ········▶ ( 经验分析结果 )
   │思维能│  │与批判│  │与批判│
   │力增值│  │性思维│  │性思维│
   │      │  │能力增│  │能力增│
   │测度方│  │值    │  │值    │
   │法    │  │学校类│  │独生子│
   │测度结│  │型    │  │女    │
   │果    │  │学科  │  │家庭第│
   │      │  │学习成│  │一代大│
   │      │  │绩    │  │学生  │
   │      │  │科研参│  │流动求│
   │      │  │与    │  │学经历│
   │      │  │      │  │高考发│
   │      │  │      │  │挥状况│
   └──────┘  └──────┘  └──────┘
                │
                ▼
   ┌──────────────────────────┐
   │ 本科生批判性思维能力增值的│
   │           基本表征        │ ········▶ ( 理论本土化检验 )
   │ 早期成长经历的滞后性影响  │
   │ 本科教育经历的增值效应    │
   └──────────────────────────┘
                │
                ▼
   ┌──────────────────────────┐
   │         结语              │
   │       研究结论            │ ········▶ ( 解决问题 )
   │      批判性展望           │
   └──────────────────────────┘
```

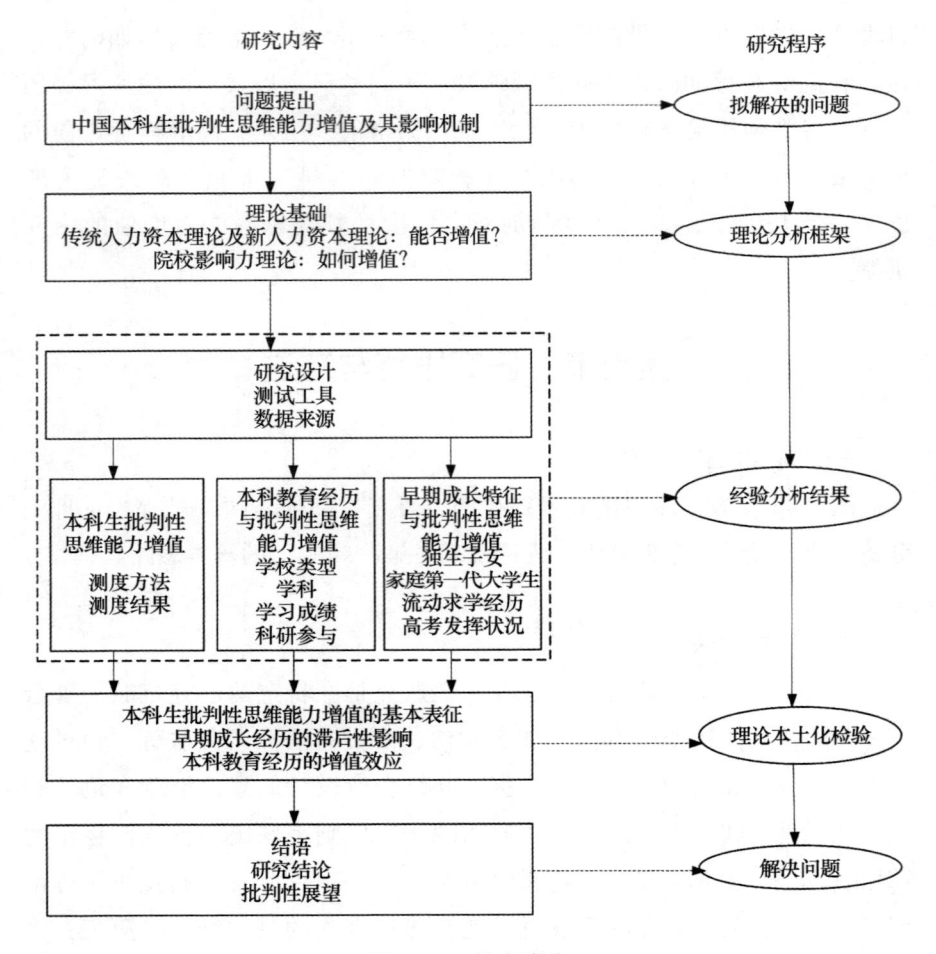

图 1-1　技术路线

因此主要从以下四方面进行文献收集，一是有关批判性思维能力的概念、内涵、要素等相关文献，了解当前国际教育界对批判性思维的认识、教育理念、培养模式等相关的前沿进展；二是关注国内外关于人力资本理论、新人力资本理论、院校影响力理论相关的实证研究，动态追踪理论前沿进展，为本书提供扎实的理论基础；三是密切关注国内外开发的批判性思维能力测试工具，分析测试背后的考察逻辑，同时更关注研究者们如何利用这些测试工具测度本科生批判性思维能力；四是搜集有关批判性思维能力增值的相关文献，关注研究者们如何测度增值，如何归因本科生批判性思维能力增值来源，为本书提供技术及文献参考。

（二）测试与调查法

基于所在研究团队，本书主要通过两种方式获取相应的研究数据，一是，利用本团队自主开发的本土化批判性思维能力测试工具，于2016年和2019年分别测试了全国16省83所高校1.6万名和全国12省1435位本科生的批判性思维能力；二是利用调查问卷询问了本科生有关年龄、性别、民族、生源地、户口类型、家庭收入、父母教育和职业、高中学习经历、高考相关情况、早期流动求学或留守经历、本科期间课程学习、科研参与、社团活动、实习、创业等相关信息。

（三）计量分析法

本书在测度本科生批判性思维能力增值的同时将使用多种计量经济学技术，一是反向测度法，在微观个人层面，利用大一样本数据构建批判性思维能力预测模型，从而反向预测大四学生在当年大一时的批判性思维能力水平，由此计算出大四本科生在四年大学期间取得的批判性思维能力增值；二是基于OLS（或HLM）的残差差异分析法，这种方法衡量的是每所院校的本科教育给本科生批判性思维能力带来的增值效应，不能落实到微观个人层面。详细的技术原理后文会进一步阐述。三是基于2016—2019年间基线与追踪调查数据，直接测度微观个人层面大学生批判性思维能力增值水平。特别说明的是，本书在分析本科生批判性思维能力增值的影响因素时也将使用OLS、HLM、PSM等模型，在后文具体分析环节会详细交代具体的模型。

第 二 章

理论基础与研究设计

本章主要有两部分内容，一是梳理已有相关理论，为本书探讨中国本科生批判性思维能力增值提供理论分析框架；二是交代本书的整体设计，主要包括本土化批判性思维能力测试工具的开发过程及其质量分析，数据来源、调查问卷涉及内容等，为后文数据分析做好铺垫。

第一节 理论基础

一 经典的人力资本理论

教育与收入之间的关系一直是劳动经济学、教育经济学等学科研究中的经典问题。1960年，美国经济学会会长西奥多·舒尔茨发表了一系列主题围绕人力资本的论文，他的研究成果为人力资本理论的形成起到了奠基性的作用。他认为，通过教育、医疗保健、劳动者的迁移、移民和信息获得等途径可形成人力资本，其中教育是一种重要的途径。"尽管在某种程度上教育可以说是一项消费活动，它为受教育的人提供满足，但它主要是一项投资活动，其目的在于获取本领，以便将来进一步得到满足，或增加个人作为一个生产者的未来收入"，① 对教育的性质、成本、作用等进行了辩证性分析，"社会和个人为接受教育所付出的各项成本，都是为了获得一种存在于人体之内的，可能提供未来收益

---

① ［美］西奥多·舒尔茨：《人力资本投资——教育和研究的作用》，蒋斌、张蘅译，商务印书馆1990年版，第62页。

的生产性资本。这些收益包括：未来的工资收入、未来的自我雇佣和家务活动能力，以及未来在消费方面的满足感"。① 在特别针对"高等教育的成就"的研究中，他阐述了高等教育投资的风险与不确定性，论述了高等教育投资对整个国家经济发展的作用，"所有的高等教育投资，无论其采取何种形式，都是超前的、长期的、对未来承担义务的，因此都会遭到某种风险和不确定性的困扰"。特别是，"许多低收入国家的发展进程都明显地得益于大学所培养的工程、技术、医学、公共及私人管理工作，以及农业等各个领域的本国专业人才"。他提倡"在低收入国家的正常发展中，高等教育是必不可少的"观点。② 正是由于舒尔茨对人力资本投资的系统性阐述以及该阐述对美国经济发展乃至世界经济发展的杰出贡献，后来者都将他称之为"人力资本之父"。当然，与舒尔茨同一时期深入研究人力资本投资的经济学家还有很多，如研究微观层面增加教育投资对个人经济收益增长的内在关系的雅各布·明塞尔③、系统估计美国高等教育投资收益率的加里·斯坦利·贝克尔④等，他们都因在人力资本理论研究中作出突出贡献而获得了诺贝尔经济学奖。

到 20 世纪 70 年代之后，人力资本理论受到了来自筛选理论的强大挑战，甚至经历了一段被质疑的时期，但随着大量经济学家通过一系列的经验分析，人力资本理论经受住了挑战，也进一步得到发展，大致可以分为两个维度：

一是宏观层面的发展，代表性论述如，1986 年保尔·罗默尔在《收益递增与经济增长》中提出的简单的"两时期模型"和"两部门模型"，"把知识作为主要的独立因素纳入生产函数之中，使之成为增长模型的内

---

① [美] 西奥多·舒尔茨：《对人进行投资——人口质量经济学》，吴珠华译，首都经济贸易大学出版社 2002 年版，第 21—45 页。
② [美] 西奥多·舒尔茨：《对人进行投资——人口质量经济学》，吴珠华译，首都经济贸易大学出版社 2002 年版，第 46—63 页。
③ [美] 雅各布·明塞尔：《人力资本研究》，张凤林译，中国经济出版社 2001 年版，第 4 页。
④ [美] 加里·斯坦利·贝克尔：《人力资本——特别是关于教育的理论与经验分析》，梁小民译，北京大学出版社 1987 年版，第 2 页。

生变量，同时又把知识分解为一般知识和专业知识，一般知识会产生外部效应，使所有企业都能获得规模收益，而专业知识则会产生内部效应，只给个别企业带来垄断利润"[①]；1988年罗伯特·卢卡斯在《论经济发展的机制》中把舒尔茨的人力资本理论和索洛的技术决定论的增长模型结合起来并加以发展所形成的人力资本积累增长模型，在模型中强调劳动者脱离生产、从正规或非正规的学校教育中所积累的人力资本对经济增长的作用。[②] 经济学家们都尝试把人力资本纳入经济增长模型，从宏观上阐述人力资本理论，揭示了人力资本的外部效应。

二是微观层面的发展，经济学家们开始深入探讨教育与个人能力之间的关系，试图从本质上分析教育过程与能力发展的内在机制，并对能力本身进行重新定义、分解，探讨不同能力对个人经济收益的影响，从而深层次剖析人力资本理论的内涵。经典的人力资本理论认为，教育是人力资本投资最重要的途径，可以提高受教育者的能力，从而提高劳动生产率，帮助受教育者在劳动力市场中获取高收益。[③] 由此，大量劳动经济学和教育经济学研究对劳动者受教育状况、劳动生产率及工资收入之间的关系进行了论证，但由于能力测试工具的相对缺乏，早期研究对人力资本理论的核心推论"教育可以提高能力"的内部机制缺乏最直接的测度、评估和验证等，多是将其放置于黑箱之中（如图2-1所示）。但也正是这一点，受到了研究者的诸多质疑，大量研究认为"教育并不能提高能力""教育只是一种信号筛选装置"，由此发展出了筛选理论，并引发了人力资本理论与筛选理论间持久不息的争论，堪称劳动经济学史上的"历史之战"。[④] 随着大量实证研究的检验

[①] P. Romer, "Increasing Returns and Long-Run Growth", *Journal of Political Economy*, Vol. 94, No. 5, 1986.

[②] R. Lucas, "On the Mechanics of Economic Development", *Journal of Monetary Economics*, Vol. 22, No. 1, 1988.

[③] Schultz T. W., "Investment in Human Capital", *American Economic Review*, Vol. 51, No. 1, 1961.

[④] Spence A. M., "Job Market Signaling", *Quarterly Journal of Economics*, Vol. 87, No. 3, 1973; Stiglitz J., "The Theory of Screening, Education, and the Distribution of Income", *American Economics Review*, Vol. 65, No. 3, 1975; Arrow K. J., "Higher Education as a Filter", *Journal of Public Economics*, Vol. 2, No. 1, 1973.

和发展①，人力资本理论与筛选理论不再是极端的二元对立状态，而是走向融合与互补阶段，教育不仅能筛选出不同能力的个体，还能提高个体的能力。

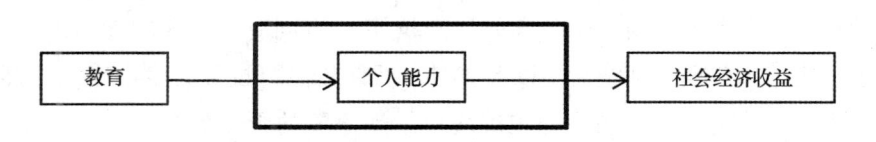

图 2-1 经典的人力资本理论中的黑箱示意

二 基于能力的新人力资本理论

随着人力资本理论的发展，教育与个人未来经济收益的内在关系、作用机制、使用条件等逐渐深化、明确，也更好地促进了教育经济学的发展，成为指导政府与家庭进行教育投资的重要理论参考，促进了经济社会的发展。研究者们也从学理上对教育的能力提升功能有了全新的认识，并开始将黑箱中的能力外显在理论阐述之中，重点突出教育与能力之间的互动关系，典型的，如，埃里克·汉纳谢克在2010年美国经济学年会中提出的基于能力的新人力资本理论概念框架。

基于能力的新人力资本理论是一项综合了经济学、生物学、遗传学和心理学等多学科前沿知识的研究成果。② 能力，包括认知能力和非认知能力，是新人力资本的核心要素，具有二大特性：一是，能力的形成具有多阶段性。最新的遗传学研究发现环境与基因之间存在相互作用，③ 能力的形成是基因和环境综合作用的结果。能力的形成囊括了多个阶段，

---

① Weiss A., "Human Capital Vs. Signaling Explanations of Wages", *Journal of Economic Perspectives*, Vol. 9, No. 4, 1995; Chatterji M., Seaman P. T., & Singell L. D., "A Test of the Signaling Hypothesis", *Oxford Economic Papers*, Vol. 55, No. 2, April 2003.

② 李晓曼、曾湘泉：《新人力资本理论——基于能力的人力资本理论研究动态》，《经济学动态》2012年第11期。

③ Cunha, et al., "Estimating the Technology of Cognitive and Non-Cognitive Skill Formation", *Econometrica*, Vol. 78, No. 3, 2010.

不同的阶段发生于生命周期的不同时期。二是，能力的自我生产以及动态补充。每个阶段所形成的能力之间紧密相关，前一阶段形成的技能有助于提升下一时期获取技能的能力，即，能力能够自我生产，"早期认知能力的获得会促进后期积累更高的认知能力存量""一个阶段非认知技能的形成也有助于提高下个阶段的认知技能"。[1] 同时，形成的能力能够动态补充，当前期某项技能得以形成时，后期技能再投资时生产率会更高。能力的自我生产以及动态补充表现出早期投资的乘数效应，也间接论证了能力形成的多阶段性。此外，另有一项有关"能力的形成"的研究指出，能力形成有其关键期和敏感期。关键期是指某些技能只能在某段时期才能有效的形成；敏感期是指在某一段特定的时期，某些技能的形成比其他技能的形成更容易。[2] 由此可知，教育能提高个体能力的作用在人的成长时期和能力的类型上是具有选择性的。

为此，新人力资本理论给本书提供了一个贯穿生命周期的分析框架，如图2-2所示，个人能力并非完全由先天决定，外界环境、早期干预、后期追踪投资等都有助于能力的形成。教育、工作、培训等与个人能力是相互作用的，早期形成的能力成为个人进行教育、培训以及健康等投资决策的参考要素，这些决策反过来通过提高个人的知识、技能、健康水平等人力资本存量来促进能力的提升，而能力的内在价值外显为个人的经济社会表现。

至此，由经典的人力资本理论以及基于能力的新人力资本理论可知，教育可以提高个人能力，并且这种提升功能受早期干预、遗传基因、外在环境等多种因素的综合影响。未来研究在探讨个人能力发展时需综合考虑这些因素。这也为本书探讨早期成长特征对本科生批判性思维能力增值的影响提供了理论基础。例如，早期流动求学经历是在可承受的预算约束下家庭为子女发展而理性实施的早期干预手段，会影响孩子早期

---

[1] 李晓曼、曾湘泉：《新人力资本理论——基于能力的人力资本理论研究动态》，《经济学动态》2012年第11期。

[2] Eric I. Knudsen, et al., "Economic, Neurobiological, and Behavioral Perspectives on Building America's Future Workforce", *Proceedings of The National Academy of Sciences*, Vol. 103, No. 27, June 2006.

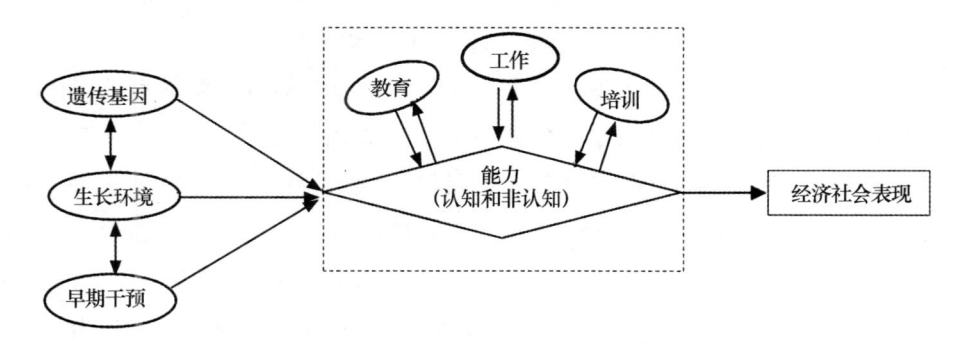

图 2-2 基于能力的新人力资本理论的分析框架

学习和生活的环境，进而影响到孩子早期各项能力的形成。基于理论分析框架可知，由于能力的自我生产及动态补充特性，新形成的技能会影响后期相关技能的形成与发展，在进行后期高等教育投资时，前期形成的认知或非认知技能会直接影响到高等教育投资效率以及个人能力的发展。

三 院校影响力理论

在明确了教育的能力提升功能后，教育影响学生能力发展的内部作用机制成为了研究者们讨论的焦点。具体到高等教育而言，研究者们从微观层面开始剖析大学教育如何影响大学生能力发展，并在大量经验研究的基础上构建出了一系列大学影响力理论，代表性的，如，阿斯汀的 IEO 模型及学生参与理论、汀托的学生辍学理论、帕斯卡瑞拉的变化评定模型等。

（一）阿斯汀的 IEO 模型及学生参与理论

阿斯汀基于数十年大规模跟踪调查研究提出了著名的 IEO 模型，即"输入—环境—输出"模型。[1] 输入指学生的个人特点（初始能力、人口学特征等）与背景特征（家庭经济地位、成长经历等）等，环境指大学

---

[1] Astin A. W., *Four Critical Year: Effects of College on Beliefs, Attitudes, and Knowledge*, San Francisco: Jossey–Bass, 1977, p. 190.

的学术氛围和社会交往等,主要存在两种作用机制影响输出(如图2-3所示):一是输入对输出的直接影响;二是,输入和环境的交互作用下形成的输出。该模型将学生的个人特点与背景特征等从大学教育环境中分离出来,奠定了高等教育效果评估的基础和出发点。[1] 在引入佩斯·罗伯特提出的"学生努力质量"[2] 概念后,阿斯汀提出了学生参与理论,强调了参与对大学生学业发展的重要性,如,参与既能促进学生掌握知识、发展思维,也能培养学习志趣、主观积极性、意志品质、自我效能感等。[3] 他认为大学生在有意义的活动中(课堂内外学习、社团组织及与师生交互等)投入的时间和精力越多,其从大学经历中获得的收获越大。这也衍生了大学教育质量评价的重要尺度,即大学教育能够有效促进学生参与的程度。大学通过有效的环境建设,提升学生有效的学习参与,从而促进学生的学业成就及能力发展。学生参与理论关注的是学校整体层面的作用效应,提供的是一个理解学生发展的理念性框架,为后续的大学影响力理论的发展奠定了基础。

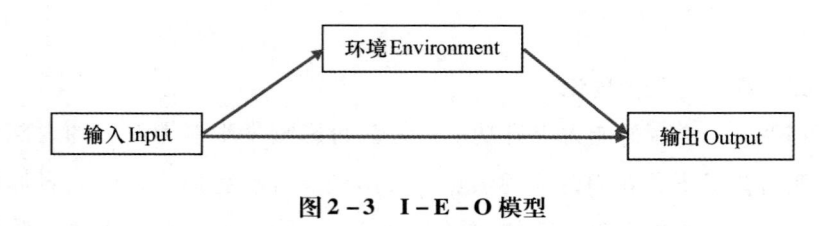

图2-3 I-E-O模型

---

[1] Astin A. W., "Student Involvement: A Developmental Theory for Higher Education", *Journal of College Student Personnel*, Vol. 40, No. 5, 1999; Astin A. W., "The Methodology of Research on College Impact (Ⅰ)", *Sociology of Education*, Vol. 43, No. 3, 1970; Astin A. W., "The Methodology of Research on College Impact (Ⅱ)", *Sociology of Education*, Vol. 43, No. 3, 1970; Astin A. W., *Assessment for Excellence: The Philosophy and Practice of Assessment and Evaluation in Higher Education*, New York: Macmillan, 1991, p. 109.

[2] Pace C. R., *Achievement and the Quality of Student Effort*, Washington DC: National Commission on Excellence in Education, 1982, p. 83.

[3] Astin A. W., *Achieving Educational Excellence: A Critical Assessment of Priorities and Practices in Higher Education*, San Francisco: Jossey Bass, 1985, p. 23; Astin A. W., *What Matters in College? Four Critical Years Revisited*, San Francisco: Jossey-Bass, 1993, p. 191.

（二）汀托的学生辍学理论

与阿斯汀的学生参与理论类似，汀托提出的学生辍学理论也强调学生在学校学习过程中与学校学术及社交环境等的交互作用，不同的是，学生辍学理论关注的是学生发展的内部效应，特别是校园中教师和同辈对学生产生的影响。受入学时的家庭和社区背景、个性特征和技能、经济资源、性情以及入学前的教育经历和成绩的影响，学生对未来教育活动会有初步的意向和承诺。在大学的学习过程中，受学校中教师、同辈朋友等学习和社交子系统的交互影响，学生对未来教育活动的意向和承诺会被重新整合、修改和形成，从而影响学生最终的辍学决定。这些特征通过影响学生在大学过程中形成的个人来影响学生的辍学决定。[①] 尽管该模型试图解释的是纵向过程中学生辍学的社会学现象及其影响因素，但其基本解释路径对于分析学习和社交系统对大学生在学校过程中的其他行为、体验或发展的影响是完全可行的。学生辍学理论框架具体见图2-4。

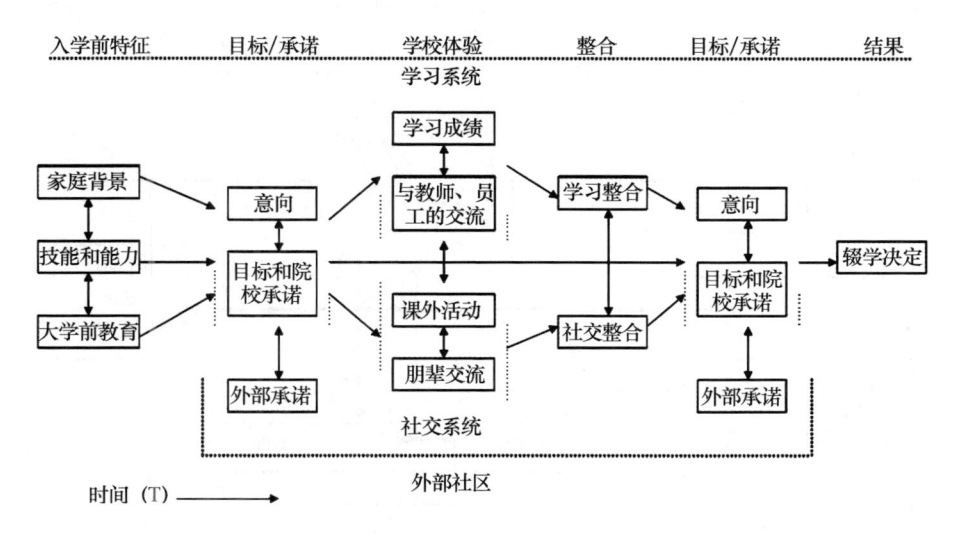

图2-4 学生辍学理论框架

---

① Tinto V., "Dropout from Higher Education: A Theoretical Synthesis of Recent Research", *Review of Educational Research*, Vol. 45, No. 1, 1975; Tinto V., *Leaving College: Rethinking the Causes and Cures of Student Attrition*, Chicago: University of Chicago Press, 1987, p. 87.

(三) 帕斯卡瑞拉的变化评定模型

与汀托侧重于分析学校内主体间交互作用的影响不同,帕斯卡瑞拉从院校的组织或结构特性(如入学选拔性、师生比例、住校生比例等)、学校环境、主体间互动(与教师、同伴等)、学生个人特征(人口学特征、个性、资质、入学前成绩、种族、肤色等)、学生努力质量5方面考察了影响大学生发展的通用因果模型(如图2-5所示),较为深入地剖析了学生学习和认知发展的过程及其影响因素,也为关于大学影响力的跨院校研究提供了概念基础。该理论认为,院校的组织或结构性特征和学生个人特征共同构成了学校的环境,而院校的组织或结构性特征、学生个人特征和学校环境一起影响了学校主体间互动的内容、频率和质量。学生努力质量则主要受到学生个人特征、学校环境及主体间互动的影响。最终,学生在校期间的成长和发展是学生个人特征、与老师和同辈的互动及学生个人努力质量三者综合作用的结果,而学校的组织特征则通过学校环境、学生努力质量以及学生与老师和同辈的交互等的中介作用对

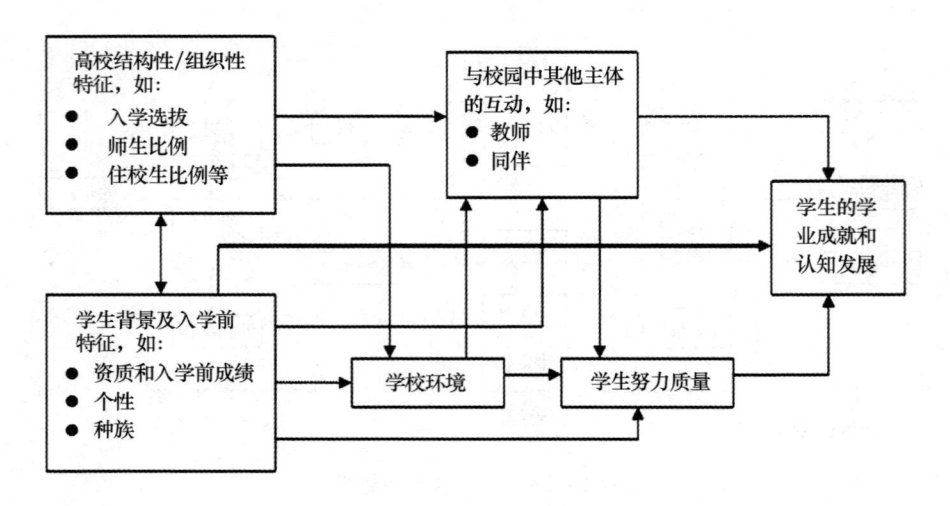

图2-5 变化评定模型框架

学生的发展产生间接的影响。①

上述院校影响力模型为本书探讨中国本科生批判性思维能力增值的内在机制提供了理论参考。但需说明的是，这些理论均出自西方国家，是否适合用于中国，需要用本土的实证研究对其进行检验，甚至做到理论本土化扩展。

第二节 本书的理论分析框架

基于上述相关理论基础，本书构建了图2-6所示的理论分析框架：

由经典的人力资本理论及基于能力的新人力资本理论可知，在接受高等教育期间，本科生批判性思维能力（作为一种核心认知能力）会得以提高，这是本书的核心。所有后续的研究都是基于这种假设展开。从已有院校影响力理论的梳理可知，人口学特征（含性别、民族、年龄等）、个人成长经历（独生子女、流动求学经历、第一代大学生、大学前居住地、户口类型、家庭类型、家庭经济水平等）、高中阶段求学经历（生源地、生源类型、学校所在地、学校类型、班级类型、高三成绩排名等）、本科期间教育经历（本科学校类型、学科、学习成绩以及学习参与状况（如社团活动、科研参与、实习、创业、第二专业、志愿活动等））等会影响本科生批判性思维能力增值。

基于已有文献研究情况，本书重点探讨本科教育经历（主要含学校类型、学科、学习成绩、科研参与等）及早期成长特征（是否独生子女、是否家庭第一代大学生、早期是否有流动求学经历、高考经历等）两方面因素对本科生批判性思维能力增值的影响，其他相关因素仅作为控制变量纳入分析，但不作为重点内容进行阐述。

---

① Pascarella E. T., "Student - Faculty Informal Contact and College Outcomes", *Review of Educational Research*, Vol. 50, No. 4, 1980; Pascarella E. T., *College Environmental Influences on Learning and Cognitive Development: A Crtical Review and Synthesis. In J. Smart（Ed.）, Higher Education: Handbook of Theory and Research*, New York: Agathon, 1985, pp. 1 - 64.

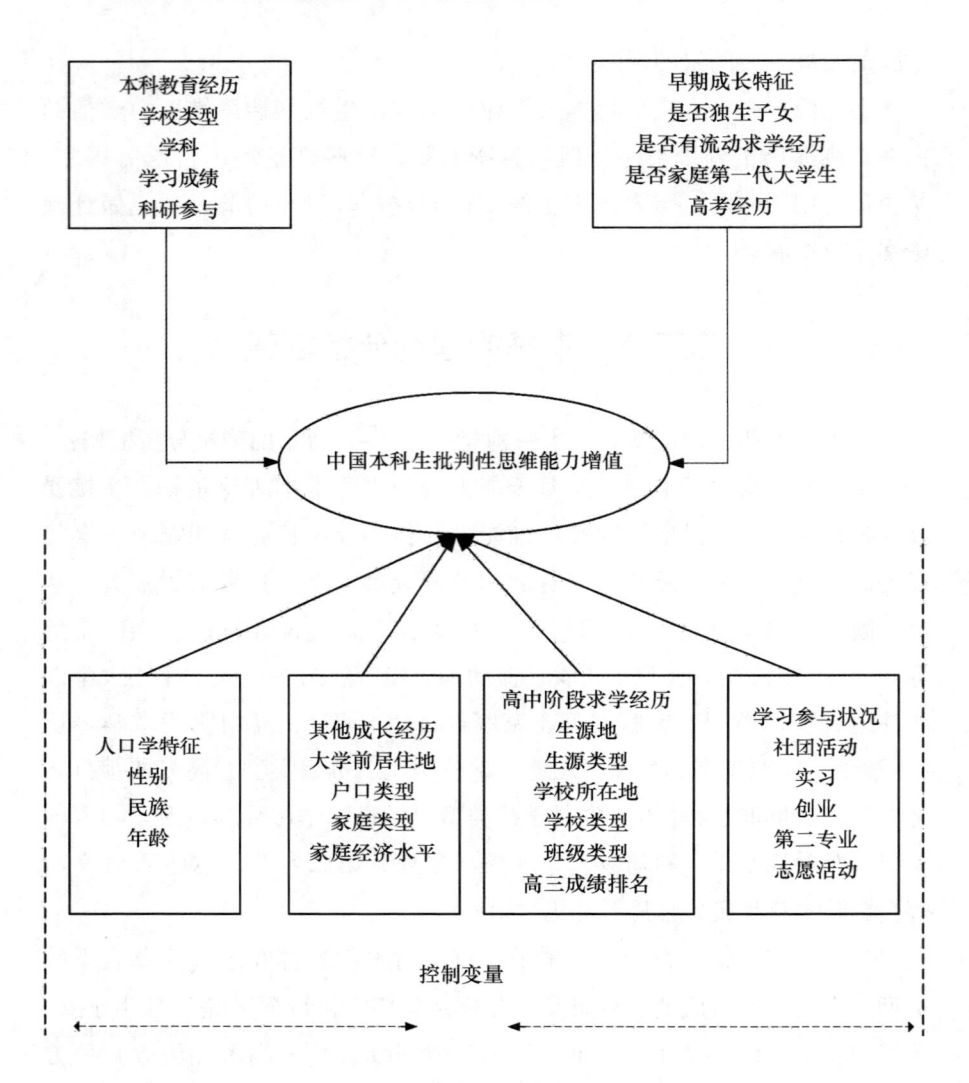

图 2-6 本书的理论分析框架

第三节 测试工具

一 本土化批判性思维能力测试工具的研制过程

内容有效性是评估一项批判性思维测试的首要标准，具体包括所依据的批判性思维定义、测试的内容覆盖面等①，要求定义具有可操作性，且测试内容集中于批判性思维主要框架中共同反映的最重要因素②。批判性思维的概念源于约翰·杜威提出的"反身性思维"，他认为批判性思维主要是对解决问题的假说的考察，包括暗示、提出问题、提出假设、推论（包括推理）和假设检验③。此后，学者们对于批判性思维的概念及技能框架争论不休，如，史密斯认为批判性思维是决定接受或拒绝某一陈述所做的思考④；爱德华·格雷瑟认为批判性思维主要包括演绎、识别假设、归纳、解释和评估假设⑤；保罗认为批判性思维是对来自观察或由观察、经验、反省、推理或交流产生的信息进行概念化、应用、分析、综合和评价的严谨的智力过程⑥；恩尼斯认为批判性思维是理性的、反省的思维，其目的在于决定我们的信念和行动，涵盖演绎和归纳推理、识别非形式谬误、评估前提的可接受性、识别前提和隐含假设及结论⑦。直到1990年，美国哲学学会发布的《德尔菲报告》所给出的定义得到了大多数学者的认可，即"批判性思维是有目的的、自我调节的判断。这种判断表现为阐明、分析、推论、评价、解析和自

---

① Ennis Robert H., Investigating and Assessing Multiple-Choice Critical Thinking Tests, In J. Sobocan and L. Groarke eds., *Critical Thinking Education and Assessment: Can Higher Order Thinking Be Tested?* London, Ontario: the Althouse Press, 2009, pp. 75–97.

② Ou Lydia Liu, Liyang Mao, Lois Frankel & Jun Xu, "Assessing Critical Thinking in Higher Education: The Heighten™ Approach and Preliminary Validity Evidence", *Assessment & Evaluation in Higher Education*, Vol. 41, No. 5, April 2016.

③ ［美］约翰·杜威：《我们怎样思维·经验与教育》，姜文闵译，人民教育出版社2005年版，第6、13、94页。

④ Smith B., "The Improvement of Critical Thinking", *Progressive Education*, Vol. 30, No. 1, 1953.

⑤ Complete Dissertation™, *Watson-Glaser Critical Thinking Appraisal (WGCTA)*, 2018, http://www.statisticssolutions.com/watson-glaser-critical-thinking-appraisal-wgcta/

⑥ Paul R., "Teaching Critical Thinking in the Strong Sense: A Focus on Self-Deception, Word-Views, and a Dialectical Mode of Analysis", *Informal Logic Newsletter*, Vol. 4, No. 2, 1982.

⑦ Ennis, Robert H., "A Taxonomy of Critical Thinking Dispositions and Abilities", *In Teaching Thinking Skills: Theory and Practice*, Vol. 11, No. 9–26, 1987.

我管理技能[1]，其中每一个子技能下面又包含2—3个具体能力维度。但从理论上对批判性思维能力内涵给予明确表述与准确将其测量出来之间仍存在着诸多环节[2]，这就进一步增加了批判性思维测评工具开发的难度。

通过系统梳理、分析国内外学者、第三方机构开发的批判性思维能力测试工具结构后分析，它们考察的共同维度包括分析评价论证和推理、识别隐含假设、澄清意义、评估一个陈述（信息）的可信性、分析论证结构、评估某一信息可推出的含义、判断如何评估一个给定的论述和识别谬误等[3][4]，其中前六个维度在以上测评中出现的频率较高，可视为各测试都认同且应该考查的方面。这些方面也均包含在《德尔菲报告》的六大核心技能中[5]，如澄清意义包含在"阐明"中，分析论证结构和识别隐含假设包含在"分析"中，评估一个陈述（信息）的可信性、分析评价论证和推理包含在"评价"中，评估某一信息可推出的含义包含在"推理"中等。为此，本书作者所在团队将批判性思维能力测评的结构确定为：分析、评价论证和推理；识别隐含假设；澄清意义；评估某一信息可推出的含义；评估一个陈述（信息）的可信性；分析论证结构六个维度。

在本土化批判性思维能力测试工具的结构框架确定后，研究团队经过多轮"讨论—反馈—修改"后，确定了一套由36道单项选择题构成的批判性思维测评初稿，并于2016年11月选择多所学校进行了多轮试测。

---

[1] Facione P., "Critical Thinking: A Statement of Expert Consensus for Purposes of Educational Assessment and instruction", *Research Findings and Recommendations Prepared for the Committee on Pre-College Philosophy of the American Philosophical Association*, Eric Document ED, 1990, pp. 315 – 423.

[2] 赵婷婷、杨翎：《大学生学习成果评价：五种思维能力测试的对比分析》，《中国高教研究》2017年第3期。

[3] ［加］戴维·希契柯克：《批判性思维教育理念》，张亦凡、周文慧译，《高等教育研究》2012年第11期。

[4] 恩尼斯的康奈尔批判性思维测试水平Z（CCTT – Z）、范西昂的加州批判性思维能力测（CCTST）、格雷瑟的华生 – 格雷瑟批判性思维评估（WGCTA）以及费舍尔的英国批判性思维测试（OCRE）。

[5] 仲海霞：《批判性思维能力测试评介》，《工业和信息化教育》2018年第5期。

在每轮测试完成后，对部分被试进行深入访谈，分析被试对试题的理解是否与试题本身的涵义相符，并估计测试需要的时间。结合测试数据的统计分析，研究团队对题目中术语使用的严格和清晰程度、题目涉及的背景信念、题干中的文化差异、答案的准确性、难易题目的排序合理性以及可猜测性等问题再次进行讨论，为此，一套由33道客观题组成的本科生批判性思维测试工具（CCTA）正式研制完成。

考虑到上述测评工具的测试时间长达45分钟，在全国范围内进行推广测试时面临巨大的组织难度，为此，本书作者所在团队在已有33题的基础上，经过多轮"删减—修改—反馈—预测试—修改"后，形成了一套由18道客观题组成的简版本科生批判性思维能力测试工具。该简版测试工具中的所有18题均来源于完整版测试工具之中，但测试时间缩减为25分钟。

综上，本书作者所在团队在参考已有研究的基础上，经过不断优化调整后，最终形成了两套本土化批判性思维能力测试工具（完整版和简版）。

二 本土化批判性思维能力测试工具的质量分析

本书作者所在团队利用两次全国性调查数据（后文中会详细介绍两个数据库），基于经典测试理论和项目反应理论，对上述两套测试工具分别进行了质量分析。[1] 在此，仅呈现两套测试工具的质量分析中的关键指标，如表2-1所示，两套测试工具的效度较高，均表现出难度适中偏易、区分度较好、信度良好等特征。

---

[1] 更为详细的测试工具研制过程及其质量分析请查看本书作者所在团队发表的论文：沈红、汪洋、张青根：《我国高校本科生批判性思维能力测评工具的研制与检测》，《高等教育研究》2019年第10期。

表 2 – 1　完整版和简版本科生批判性思维能力测试工具的质量分析

基于经典测试理论的分析	难度	通过率%	(0.11, 0.3)	(0.31, 0.7)	(0.71, 0.9)	
		题目数（2016年33题）	4	19	10	
		题目数（2019年18题）	2	6	10	
		难度判断	偏难	适中	偏易	
	区分度	鉴别指数	(0.1, 0.19)	(0.2, 0.29)	(0.3, 0.39)	(0.4, 0.49)
		题目数（2016年33题）	2	15	9	7
		题目数（2019年18题）	3	5	6	4
		区分度判断	较差	尚可	较好	很好
	信度	两套测试工具的克伦巴赫信度系数分别为0.623（较高）、0.562（一般）				
基于项目反应理论的分析	难度	难度指标值	$(-\infty, -3)$	$(-3, 0)$	$(0, 3)$	$(3, \infty)$
		题目数（2016年33题）	2	16	12	3
		题目数（2019年18题）	2	13	12	1
		难度判断	偏易	适中偏易	适中偏难	偏难
	区分度	区分度指标值	(0, 0.4)	(0.4, 0.6)	(0.6, 3)	
		题目数（2016年33题）	11	11	11	
		题目数（2019年18题）	4	4	10	
		区分度判断	较差	一般	较好	
	信度	两套测试工具的信息量曲线均整体偏左。当被试者能力值在[-3, 1.5]时，测评反映的信息量较高，说明两套测评工具比较适合测量能力值在[-3, 1.5]的被试群体，对被试能力水平在"-3以下"和"1.5以上"的被试群体也贡献了一定信息量，但测量误差相对较大。两套测评工具比较适用于对能力值适中以及中等偏下的学生进行测评，对能力值较高或过低的被试的测量误差较大				
效度分析		两套测试工具均表现为：①校标效度较高。测试结果与学生学业成绩、高考成绩、批判性思维能力自评得分、创造力倾向自评得分、问题解决能力自评得分等均显著相关；②测试结果在不同被试群体中存在明显异质性				

第四节　数据来源

本书的数据来源主要有两个：

一是 2016 年基线调查。2016 年 12 月 3 日至 12 月 31 日，研究团队利用完整版批判性思维能力测试工具对全国本科生开展了批判性思维能力测评（NACC）。为了保证试测样本的代表性，研究团队分层抽取了全国 16 省 83 所本科院校，分场次集中被试学生进行测评。研究团队邀请每所抽样高校 200 名本科生参加测评，其中，大一新生和大四毕业生各占 50%；文、理、工、医（含生物/生命科学）四大学科门类各占 25%。接受测评的本科生超过 16000 人。经数据清洗后，有效测评样本为 15336 位，其中，完成批判性思维能力测试的有效样本为 15189 位。[①]

二是 2019 年追踪调查。2019 年 10 月至 12 月，本书作者所在团队利用简版批判性思维能力测试工具，对 2016 年基线调查中的 12 省（甘肃、新疆、湖南、湖北、江西、河南、陕西、广东、黑龙江、山东、江苏、上海）的 5926 名大一（追踪时为大四）学生进行了追踪测试，有效追踪样本 1409 人，有效追踪率为 23.8%（全样本有效追踪率为 17.1%）。

此外，为深入分析本科生批判性思维能力增值的内在机制，本书也通过问卷调查来收集相关信息，主要包括以下方面：

一是人口统计学背景信息，包括年龄、性别、民族、政治面貌等；

二是家庭背景信息，包括生源地、户口类型、家庭类型、兄弟姐妹数、家庭收入、父母教育及职业等；

三是高中学业相关信息，包括高中所在地、高中学校类型、高中班级类型、班级人数、高三学习成绩排名、高考发挥情况等；

四是高考志愿填报相关信息，包括生源类型、高考分数、高校和专业录取与志愿相符程度等；

[①] 更多关于 NACC 调查的相关信息请参考沈红和张青根在 2017 年第 11 期《高等教育研究》上发表的文章。沈红、张青根：《我国大学生的能力水平与高等教育增值——基于"2016 全国本科生能力测评"的分析》，《高等教育研究》2017 年第 11 期。

五是个人成长背景信息，包括流动求学经历、留守求学经历等；

六是本科教育期间的学情投入相关信息，包括课程参与、课程加权成绩、第二专业学习、转专业、校际交换经历、学生社团、志愿服务、科研项目参与、创业经历、获取的奖励、师生互动频率及质量、归属感等。

七是其他相关信息，如高校学费额度、学生资助需求、毕业后求职、求学、创业的意愿等。

第 三 章

本科生批判性思维能力增值测度

本科生批判性思维能力增值幅度如何是本书的核心问题，如何准确测度出本科生批判性思维能力增值则是难点问题。本章主要呈现以下内容，一是梳理已有研究中常用的增值测量方法及其应用模型，为本书选择测度方法提供参考；二是利用基于 HLM 模型的残差差异分析法计算学校层面的批判性思维能力增值效用，以便校际间的比较；三是利用反向测度法计算微观个人层面的批判性思维能力增值；四是基于基线与追踪调查数据，直接测度本科生的批判性思维能力增值。本章的增值测度结果是本书后面章节数据分析的基础。

第一节 增值测量方法及其应用模型

一 增值测量方法选择的前提基础

增值测量方法的选择取决于研究目的以及拥有的数据基础，因而不同处境下的选择存在很大差别。一般而言，在进行方法选择前至少需厘清以下五点问题：

（一）增值的内涵：什么的增值？

这是测度增值的前提性问题。于高等教育阶段而言，在经历大学学习之后学生的能力和知识均会发生变化，但能力和知识的增值测度方法必然存在差异。

（二）增值的期间：哪段时间的增值？

以高等教育增值为例，高等教育阶段跨越了四年时间，既可以测度不同学年内的单年度增值，也可以测度整个高等教育期间的整体增值，如图3-1所示，每一阶段的增值都有可能存在差异，增值幅度大小不一定随时间而产生线性变化。

（三）增值的归因：为什么会有增值？

尽管教育给人以知识，也提高人的能力。但对于年龄在18-22岁左右的大学生而言，其知识与能力的发展受自然增长、社会影响、教育作用等多重因素的综合影响，如图3-1所示。如果研究旨在探讨一般性的增值状况，不分析增值产生的来源，则只需选择相对简单的增值测度方法，比较前后阶段的知识或能力差异即可。但对于试图探究增值来源的研究，则需设计实验或准实验方法来实现。

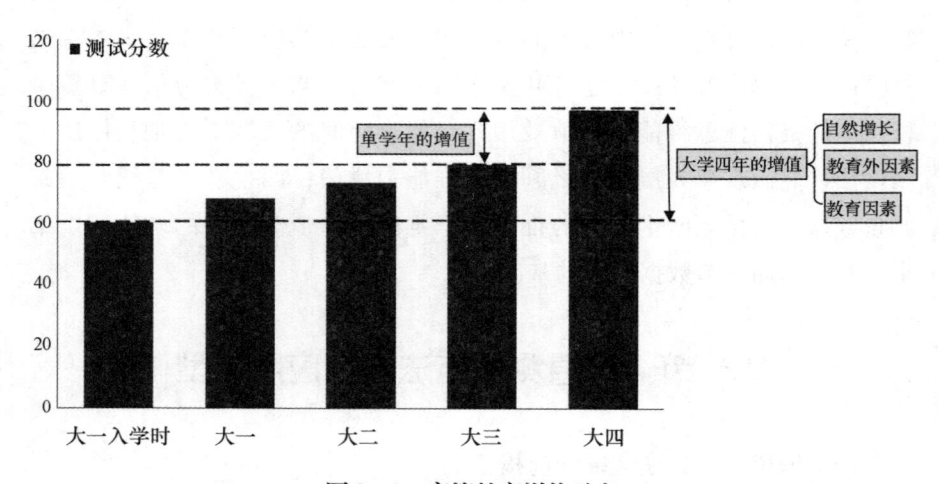

图3-1　高等教育增值示意

（四）增值测度所依赖的数据结构：用什么计算增值？

某种程度上说，研究者所拥有的数据（或拟开展的调查设计）决定了增值测度方法的选择。如图3-2所示，对于纵向追踪调查而言，简单的差异法便可直接测度出增值幅度——这种调查方式对于基础教育阶段而言相对较为普遍。但对于高等教育阶段而言，研究者们更多拥有的（或拟开展调查所收集的）是横向调查数据，这就需要特别的技术来实现增值的测度。

第三章 本科生批判性思维能力增值测度　53

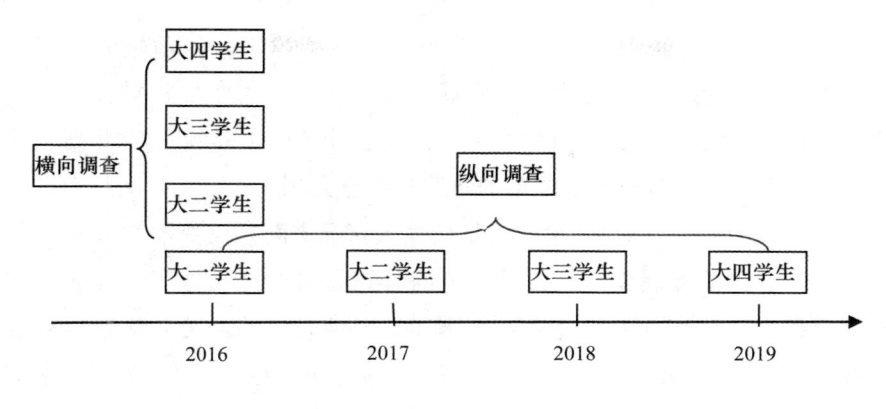

图 3-2　数据结构示意

（五）增值研究的实践目标：为什么计算增值？

在某些研究中，不同的研究目标也会影响增值测度方法的选择。如，偏向于宏观层面的院校间比较时，可选择通过组别数据结构及相关技术来实现。若偏向于微观个人层面的增值幅度比较时，则必须选择能够落实到个体层面的数据结构与技术。

二　高等教育增值的测量方法

一般存在三种测量方法：直接法、间接法、自我评价法。

（一）直接法：通过标准化问卷直接测试个体的知识或能力的现实状况及其增长幅度。

代表性测量有：美国教育考试服务中心 ETS 的 EPP（ETS Proficiency Profile）[1]、美国大学考试中心的学生学业水平测试 CAAP（Collegiate Assessment of Academic Proficiency）[2]、美国教育资助理事会的大学生学习测试 CLA（Collegiate Learning Assessment）[3]，以及澳大利亚教育研究委员会

---

[1] ETS，*ETS Proficiency Profile*，2017，http://www.ets.org/proficiencyprofile/about.

[2] ACT，*CAAP*，2017，http://www.act.org/content/act/en/products-and-services/act-collegiate-assessment-of-academic-proficiency.html.

[3] CAE，*CLA+：Measuring Critical Thinking for Higher Education*，2017，http://cae.org/flagship-assessments-cla-cwra/cla/.

的毕业生技能评估 GSA（Graduates Skills Assessment）① 等。

这种测量来自客观判断，结论生硬，没有解释机会，结果的科学性和准确度对试题质量和测试环境敏感。这种方法的优点是相对科学、直接、可操作性强、可便于国际比较。缺点是对测试工具要求非常高、开发成本很大，对于微观教学改革的政策参考意义稍弱等。

（二）间接法：通过衡量学生学情投入状况来间接反映增值水平。

该方法的前提假设是，在学习上的时间和精力投入越多，其学习成果就会越多。代表性的研究有：美国印第安纳大学的全美大学生学习投入调查 NSSE（National Survey of Student Engagement）②，澳大利亚大学生学习投入调查 AUSSE（Australasian Survey of Student Engagement）③，以及清华大学的中国本科教育学情调查 NSSE–China④ 等。这种间接测量的前提假设在确定的"正向发展情景"下合理。然而，在知识与能力的获取过程中，各人的天赋、各类知识可被吸收的程度、各种能力可被习得的方式、以及学习者和教学者之间的互动程度等变量，都被置于投入与产出之间的"过程之箱"中，使从学习投入测量中得到的学习成果可能只是一种猜测，"猜测与真实间的距离"受到这种间接测量的细致程度、变量选取的科学程度、被测人员的诚实程度等诸多因素的影响。

间接法的优点是收集的信息充分，易于教育教学改革完善等，缺点是只能反映学习投入和经历，并未呈现最直接的学习效果，非真正意义上的增值等。

（三）自我评价法：学生结合自身经历对高等教育带来的增值状况进行自我评估。

---

① Sam Hambur, Ken Rowe, *Graduate Skills Assessment Stage One Validity Study*, Melbourne Australian: Australian Council for Educational Research Evaluations and Investigations Programme, 2002, p. 25.

② NSSE, *National Survey of Student Engagement*, 2017, http://www.nsse.indiana.edu/.

③ COATES H., *Australasian Survey of Student Engagement: Institution Report*, 2008, http://research.acer.edu.au/ausse/17.

④ 史静寰、涂冬波、王纾、吕宗伟、谢梦、赵琳：《基于学习过程的本科教育学情调查报告 2009》，《清华大学教育研究》2011 年第 4 期。

这种评价由被测者"扪心自问"来评判其知识或能力的增长及增长程度，代表性研究有：英国的全国学生调查 NSS（National Student Survey）[①]，澳大利亚的学生课程体验问卷 CEQ（Course Experience Questionnaire）[②]，北京大学的全国高校学生调查[③]，这些调查都要求被试对自己的能力提高状况给以自评。这种测量以个人感性为依据，结果容易出现高估或低估的情况。

自我评价法的优点是成本较低、能够跨越时空进行多阶段调查。缺点是个人主观性强，容易受到社会称许性影响。

三 教育增值测度的计量模型

此部分主要介绍和比较分析在不同类型的调查数据结构下，既有研究在分析基础教育与高等教育阶段增值时常用的计量模型。总体而言，如图 3-3 所示，基础教育阶段的教育增值研究更偏向于使用纵向追踪调查数据，常用的计量模型主要有 OLS 线性回归模型、固定/随机效应模型、增长曲线模型、多元随机效应模型等。而在高等教育阶段的教育增值研究中，由于追踪调查相对较为困难，研究者们多利用横截面调查数据，通过特别的计量技术手段来实现增值测度，常用的计量模型主要有基于 OLS 的残差差异分析模型、基于 HLM 的残差差异分析模型、基于 HLM 的残差分析模型等。接下来，本书将对上述模型进行一一介绍，并比较不同模型的特点及其优劣势。

（一）基础教育阶段常用的教育增值模型

①OLS 线性回归模型（Jakubowski，2008；OECD，2008；McCaffrey et

[①] HEFCE, "Higher Education Funding Council for England", 2017, http://www.thestudentsurvey.com/.

[②] Mclnnis C., Griffin P., James R., Coates H., *Development of the Course Experience Questionnaire（Ceq）*, Melbourne: Higher Education Division, Department of Education, Training and Youth Affairs, 2001, p.1.

[③] 马莉萍、管清天：《院校层次与学生能力增值评价——基于全国 85 所高校学生调查的实证研究》，《教育发展研究》2016 年第 1 期。

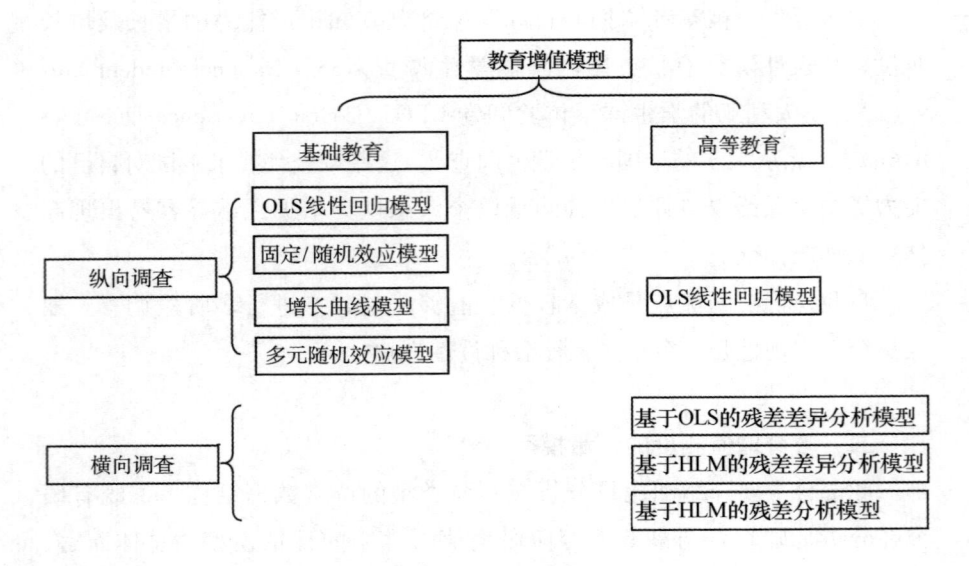

图 3-3 教育增值模型

al., 2003; Ladd & Walsh, 2002)[①]

$$y_{ij(2)} = \beta_0 + \beta_1 y_{ij(1)} + \beta_2 X_{ij} + \beta_3 X_j + \varepsilon_{ij}$$

$y_{ij(2)}$：学校 j 中学生 i 的当前测试分数

$y_{ij(1)}$：学校 j 中学生 i 的前测分数

X_{ij}：学生特性

X_j：学校特性

ε_{ij}：残差项，独立、服从正态分布

学校 j 的教育增值分数：$VA_j = ave(y_{ij(2)} - \widehat{y_{ij(2)}}) = \dfrac{1}{n_j}\sum_{i=1}^{n_j}\varepsilon_{ij}$

②固定效应模型（Clark et al., 2010; Gujarati & Porter, 2009; Rau-

[①] Jakubowski M., *Implementing Value–Added Models of School Assessment*, European University Institute Working Papers Rscas, 2008; OECD, *Measuring Improvements in Learning Outcomes: Best Practices to Assess the Value–Added of Schools*, Paris: OECD, 2008, p. 13; Mccaffrey D. F., Lockwood J. R., Koretz D. M., & Hamilton L. S., *Evaluating Value–Added Models for Teacher Accountability*, Santa Monica: Rand Corporation, 2003, p. 76; Ladd H. F., & Walsh R. P., "Implementing Value–Added Measures of School Effectiveness: Getting the Incentives Right", *Economics of Education Review*, Vol. 21, No. 1, 2002.

denbush & Bryk，2002）[①]

$$y_{ij(2)} = \beta_0 + \beta_1 y_{ij(1)} + \beta_2 X'_{ij} + \beta_3 X'_j + u_j + \varepsilon_{ij}$$

u_j：学校 j 的效应

$$y_{ij(2)} = \beta_{01} + \beta_{02} + \beta_{03} + \cdots + \beta_{0J} + \beta_1 y_{ij(1)} + \beta_2 X'_{ij} + \beta_3 X'_j + \varepsilon_{ij}$$

$\beta_{01} + \beta_{0J}$：学校 j 的效应

③随机效应模型[②]

Level－1：$y_{ij(2)} = \beta_{0j} + \beta_{1j}(y_{ij(1)} - \bar{y}_{j(1)}) + \beta_{2j}(X_{ij} - \bar{X}_j) + \varepsilon_{ij}$

Level－2：$\beta_{0j} = \gamma_{00} + \gamma_{0s} W_{sj} + u_{0j}$

$\beta_{1j} = \gamma_{10}$

$\beta_{2j} = \gamma_{20}$

W_{sj}：学校特性

u_{0j}：学校增值效应

④增长曲线模型[③]

Level－1：$y_{tij} = \pi_{0ij} + \pi_{1ij} AY_{tij} + \varepsilon_{tij}$

[①] Clark P., Crawford C., Steele F., & Vignoles A., *The Choice Between Fixed and Random Effects Models*: *Some Considerations for Educational Research*, Working Papers of Department of Quantitative Social Science － Institute of Education, University of London, 2010, p. 10; Gujarati D. N., & Porter D. C., *Basic Econometrics* (5th Ed.), Boston：Mcgraw－Hill, 2009, p. 19; Raudenbush S. W., & Bryk A. S., *Hierarchical Linear Models*：*Applications and Data Analysis Methods* (2nd Ed), Thousand Oaks：Sage Publications, 2002, p. 103.

[②] Clark P., Crawford C., Steele F., & Vignoles A., *The Choice Between Fixed and Random Effects Models*: *Some Considerations for Educational Research*, Working Papers of Department of Quantitative Social Science － Institute of Education, University of London, 2010, p. 10; Gujarati D. N., & Porter D. C., *Basic Econometrics* (5th Ed.), Boston：Mcgraw－Hill, 2009, p. 19; Raudenbush S. W., & Bryk A. S., *Hierarchical Linear Models*：*Applications and Data Analysis Methods* (2nd Ed), Thousand Oaks：Sage Publications, 2002, p. 103; OECD, *Measuring Improvements in Learning Outcomes*：*Best Practices to Assess the Value－Added of Schools*, Paris：OECD, 2008, p. 13.

[③] Lewis－Beck M., Bryman A., & Liao T. F. (eds.), *The Sage Encyclopedia of Social Science Research Methods*, Thousand Oaks：Sage, 2004, pp. 35－38; Curran P. J., & Muthén B. O., "The Application of Latent Curve Analysis to Testing Developmental Theories in Intervention Research", *American Journal of Community Psychology*, Vol. 27, No. 4, 1999; Goldschmidt P., Choi K., & Martinez F., "Using Hierarchical Growth Models to Monitor School Performance Over Time：Comparing Nce to Scale Score Results", *US Department of Education*, Vol. 130, No. 4, 2004; Markus Keith A., "Principles and Practice of Structural Equation Modeling", *Structural Equation Modeling*, Vol. 19, No. 3, 2012.

Level – 2： $\pi_{0ij} = \beta_{00j} + \beta_{01j} X_{ij} + \gamma_{tij}$

$\pi_{1ij} = \beta_{10j} + \gamma_{1ij}$

Level – 3： $\beta_{00j} = \mu_{000} + \mu_{001} S_j + \sigma_{00j}$

$\beta_{01j} = \mu_{010}$

$\beta_{10j} = \mu_{100} + \mu_{101} S_j + \sigma_{10j}$

AY_{tij}：测试学年

$\sigma_{00j} + \sigma_{10j} AY_{tij}$：学校增值效应

⑤多元随机效应模型①

$Y_{10}^3 = b_{10}^3 + u_{10}^3 + e_{10}^3$

$Y_{11}^4 = b_{11}^4 + u_{10}^3 + u_{11}^4 + e_{11}^4$

$Y_{12}^5 = b_{12}^5 + u_{10}^3 + u_{11}^4 + u_{12}^5 + e_{12}^5$

......

Y_t^k：第 t 年年级 k 的测试分数

b_t^k：第 t 年年级 k 的地区平均测试分数

u_t^k：年级 k 所在学校对第 t 年测试分数的影响

e_t^k：学生因素对第 t 年年级 k 测试分数的影响

学校效应： $y_{ijst} = \mu_{st} + \sum_{l=1}^{t} \sum_{k=1}^{J} P_{ijkl} u_{ksl} + \varepsilon_{ijst}$

（二）高等教育阶段常用的教育增值模型：

①基于 OLS 的残差差异分析模型（Steedle，2009，2010，2011；Klein

---

① Wainer, H., "Introduction to the Value – Added Assessment", *Journal of Educational and Behavioral Statistics*, Vol. 29, No. 1, 2004; Sanders W. L., & Horn S. P., "Research Findings from the Tennessee Value – Added Assessment System (Tvaas) Database: Implications for Educational Evaluation and Research", *Journal of Personnel Evaluation in Education*, Vol. 12, No. 3, 1998; Wright S. P., White J. T., Sanders W. L., & Rivers J. C., *Sas Evaas Statistical Models*, *Sas Evaas Technical Report*, Cary: Sas Institute, Inc, 2010, Retrieved From http://www.sas.com/resources/asset/sas – evaas – statistical – models.pdf; Sanders W. L., *Comparisons among Various Educational Assessment Value – Added Models*, The Power of Two – National Value – Added Conference, Columbus, 2006, Retrieved From http://www.sas.com/govedu/edu/services/vaconferencepaper.pdf.

et al., 2007; Liu, 2008, 2011)[①]

$$\bar{y}_j = \beta_0 + \beta_1 \overline{SAT}_j + \varepsilon_j$$

$\bar{y}_j$：学校 j 的当前平均测试分数

$\overline{SAT}_j$：学校 j 的平均入校学术能力

学校的增值效应为：$VA_j = [\bar{y}_{j,se} - E(\bar{y}_{se})] - [\bar{y}_{j,fr} - E(\bar{y}_{fr})]$

$\bar{y}_{j,se}$：学校 j 高年级平均测试分数

$\bar{y}_{j,fr}$：学校 j 低年级平均测试分数

$E(\bar{y}_{se})$：预期的高年级平均测试分数

$E(\bar{y}_{fr})$：预期的低年级平均测试分数

②基于 HLM 的残差差异分析模型[②]

Level－1：$y_{ij} = \beta_{0j} + \beta_{1j}(SAT_{ij} - \overline{SAT}_j) + \varepsilon_{ij}$

Level－2：$\beta_{0j} = \gamma_{00} + \gamma_{0s}W_{sj} + u_{0j}$

$\beta_{1j} = \gamma_{10}$

低年级与高年级分别进行回归，生成的两个 u_{0j} 之差变为学校 j 的增值效应。

---

① Steedle J. T., *Advancing Institutional Value－Added Score Estimation*, New York：Council for Aid to Education, 2009, p. 104; Steedle J. T., *Improving the Reliability and Interpretability of Value－Added Scores for Post－Secondary Institutional Assessment Programs*, Paper Presented at the Annual Meeting of the American Educational Research Association, Denver, 2010; Steedle J. T., "Selecting Value－Added Models for Postsecondary Institutional Assessment", *Assessment & Evaluation in Higher Education*, Vol. 37, No. 6, April 2011; Klein S., Benjamin R., Shavelson R., & Bolus R., "The Collegiate Learning Assessment：Facts and Fantasies", *Evaluation Review*, Vol. 31, No. 5, October 2007; Liu O. L., "Measuring Learning Outcomesin Higher Education Using the Measure of Academic Proficiency and Progress（Mapp）", *Ets Research Report Series*, Vol. 2008, No. 2, August 2014; Liu O. L., "Value－Added Assessmentin Higher Education：A Comparison of Two Methods", *Higher Education*, Vol. 61, No. 4, 2011.

② Liu O. L., "Value－Added Assessment in Higher Education：A Comparison of Two Methods", *Higher Education*, Vol. 61, No. 4, 2011; OECD, *Measuring Improvements in Learning Outcomes：Best Practices to Assess the Value－Added of Schools*, Paris：OECD, 2008, p. 13; Raudenbush S. W., & Bryk A. S., *Hierarchical Linear Models：Applications and Data Analysis Methods（2nd Ed）*, Thousand Oaks：Sage Publications, 2002, p. 103.

③基于 HLM 的残差分析模型（Seedle，2009，2010，2011）[1]

Level $-1: y_{ij,se} = \beta_{0j} + \beta_{1j}(SAT_{ij,se} - \overline{SAT}_{j,se}) + \varepsilon_{ij}$

Level $-2: \beta_{0j} = \gamma_{00} + \gamma_{01}\overline{SAT}_{j,se} + \gamma_{02}\bar{y}_{j,fr} + u_{0j}$

$\quad\quad\quad\quad \beta_{1j} = \gamma_{10}$

$SAT_{ij,se}$：学校 j 高年级学生 i 的入学学术能力

$\bar{y}_{j,fr}$：学校 j 的新生当前测试分数

u_{0j}：学校的增值效应

④高等教育经济/就业效应的增值分析（Jesse M. Cunha & Trey Miller, 2014）[2]

$$y_i = \beta_0 + \beta_1 E_{1i} + \beta_2 E_{2i} + \cdots + \beta_n E_{ni} + X_i\Phi + \varepsilon_i$$

y_i：毕业后收入/就业等

E_{ni}：某个高校的虚拟变量，进入该校学习，则为 1

X_i：一系列控制变量，如个人特质、家庭背景、基础教育阶段的数据系统、高等教育阶段的数据系统等。

该模型仅用以校际比较，不能直接得出某高校的教育增值参数，但能反映高等教育的作用。本质上说，这是高等教育收益率的研究范畴，是教育增值的间接体现。

表 3-1 比较分析了基础教育与高等教育阶段下各种教育增值模型的关键特性、优弱势等。

---

[1] Steedle J. T., *Advancing Institutional Value-Added Score Estimation*, New York: Council for Aid to Education, 2009; Steedle J. T., *Improving the Reliability and Interpretability of Value-Added Scores for Post-Secondary Institutional Assessment Programs*, Conference: American Educational Research Association, Denver, 2010; Steedle J. T., "Selecting Value-Added Models for Postsecondary Institutional Assessment", *Assessment & Evaluation in Higher Education*, Vol. 37, No. 6, April 2011.

[2] Jesse M. Cunha, Trey Miller, "Measuring Value-Added in Higher Education: Possibilities and Limitations in the Use of Administrative Data", *Economics of Education Review*, Vol. 42, No. 1, October 2014.

表3-1 基础教育与高等教育增值模型的比较分析

	模型	关键特性	优势	弱势	参考文献
基础教育	OLS 线性回归模型（协变量调整模型）	1. 结合学生先前测试分数、学生特性、背景特性等对学生分数进行调整；2. 假定所有学校的回归系数是相同的；3. 每个学校的教育增值效应为回归后所得残差的平均值	1. 可以在任意标准化统计软件中进行；2. 可以通过高阶多项式对那些来自连续的调查年份但并不线性相关的分数进行分析	1. 排除了那些在先前年份或当前年份测试中缺失的样本，造成分析样本的非随机性，增值效应的估计结果存在偏差且不稳定；2. 并没有反映数据结构中的多水平特性（未纳入模型的系统异质性需要从残差项中分离出来）	Jakubowski, 2008; OECD, 2008; McCaffrey et al., 2003; Ladd & Walsh, 2002
	固定效应模型（LSDV）	1. 假定每个学校对学生成就的影响都是独立固定的；2. 引入学校虚拟变量来区别学生成就影响的校际差异	1. 反映教育数据结构的多水平特性，如学生是嵌套在学校之中的；2. 对学校效应设有特定的假设	1. 太多的学校虚拟变量的引入降低了模型的自由度；2. 可能存在多重共线性问题；3. 由于学校水平变量的引入，学校水平的特性差异可能对学生成就差异并无影响	Clark et al., 2010; Gujarati & Porter, 2009; Raudenbush & Bryk, 2002

续表

模型	关键特性	优势	弱势	参考文献
基础教育 固定效应模型（组内模型）	对每个学校的测试分数和协变量取均值作中心化处理（减去均值），将未纳入分析模型的异质性差异从残差中区分出来	1. 反映了教育数据结构的多水平特性，如学生是嵌套在学校之中的；2. 中心化处理之后，相比简单的OLS回归，可以得到更加一致的斜率系数估计结果	1. 由于进行中心化处理，学校水平变量的效应无法识别；2. 由于并没有进行紧缩处理来减少样本变动的效应，估计的结果可能会随着年份变化发生明显改变。	Clark et al., 2010; Gujarati & Porter, 2009; Raudenbush & Bryk, 2002
随机效应模型（多水平模型、多层线性模型、混合模型）	假定1：存在大量的学校及其测试分数，每个测试分数都是从总体中随机选择的。在两层次模型中，水平1模型的因变量是学生测试分数，自变量是学生个体的特性变量。水平2模型的因变量是水平1模型的回归系数，自变量是各学校特性变量；假定2：各水平模型的残差项与其自变量均不相关，水平2模型中偏离预期测试分数的残差值被认为是每个学校的增值效应	1. 反映了教育数据结构的多水平特性，如学生是嵌套在学校之中的；2. 进行紧缩值处理，回归系数和统计效应的估计结果更加有效（更小的均方差及相应的更为集中的置信区间）；3. 能够反映各学校水平的效应	1. 由于可能某些影响学生成就的重要学校特性变量并没有被纳入到模型之中，有关协变量不相关的假定不能得以满足；2. 若学校中学生数量太少或者学校内部各生同的分数差异过大等，估计结果则会存在偏差，远高于或低于真实的学校效应。	Clark et al., 2010; Gujarati & Porter, 2009; Raudenbush & Bryk, 2002; OECD, 2008

续表

模型		关键特性	优势	弱势	参考文献
基础教育	增长曲线模型	1. 分析学生分数的时间变动（至少三个时间点），来估计学校对学生成就增长的贡献；2. 在一个三水平增长曲线模型中，水平1中每个学生的发展都被看作是个人增长轨道，水平2中因变量是水平1的拟合系数，自变量是学生个体特性，水平3中因变量是水平2的拟合系数（平均原始状态及每个学校的平均增长率），自变量是学校水平变量	1. 反映了学生起点不同，增长率不同的现实；2. 能够估计出增长率参数，同时能获得这些参数与变动/浮动的变量的关系；3. 能够使用所有学生的数据，包括缺失部分数据记录的学生的数据	1. 严重依赖于纵向调查数据（极易受学生流动及留级等影响）；2. 重复测量很有可能导致很大的测量误差，由此致使估计结果的精确性和准确性下降	Lewis-Beck et al., 2004; Goldschmidt et al., 2004; Curran & Muthen, 1999; Markus, 1998

续表

模型		关键特性	优势	弱势	参考文献
基础教育	多元随机效应模型	1. 假定学校对学生成就的效应持续存在并且在下来的学习过程中依然发挥作用；2. 不仅关注学生在当前时间、学校、年级、学科等的表现情况，同时关注学生之前积累的知识与技能；3. 需要从多个学科多个年级收集关于多个学科和学生各方面的详细信息；4. 自变量是一系列的标准化测试分数（每年从一个或多个学科上执行的）	1. 学校对学生成绩影响的总效应取决于学生在每个学校花费时间的比例；2. 允许使用不完整的数据，可以降低样本选择性偏差，由此获得相对精确的估计结果和较窄的置信区间；3. 高度精简和有效的增值模型，并不要求控制入学前学术能力或者其他协变量	1. 疏忽协变量会导致估计结果偏差（学生之间存在系统性差异以及结构分层）；2. 不能计算各协变量对学生成就及其增长的影响；3. 早期学校效应会影响现在的学校效应，同时，学校效应会随着时间的推移而下降甚至是不再有影响，将来的增长需要对相同学生相行长期跟踪调查	Wright et al., 2010; Wainer, 2004; Sanders & Horn, 1998; Sander, 2006

续表

模型	关键特性	优势	弱势	参考文献
高等教育 基于OLS的残差差异分析模型	1. 试图判断拥有相似人学学术能力的新生和毕业生之间能力增长的差异；2. 测量预期测试分数，因变量是当前测试分数，自变量是学生入学时学术能力。新生和毕业生单独进行分析；3. 新生分析模型的残差减去毕业生分析模型的残差便是每个校的增值效应（增值效应可定义为学校观察到的残差与预期残差的差异）	1. 容易执行，结果很容易解释；2. 横向调查，成本低，可行性强	1. 需要有合适的标准化测试分数来反映学生入学学术能力；2. 在假定当前平均测试分数与入学学术能力的线性关系时面临一个进退两难的困境。一方面，如果它们之间并非线性相关，OLS回归模型的前定假设被违背，拟合结果将出现偏差。另一方面，如果它们之间存在高度线性相关，拟合残差的可靠性将相当低（线性关系越大，可靠性越低）	Steedle, 2009, 2010, 2011; Klein et al., 2007; Liu, 2008, 2011

续表

模型		关键特性	优势	弱势	参考文献
高等教育	基于 HLM 的残差差异分析模型	1. 与 OLS 回归一样，通过比较新生回归模型的残差与毕业生回归模型的残差的差异来计算教育增值；2. 使用两水平模型对新生和毕业生的残差分别进行计算。水平 1 中，因变量是学生的入学学术能力，水平 2 中，因变量是水平 1 中的拟合系数，自变量是学校特性变量	1. 相对 OLS 回归，能够更为精确和准确地计算学校效应。一方面，通过多水平模型反映了教育数据的嵌套型结构，另一方面，可以进行紧缩处理；2. 提供了残差的标准误，可以用来对残差估计的精确性进行衡量，计算置信区间	随机效应模型中存在潜在同质问题，残差项与协变量之间不相关难以完全满足，同时，进行残差的收缩估计时可能引入偏差	Liu, 2011; OECD, 2008; Raudenbush & Bryk, 2002

续表

	模型	关键特性	优势	弱势	参考文献
高等教育	基于 HLM 的残差分析模型	1. 仅比较毕业平均测试分数；2. 在控制了入学学术能力后，增值效应取决于观测到的平均测试分数与预期平均测试分数间的偏离程度，水平 1 中因变量是毕业生的测试分数，自变量是学生的入学学术能力，水平 2 中因变量是水平 1 中的拟合系数，自变量是毕业生的平均入学学术能力和新生的平均测试分数	1. 提高了增效的可靠性和一致性，一方面，通过多水平模型反映了教育数据的嵌套型结构，另一方面，可以进行紧缩处理；2. 提供了对每个学校增值效应精确性的估计，可以计算独立的置信区间	1. 尽管提高了增值效应的可靠性和一致性，但估计结果仍难以用来进行风险决策；2. 尽管水平 2 中毕业生平均入学学术能力与新生的平均测试分数之间的多重共线性不会降低模型的预测力和可靠性，但回归模型不能提供有效的拟合系数；3. 同样具有与 OLS 线性回归一样的残差异方差模型的缺点；4. 在随机效应模型中存在潜在的问题	Steedle，2009，2010，2011

第二节 基于 HLM 的残差差异法下的本科生批判性思维能力增值

一 基本思想

在高等教育阶段，大学生批判性思维能力的发展受教育、社会、家庭等因素的综合影响。如何有效分离出高等教育的增值效用是增值评价研究中面临的技术性难题。理想情况是，尽可能收集长期追踪调查数据，基于学生的家庭背景信息、入学前基础性水平、本科期间学习和生活的投入、社会经历等来推断本科教育对大学生各方面发展的净影响。但这种方法因样本流失率高、数据库构建成本过大以及评价跨度时限过长等因素而无法有效实施，因而在实践中更多地通过收集横截面数据来反映大学生在本科就读期间发生的变化。但利用横截面数据评价高等学校质量时存在两大技术问题：一是，由于"增值"反映的是相同学生在某个时间段（不同时间点）发生的变化，而横截面数据只能提供同一时间点下不同学生的表现情况，在进行"增值"评价时，必须先将横截面数据纵向化，换言之，需对同一时间点下不同学生个体进行匹配。但这种匹配操作会损耗大量样本，破坏样本分布的结构性和代表性，影响研究结果的有效性及可推广性；二是，横截面数据存在一种典型的嵌套型结构，如学生内嵌于班级之中、班级内嵌于学校之中。所以同一学校中的班级、同一班级中的学生、甚至同一学校的学生之间可能存在着相互影响，彼此之间并不独立。样本之间违背独立且方差齐性假设（IID 假设）[1]，在进行增值评价时不能简单使用经典线性回归模型将高层次结构信息直接强制转化为低层次结构信息，否则会造成拟合估计的标准差过大，使得系数估计出现较大偏差，产生社会科学研究中的生态学谬误。[2] 鉴于此，本书将引入计量经济学中的基于多层线性模型（HLM）的残差差异分析

---

[1] ［美］达摩达尔·N. 古扎拉蒂：《计量经济学基础（第四版）》，费剑平等译，中国人民大学出版社 2002 年版，第 51—56 页。

[2] Robinson W. S.，"Ecological Correlations and the Behavior of Individual"，*International Journal of Epidemiology*，Vol. 40，No. 4，August 2011.

方法，利用横截面数据，从学校层面来评估本科教育对大学生批判性思维能力发展的影响。

二 基本原理

经典普通最小二乘法（Ordinary Least Squares，OLS）回归模型如下：

$$Y_i = \beta_0 + \beta_1 \vec{X_i} + \varepsilon_i \tag{1}$$

其中，β_0 为截距项，β_1 为各变量的拟合系数，$\vec{X_i}$ 为个体 i 的自变量，ε_i 为残差项。进行 OLS 回归时严格假定 ε_i 服从正态分布，$\varepsilon_i \sim N(0,\sigma^2)$，方差 σ^2 恒定，且 ε_i 在不同个体间相互独立。这些假定表明 Y 是从某个总体中随机取样的。然而，现实中，Y 的取值并不能完全满足随机抽样的原则，很多个体内嵌于同一组中，致使上述假定无法满足。多层线性模型能够用来解决这一问题。

一般而言，在进行多层线性模型分析时，首先需要利用零模型判断所用数据是否存在嵌套结构，零模型如下：

$$\text{Level} - 1: Y_{ij} = \beta_{0j} + \varepsilon_{ij} \quad \varepsilon_{ij} \sim N(0,\sigma^2) \tag{2}$$

$$\text{Level} - 2: \beta_{0j} = \gamma_{00} + \mu_{0j} \quad \mu_{0j} \sim N(0,\tau_{00}^2) \tag{3}$$

其中，Y_{ij} 为第 j 组第 i 个学生的批判性思维能力，γ_{00} 为 β_{0j} 在 level2 上的固定效应，所有组都是相同的。μ_{0j} 为 β_{0j} 在 level2 上的随机效应，反映的是 level2 上组间的变异。ε_{ij} 服从正态分布，$\varepsilon_{ij} \sim N(0,\sigma^2)$。假定 μ_{0j} 服从均值为 0、方差为 τ_{00}^2 的正态分布。零模型的随机效应被明确区分为层 1（ε_{ij}）和层 2（μ_{0j}）两部分，分别代表源于个体差异的部分（组内差异）和组群差异的部分（组间差异）。一般通过计算组内相关系数（Intraclass Correlation Coefficient，$ICC = \tau_{00}^2/(\sigma^2 + \tau_{00}^2)$）来衡量整体差异中多大比例来自于第二层次，从而判断样本数据是否适于进行多层线性模型分析。经验判断准则是，当组内相关系数大于 0.059 时，就需要在统计建模处理中处理组间效应。[1]

接下来，为方便起见，假定 β_{1j} 在组间不存在变异情况，即所有自变

---

[1] Cohen J., *Statistical Power Analysis for the Behavioral Sciences*, Hillsdale: Lawrence Erlbaum Associates, 1988, p. 109.

量对个体 Y 的影响系数在不同组别间是相同的，且不在第二层模型中纳入组别相关的特征变量，模型为：

$$\text{Level} - 1 : Y_{ij} = \beta_{0j} + \beta_{1j} \vec{X}_{ij} + \varepsilon_{ij} \tag{4}$$

$$\text{Level} - 2 : \beta_{0j} = \gamma_{00} + \mu_{0j}$$

$$\beta_{1j} = \gamma_{10} \tag{5}$$

合并模型： $$Y_{ij} = \gamma_{00} + \gamma_{10} \vec{X}_{ij} + \mu_{0j} + \varepsilon_{ij} \tag{6}$$

该模型为随机截距模型。其中，$\vec{X}_{ij}$ 为第 j 组第 i 个体的自变量，γ_{10} 为 β_{1j} 在 level2 上的固定效应。随机截距 μ_{0j} 反映的是不同组别对学生个体 Y 影响的差异，造成这种差异化影响的可能因素有组别自身特征、学生集聚群体特征、随机性偏误等。一般采用经验贝叶斯估计法计算随机截距 μ_{0j}，计算公式为：

$$\widehat{\mu_{0j}} = \frac{\tau_{00}^2}{\tau_{00}^2 + \sigma^2 / N_j} \sum_{i}^{N_j} (Y_{ij} - \widehat{Y}_{ij}) \tag{7}$$

最后，为了剔除其他因素的影响，以评价高等教育对大学生批判性思维能力增值的净效应，需对横截面数据中不同组别的样本分别进行拟合，然后对随机截距做倍差法处理。

三　一般步骤

根据上述原理，基于 HLM 的残差差异分析有四步：

第一步，如图 3-4 所示，利用模型（4）和（5），分别对大一新生和大四毕业生样本进行拟合分析，计算出大一新生和大四毕业生的期望值 $\widehat{Y_{ij,fr}}$ 和 $\widehat{Y_{ij,se}}$。同时，由模型拟合结果可计算 level1、level2 层上的方差、有效样本数等参数估计值。

第二步，利用第一步计算出的期望值和参数估计值，基于经验贝叶斯估计方法（公式（7）），分别计算出大一新生和大四毕业生的随机截距 $\widehat{\mu_{0j,fr}}$ 和 $\widehat{\mu_{0j,se}}$。

第三步，对第二步计算出的两个随机截距进行倍差法处理，求得学校 j 的增值效应：$VA_j = \widehat{\mu_{0j,se}} - \widehat{\mu_{0j,fr}}$。

第四步，由于不同学校间的样本容量可能存在差异，为便于校际间比较，将第三步计算出的增值效应进行标准化处理，转换成增值的效应量（effect size），转换公式为：

$$D_j = \frac{VA_j}{\tau_j} = \frac{VA_j}{\sqrt{((m-1)\tau_{j,fr}^2 + (n-1)\tau_{j,se}^2)/(m+n-2)}} \quad (8)$$

其中，D_j 为效应量，τ_j 为合并标准差，$\tau_{j,fr}^2$ 和 $\tau_{j,se}^2$ 分别为学校 j 中大一样本和大四样本的随机截距的方差。m、n 分别为大一新生和大四毕业生的样本数。

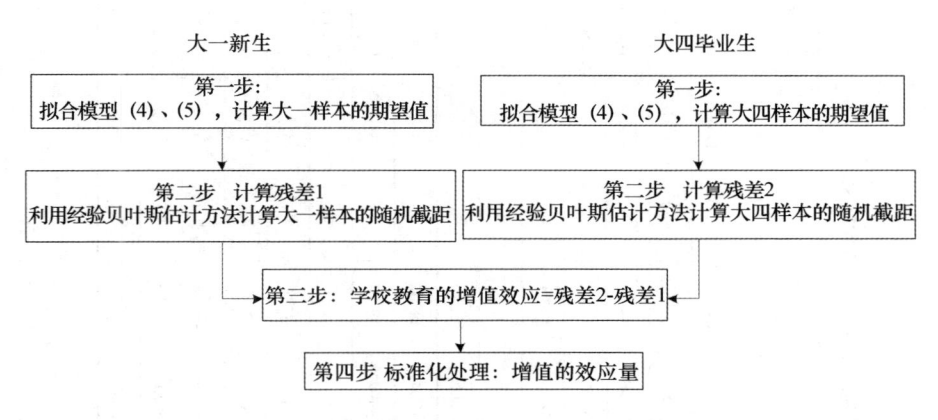

图 3 - 4　基于 HLM 的残差差异分析模型示意

四　研究结果

（一）相关变量的描述性统计分析

表 3 - 2 第（1）至（4）列呈现了各相关变量的描述性统计分析结果。从大一新生和大四毕业生样本的分布上看，除政治面貌和年龄外，这两组学生群体在性别、民族、户口类型、家庭第一代大学生状况、生源类型、高中所在地、高中就读学校、高中班级类型、独生子女状况、家庭类型、家庭经济水平、父母受教育程度、父母职业、流动求学或留守在家乡的经历、高三成绩排名指数（以"高三时的总成绩在班级中的大体排名/高三所在班级的人数"计算所得）等背景变量上的分布情况基本一致，两组之间并无明显差异。

表3-2 描述性统计分析及随机截距模型估计结果

定类变量（参照组）		描述性统计分析				固定效应		随机截距模型估计结果			
		大一样本		大四样本		Level1	Level2	大一样本		大四样本	
		N	比例(%)	N	比例(%)			系数	标准误	系数	标准误
		(1)	(2)	(3)	(4)	(5)	(6)	(7)	(8)	(9)	(10)
性别（女）	男	3886	48.18	2689	50.73	B_1	G_{10}	-0.606*	0.318	-0.526	0.427
民族（少数民族）	汉族	7327	91.05	4861	92.03	B_2	G_{20}	3.828***	0.785	2.169**	0.941
政治面貌（非党员）	党员	69	0.87	1635	31.71	B_3	G_{30}	-0.941	1.212	0.930**	0.473
户口（农业）	非农	3655	45.88	2086	40.25	B_4	G_{40}	1.153***	0.429	1.631***	0.5
第一代大学生（否）	是	4509	56.98	3305	63.75	B_5	G_{50}	0.921**	0.429	2.234***	0.474
独生子女（否）	是	3271	40.93	1994	38.02	B_6	G_{60}	0.998***	0.372	0.822	0.523
生源类型（文）	理科	6172	77.45	3994	76.28	B_7	G_{70}	0.179	0.411	-0.117	0.632
	综合	19	0.24	11	0.21	B_8	G_{80}	-3.131	2.886	-5.252	5.694
	其他	113	1.42	41	0.78	B_9	G_{90}	-6.014***	1.345	-6.245**	3.115
家庭所在地（省会城市或直辖市）	地级市	1458	18.39	892	17.14	B_{10}	G_{100}	0.684	0.785	0.186	1.147
	县级市/县	1898	23.94	1140	21.91	B_{11}	G_{110}	0.645	0.777	-0.304	1.104
	乡镇	928	11.71	600	11.53	B_{12}	G_{120}	0.864	0.807	0.067	1.242
	农村	2548	32.14	2012	38.67	B_{13}	G_{130}	1.533*	0.879	0.068	1.179

续表

定类变量（参照组）		描述性统计分析					固定效应		随机截距模型估计结果			
		大一样本			大四样本			Level1	Level2	大一样本		大四样本	
		N	比例（%）	N	比例（%）			系数	标准误	系数	标准误
		(1)	(2)	(3)	(4)	(5)	(6)	(7)	(8)	(9)	(10)
高中所在地（省会城市或直辖市）	地级市	2256	28.35	1516	28.99	B_{14}	G_{140}	−0.742	0.654	0.903	1.089
	县级市/县	3886	48.83	2646	50.6	B_{15}	G_{150}	−0.914	0.709	1.478	1.079
	乡镇	410	5.15	300	5.74	B_{16}	G_{160}	0.126	0.942	1.426	1.23
	农村	98	1.23	88	1.68	B_{17}	G_{170}	−1.486	1.392	−1.588	1.99
高中（国家重点）	省重点	2178	27.63	1458	28.34	B_{18}	G_{180}	1.227**	0.587	1.142	0.92
	市重点	2270	28.8	1521	29.57	B_{19}	G_{190}	0.559	0.638	−0.023	1.003
	普通	3095	39.27	1933	37.58	B_{20}	G_{200}	−0.357	0.671	0.053	0.987
班级类型（重点班）	普通班	3954	50.13	2596	50.6	B_{21}	G_{210}	−0.789***	0.291	−0.504	0.426
流动求学经历（无）	有	1124	14.2	888	17	B_{22}	G_{220}	0.786*	0.425	0.504	0.459
留守经历（无）	有	1982	24.99	1311	25.07	B_{23}	G_{230}	1.061***	0.374	−0.09	0.448
家庭类型（大家庭）	核心家庭	5446	68.75	3645	70.06	B_{24}	G_{240}	0.463	0.382	0.529	0.38
	重组家庭	170	2.15	116	2.23	B_{25}	G_{250}	0.441	0.917	0.491	1.314
	单亲家庭	371	4.68	257	4.94	B_{26}	G_{260}	−1.133	0.954	−0.331	0.873
	隔代家庭	78	0.98	43	0.83	B_{27}	G_{270}	−0.762	1.226	5.813**	2.41
	其他	124	1.57	57	1.1	B_{28}	G_{280}	−0.637	1.517	−1.355	2.204

续表

定类变量（参照组）		描述性统计分析				固定效应		随机截距模型估计结果			
		大一样本		大四样本				大一样本		大四样本	
		N	比例(%)	N	比例(%)	Level1	Level2	系数	标准误	系数	标准误
		(1)	(2)	(3)	(4)	(5)	(6)	(7)	(8)	(9)	(10)
家庭经济水平（远低于平均水平）	低于平均水平	2618	32.97	1800	34.69	B_{29}	G_{290}	0.312	0.537	0.474	0.604
	平均水平	4243	53.43	2640	50.88	B_{30}	G_{300}	0.446	0.599	0.507	0.667
	高于平均水平	601	7.57	316	6.09	B_{31}	G_{310}	0.143	0.777	0.774	0.95
	远高于平均水平	13	0.16	15	0.29	B_{32}	G_{320}	−4.29	4.932	0.142	3.468
父亲受教育程度（博士）	硕士	118	1.49	51	0.98	B_{33}	G_{330}	0.51	2.493	−5.997**	2.921
	本科	1135	14.31	600	11.54	B_{34}	G_{340}	0.667	2.688	−3.867	2.683
	专科	943	11.89	545	10.48	B_{35}	G_{350}	0.377	2.846	−3.464	2.986
	高中	1625	20.48	1210	23.26	B_{36}	G_{360}	0.489	2.88	−4.791*	2.75
	初中	2812	35.45	1888	36.3	B_{37}	G_{370}	0.693	2.924	−4.095	2.7
	小学	1174	14.8	822	15.8	B_{38}	G_{380}	−0.319	2.931	−3.867	2.825
	未接受教育	90	1.13	56	1.08	B_{39}	G_{390}	−0.163	3.005	−1.546	3.349

续表

定类变量（参照组）		描述性统计分析				固定效应		随机截距模型估计结果			
		大一样本		大四样本		Level1	Level2	大一样本		大四样本	
		N	比例(%)	N	比例(%)			系数	标准误	系数	标准误
		(1)	(2)	(3)	(4)	(5)	(6)	(7)	(8)	(9)	(10)
母亲受教育程度（博士）	硕士	58	0.73	34	0.66	B_{40}	G_{400}	-3.8	2.575	-2.562	3.885
	本科	766	9.66	387	7.47	B_{41}	G_{410}	-3.728*	2.248	-1.466	3.146
	专科	1006	12.68	542	10.46	B_{42}	G_{420}	-3.062	2.333	-0.565	3.264
	高中	1194	15.05	835	16.11	B_{43}	G_{430}	-3.196	2.345	-1.546	3.296
	初中	2685	33.85	1716	33.11	B_{44}	G_{440}	-3.444	2.349	-1.574	3.282
	小学	1874	23.63	1425	27.49	B_{45}	G_{450}	-3.079	2.343	-1.327	3.238
	未接受教育	326	4.11	225	4.34	B_{46}	G_{460}	-4.532*	2.442	-3.385	3.403
父亲职业（国家和社会管理者）	经理级人员	329	4.19	162	3.14	B_{47}	G_{470}	-0.716	0.864	0.506	1.51
	私营企业主	296	3.77	157	3.04	B_{48}	G_{480}	-1.347	1.026	-0.088	1.67
	专业技术人员	671	8.54	421	8.16	B_{49}	G_{490}	-1.056	0.721	1.058	0.902
	企事业单位普通员工	1144	14.55	613	11.89	B_{50}	G_{500}	-1.471**	0.738	0.754	1.011
	产业工人	567	7.21	375	7.27	B_{51}	G_{510}	-1.151	0.902	0.135	1.16
	个体工商户	1031	13.12	760	14.74	B_{52}	G_{520}	-1.278	0.898	0.223	1.029
	一般商业服务人员	145	1.84	94	1.82	B_{53}	G_{530}	-1.388	1.177	-0.249	1.754
	农民工	1308	16.64	861	16.7	B_{54}	G_{540}	-1.938**	0.852	0.82	1.216

续表

定类变量（参照组）		描述性统计分析					固定效应		随机截距模型估计结果			
		大一样本		大四样本					大一样本		大四样本	
		N	比例(%)	N	比例(%)	Level1	Level2	系数	标准误	系数	标准误	
		(1)	(2)	(3)	(4)	(5)	(6)	(7)	(8)	(9)	(10)	
父亲职业（国家和社会管理者）	农业劳动者	1262	16.05	1048	20.32	B_{55}	G_{550}	-2.363***	0.895	-0.286	1.177
	城乡失业无业半失业者	215	2.74	140	2.71	B_{56}	G_{560}	-2.713***	0.842	-1.755	1.428
	军人	28	0.36	17	0.33	B_{57}	G_{570}	1.445	2.62	1.856	3.259
	其他	456	5.8	251	4.87	B_{58}	G_{580}	-3.058***	0.833	0.452	1.24
	经理级人员	126	1.6	65	1.26	B_{59}	G_{590}	3.445**	1.359	-1.861	1.961
	私营企业主	157	1.99	80	1.55	B_{60}	G_{600}	2.276	1.498	-2.779	2.457
	专业技术人员	744	9.45	442	8.56	B_{61}	G_{610}	3.421***	0.896	-1.322	1.339
	企事业单位普通员工	1098	13.95	570	11.04	B_{62}	G_{620}	2.477**	1.028	0.612	1.507
	产业工人	454	5.77	309	5.98	B_{63}	G_{630}	2.699**	1.213	-0.727	1.73
	个体工商户	933	11.85	630	12.2	B_{64}	G_{640}	2.029*	1.075	-0.503	1.664
	一般商业服务人员	339	4.31	216	4.18	B_{65}	G_{650}	3.083**	1.256	-1.98	1.934
母亲职业（国家和社会管理者）	农民工	780	9.91	530	10.26	B_{66}	G_{660}	-0.56	1.296	-5.451***	1.767
	农业劳动者	1676	21.29	1349	26.12	B_{67}	G_{670}	1.449	1.211	-2.447	1.725
	城乡失业无业半失业者	704	8.94	442	8.56	B_{68}	G_{680}	2.508**	1.039	-1.696	1.705
	军人	6	0.08	5	0.1	B_{69}	G_{690}	2.39	7.721	3.34	4.195
	其他	676	8.59	420	8.13	B_{70}	G_{700}	1.563	1.087	-3.125*	1.601

续表

	描述性统计分析					固定效应		随机截距模型估计结果			
	大一样本			大四样本			Level1	Level2	大一样本		大四样本	
	N	比例(%)	均值	N	比例(%)	均值			系数	标准误	系数	标准误
定类变量（参照组）	(1)	(2)		(3)	(4)		(5)	(6)	(7)	(8)	(9)	(10)
定距变量	N		均值	N		均值						
批判性思维能力得分	8065		54.14	5301		55.15						
年龄	7935		18.49	5211		21.68	B_{71}	G_{710}	−0.936***	0.188	−0.811***	0.225
高三成绩排名指数	7750		0.29	4724		0.28	B_{72}	G_{720}	−0.246	0.765	−3.261***	1.029
截距							B_0	G_{00}	68.485***	5.106	74.904***	6.999

随机效应					
	截距，u_0	截距	27.139***	截距	35.901***
		组内	0.944	组内	0.907
	Level 1，r	方差	112.17	方差	114.647
			0.195		0.238

注：①固定效应使用的是T检验，随机效应使用的是卡方检验；②*** $p<0.01$，** $p<0.05$，* $p<0.1$。（后同）

从批判性思维能力测评分数上看，大一新生样本的批判性思维能力平均得分为 54.14 分，小于大四毕业生样本的批判性思维能力平均得分（55.15 分），两者间的差异是显著的（T 检验显示，T 值为 -4.482，P < 0.001）。图 3-5 呈现了大一新生和大四毕业生样本的批判性思维能力得分的 Kernel 分布情况，由图可知，两组样本的批判性思维能力得分均符合正态分布，相对大一新生而言，大四毕业生样本的批判性思维能力得分分布出现轻微的"右移"现象，整体上看，大四毕业生样本的批判性思维能力得分较高。

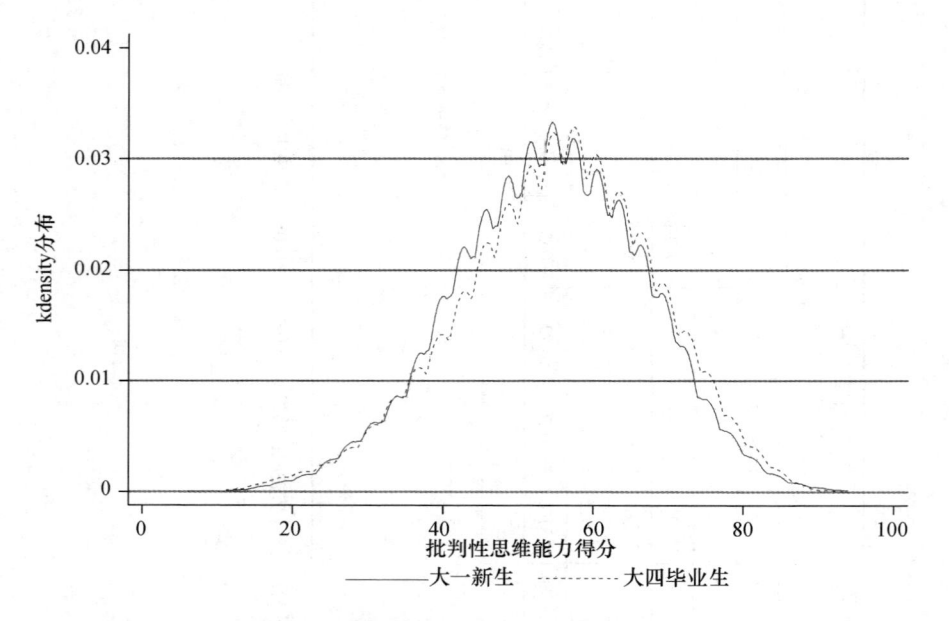

图 3-5 大一新生和大四毕业生批判性思维能力得分的 Kernel 分布

（二）本科教育对大学生批判性思维能力增值的影响

1. 零模型

表 3-3 给出了对大一新生和大四毕业生样本分别进行零模型分析的拟合结果，由结果可知，大一新生和大四毕业生样本的组内相关系数分别为 0.252、0.280，说明，在大一新生和大四毕业生样本内分别有 25.2%、28% 的批判性思维能力差异来源于学校之间的差异。根据建立的经验判断准则，组内相关系数均大于 0.059，表明，对这些样本进行数

据分析时需处理组间效应，本书适合使用 HLM 模型进行分析。此外，对大一新生和大四毕业生样本分别进行零模型估计时截距估计信度分别为 0.969 和 0.933，说明，用这些学校样本的批判性思维能力均值代表该学校的均值是可以被信赖的。[①]

表 3-3　　　　　　　　零模型的拟合结果

固定效应	大一新生		大四毕业生	
	系数	标准误	系数	标准误
截距，β_0//截距，γ_{00}	54.172***	0.702	55.198***	0.813
随机效应	截距估计信度 0.969			截距估计信度 0.933		
	方差	组内相关系数	卡方值	方差	组内相关系数	卡方值
截距，u_0	40.079	0.252	2743.728***	48.677	0.280	1938.035***
Level 1，r	119.259			124.992		

2. 随机截距模型

表 3-2 第（5）至（10）列呈现了随机截距模型的拟合结果。从随机效应结果上看，大一新生和大四毕业生样本的批判性思维能力得分在学校间的变异明显减小，但仍是显著的，表明大一新生和大四毕业生的平均批判性思维能力得分在不同学校间依然存在显著差异。此外，无论是大一新生样本还是大四毕业生样本的拟合结果，截距估计信度均大于 0.9，表明，此模型下大学生批判性思维能力均值在组间的内部一致性仍具有相当高的可靠性水平。从固定效应的估计结果上看，年龄、性别、民族、户口类型、是否第一代大学生、生源类型、家庭所在地、高中类型、班级类型、是否具有流动求学经历或留守经历、是否独生子女、母亲受教育程度、父亲职业、母亲职业等均会显著影响大一新生样本的批判性思维能力得分。同样地，年龄、民族、政治面貌、户口类型、班级

---

① 截距估计信度是 HLM 的一个重要指标，取值在 0—1，代表组间方差占各组均值方差的比例，用来评估因变量的均值在组间的内部一致性程度，数值越大，信度越高。许多学者对于该指标的判断是基于主观经验法则，一般认为达到 0.7 以上才具有可靠的信度。Lance C. E., Butts M. M., & Michels L. C., "The Sources of Four Commonly Reported Cutoff Criteria: What Did They Really Say?", *Organizational Research Methods*, Vol. 9, No. 2, April 2006.

排名指数、是否第一代大学生、生源类型、家庭类型、父亲受教育程度、母亲职业等均会显著影响大四毕业生样本的批判性思维能力得分。

3. 本科教育对大学生批判性思维能力增值的效应量

基于上述随机截距模型的拟合结果，利用经验贝叶斯估计法分别计算83所高校大一新生和大四毕业生在Level2上的随机截距，进行倍差法处理，最后利用公式（8）计算本科教育对大学生批判性思维能力增值的效应量，结果如图3-6所示。

由图3-6可知，整体上看，有38所高校（51.4%）的大学生批判性思维能力增值效应量大于0，表明这些高校能够有效提高大学生的批判性思维能力。其他高校的大学生批判性思维能力增值效应量小于0，甚至有一所四年制大学的效应量小于-1，由此说明，学生在这些高校就读期间并没有提高其批判性思维能力，相反，在这些高校就读后他们的批判性思维能力却整体下降了。分学校层次看，研究结果却呈现无序状态，并不是学校层次越高的学校，大学生批判性思维能力增值越高，相反，部分四年制大学和四年制学院的大学生批判性思维能力增值的效应量明显高于部分"985工程"大学、"211工程"大学。该结果说明当前中国高校在培养大学生批判性思维能力方面表现良莠不齐，尤其是部分高层次院校值得重新审视自身的人才培养方案和相应的教育教学模式。①

---

① 为检验研究结果的稳健性，本书利用相同的方法对批判性思维能力的6个子维度进行了拟合分析，发现：第一，对于相同子维度的批判性思维能力而言，不同大学的本科教育的增值效应并无规律，并非学校层次越高，增值效应量越大，该结果与前文分析结果是一致的；第二，同一所学校的本科教育对不同子维度的批判性思维能力的增值效应存在明显差异，甚至是呈现相反的结果，本科教育只提升了某些子维度的批判性思维能力，但却降低了其他子维度的批判性思维能力，如，编号为"210"的某"211工程"大学的本科教育提高了大学生的"分析论证结构""分析评价论证和推理""评估信息叙述可推出含义"以及"识别隐含假设"4个子维度的能力，增值效应量分别为0.112、0.073、0.182和0.003，但并未提高大学生的"意义澄清"和"评估信息可信度"2个子维度的能力，这两者的增值效应量分别为-0.128和-0.035。由此说明，本科教育对大学生批判性思维能力的增值效应存在选择性，对不同子维度的批判性思维能力的影响并不一致，这可能与每所学校的人才培养模式、课程设计、学校环境等相关，该研究结果与Pascarella（1989）的研究结论是一致的。受篇幅限制，本书不在此处呈现详细的拟合结果，如有需要，请与作者联系。

第三章 本科生批判性思维能力增值测度 ◀◀ 81

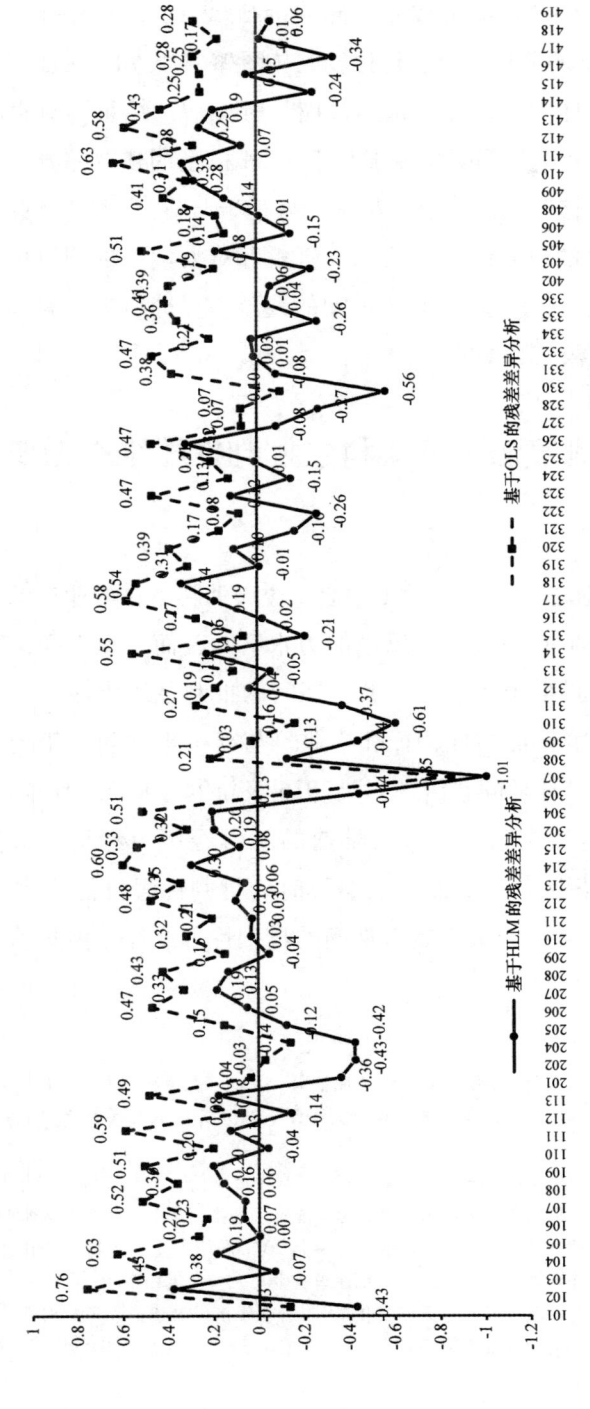

图3-6 基于HLM和OLS回归下的残差差异分析结果

注：①图中代码"1-X"、"2-Y"、"3-Z"、"4-Q"分别代表相应"985工程"大学、"211工程"大学、四年制大学、四年制学院；②由于部分学校大四毕业生样本数量过少，无法计算出相应的效应量或计算出的效应量不具有统计意义，因此未在图中显示（大四的有效样本量小于12的学校：211-3；4-year-u-1\\3\\6\\29\\33；4-year-c-1\\4\\7；共9所学校）。

将本书前期基于 OLS 模型的残差差异分析结果①绘于图 3-6，并对 HLM 和 OLS 两个模型的分析结果进行比较。从图 3-6 可知，由于经典线性回归模型并未处理样本间存在的组间效应，所得估计结果明显存在偏差，几乎所有高校的效应量都明显高于基于 HLM 模型的残差差异分析结果，整体呈现出"上移"现象。也就是说，与基于 HLM 模型的研究结果相比，基于 OLS 模型的研究结果高估了本科教育对大学生批判性思维能力增值的效应。因此，利用基于 HLM 模型的残差差异分析进行高等教育增值评价是有意义且极其必要的。

第三节 反向测度法下的本科生批判性思维能力增值

一 基本思想

NACC 是横截面调查，无法从数据中获悉今天的新生在毕业时的和今天的毕业班学生在新生时的批判性思维能力水平，因而，本次全国测评数据无法直接衡量本科生个体在大学就读期间的批判性思维能力的增长水平。考虑到本科生群体的共性特征和毕业班与新生班之间 3 年的时间跨度，本书利用 NACC 伴随问卷信息，即 2016 级新生的人口统计学背景、成长过程中的家庭与社会背景、入大学前的就学经历等特征，来估计 2017 届（2013 级）毕业生在"大一入学"时的批判性思维能力水平②，然后计算出 2017 届毕业生在大学就读期间的批判性思维能力增长值。我们将此方法称为"反向测度法"。

---

① 详细基于 OLS 模型的残差差异分析结果可查阅拙著，沈红、张青根：《我国大学生的能力水平与高等教育增值——基于"2016 全国本科生能力测评"的分析》，《高等教育研究》2017 年第 11 期。

② 说明：首先，在尽量避免样本损耗并保障足够样本自由度的情况下，将高等教育入学前的相关特征变量均纳入方程，提高模型的解释力度，尽可能准确地推断毕业班学生在入学时的批判性思维能力水平。其次，该方法存在两个前提假设，一是 2017 届毕业生的各特征变量在高等教育入学前后跨度的三年内并未发生明显变化，二是在毕业生与大一新生相距的三年内，各特征变量对学生批判性思维能力的影响未发生"质的变化"。尽管在经济发展迅速、家庭对子女的培养模式变化、中等教育改革及高考政策改革等背景下，这种假设可能存在需商榷之处，但整体而言不会对研究结果产生颠覆性影响。

二 基本原理及步骤

第一步：利用新生样本数据，拟合以下方程，得到各解释变量的拟合系数：

$$y_{i,fr} = \beta_0 + \beta_1 \overrightarrow{X_{i,fr}} + \varepsilon \tag{1}$$

其中，$y_{i,fr}$ 为第 i 名新生的批判性思维能力得分；$\overrightarrow{X_{i,fr}}$ 为第 i 名新生的特征变量，主要包含人口统计学变量（性别、年龄、民族等），成长过程变量（大学前居住地、户口类型、家庭类型[①]、独生子女状况、父母受教育程度及职业、家庭经济状况、是否家庭第一代大学生、大学前是否有流动求学或留守经历等），高中阶段求学经历（生源地及生源类型、学校所在地、学校类别、班级类型、高三成绩排名指数[②]等）。β_0 为截距项，β_1 为各特征变量的系数，ε 为随机误差项。由此步骤得到拟合系数 $\hat{\beta_0}$ 和 $\hat{\beta_1}$。

第二步：利用以上所得拟合系数，计算出毕业班学生"在大一时"的批判性思维能力水平，计算公式是：

$$\widehat{y_{j,gr}} = \hat{\beta_0} + \hat{\beta_1} \overrightarrow{X_{j,gr}} \tag{2}$$

其中，$\widehat{y_{j,gr}}$ 是第 j 名毕业班学生在"大一时"的批判性思维能力得分（估计值）；$\overrightarrow{X_{j,gr}}$ 是第 j 名毕业生的特征变量。

第三步：利用毕业班学生批判性思维能力的测试得分（实际得分）减去"大一时"的得分（估计值），得到第 j 名毕业班学生的批判性思维能力增值水平：

$$\Delta y_{j,gr} = y_{j,gr} - \widehat{y_{j,gr}} \tag{3}$$

三 相关变量的描述性统计分析

表 3-4 第（1）至（3）列和表 3-5 第（1）、（2）列分别呈现了相关变量的描述性统计结果和不同组别下毕业生与新生间批判性思维能力

[①] 家庭类型含六类：大家庭（三代同堂，非临时居住）、核心家庭（父母、本人及兄弟姐妹）、重组家庭、单亲家庭、隔代家庭（由（外）祖父母抚养）、其他家庭（与上述类型不同）。

[②] 高三成绩排名指数：以"高三时的总成绩在班级中的大体排名÷高三所在班级的人数"计算所得。

均值的差异。全样本的批判性思维能力得分均值为 54.54 分；整体上看，毕业班学生比新生的批判性思维能力得分显著高出 1.01 分；这种得分差距在女性样本中为 1.55 分且差异显著，在男性样本中差距仅为 0.42 分且不显著；分学校层次看，在"985 工程"大学、"211 工程"大学、四年制学院中，毕业生与新生间的批判性思维能力得分差异均是显著的，但在四年制大学中差异非常微小且不显著；分学科看，毕业生与新生间的能力得分差异大小顺序依次是：理（1.62）、文（1.34）、工（0.6）、医（0.12），仅在理科和文科中最为显著。上述描述性统计分析仅表明本科生的批判性思维能力在大学就读期间发生了明显变化，但这种分析无法推断出大学教育对该能力增长的净效应。

表 3-4　　相关变量的描述性统计及反向测度模型的拟合结果

变量	观测值（1）	均值（2）	标准差（3）	系数（4）	标准差（5）
批判性思维能力得分	13366	54.54	12.71	因变量	
年龄	13146	19.75	1.811	-1.083***	0.187
性别	13366	0.492	0.500	-0.185	0.313
民族	13329	0.914	0.280	1.634***	0.597
户口	13150	0.437	0.496	1.552***	0.459
第一代大学生	13097	0.597	0.491	0.977**	0.466
兄弟姐妹数	12540	0.804	0.940	-0.253	0.253
独生子女	13236	0.398	0.489	0.878*	0.497
高中班级类型	13018	1.503	0.500	-3.118***	0.305
班级规模	12725	57.05	14.35	-0.00865	0.0118
高三成绩排名指数	12474	0.289	0.220	-6.202***	0.699
流动求学	13137	0.153	0.360	-1.375***	0.44
留守经历	13159	0.250	0.433	-1.120***	0.397

注：①模型（1）的拟合情况：N = 5843，R^2 = 0.209；② *** $p<0.01$，** $p<0.05$，* $p<0.1$；②由于父母受教育程度、父母职业、家庭类型、家庭所在地、家庭经济水平、生源省份、生源类型、高中所在地、高中类别等变量的类别太多，本书并未在表 3-4 中呈现这些变量的描述性统计及模型（1）的拟合结果，如有需要，请与作者联系。（后同）

四 大学阶段毕业生批判性思维能力增值水平

本书利用"反向测度法"计算毕业生在大学阶段的批判性思维能力增值水平。首先,利用新生样本数据拟合模型(1),结果见表3-4第(4)、(5)列。模型的拟合优度为20.9%,表明该模型对新生批判性思维能力得分的解释力度达到了20.9%,用此模型估计毕业生在入学时的批判性思维能力得分是有意义的。为此,基于模型(1)各变量的拟合系数,利用模型(2)来估计毕业生在大一时的批判性思维能力得分,再基于模型(3),用毕业生参加测评时的得分减去估计出的"大一时"的批判性思维能力得分,计算出每位毕业生的批判性思维能力增值水平。

表3-5第(3)至(6)列呈现了在不控制其他变量的影响下毕业生批判性思维能力增值水平的分析结果:整体上看,在过去三年大学就读期间毕业生的批判性思维能力平均提高了1.713分;分性别看,男、女毕业生的批判性思维能力增值水平分别为1.77、1.654分,差异并不显著;分学校类型看,"985工程"大学、"211工程"大学、四年制大学、四年制学院的毕业生批判性思维能力增值水平分别为7.249、3.46、0.0294、-1.239分,差异是显著的;分学科看,文、理、工、医科的毕业生批判性思维能力增值水平分别为1.904、1.693、1.616、1.206分,差异不显著。说明,在大学就读期间,不同组别下的毕业生的批判性思维能力增值幅度存在差异。相应的,图3-7、图3-8、图3-9分别呈现了不同性别、学校、学科下大四本科生批判性思维能力增值的分布的情况。

表3-5 毕业生与新生的批判性思维能力得分均值差异及反向测度法下毕业生增值

	描述统计(大四-大一)		反向测度法(大四)			
	差值(1)	F检验(2)	观测值(3)	增值(4)	标准差(5)	F检验(6)
整体	1.01	20.09***	3378	1.713	11.74	
女	1.55	24.79***	1647	1.654	11.58	0.06
男	0.42	1.67	1731	1.77	11.89	

续表

	描述统计（大四-大一）		反向测度法（大四）			
	差值（1）	F检验（2）	观测值（3）	增值（4）	标准差（5）	F检验（6）
985	1.29	6.75 ***	608	7.249	10.44	82.04 ***
211	1.74	12.70 ***	647	3.46	10.7	
四年制大学	0.13	0.18	1397	0.0294	11.94	
四年制学院	1.99	21.62 ***	726	-1.239	11.46	
文	1.34	13.14 ***	1290	1.904	11.77	0.29
理	1.62	10.52 ***	674	1.693	11.64	
工	0.6	2.35	1185	1.616	12.08	
医	0.12	0.03	229	1.206	10.01	

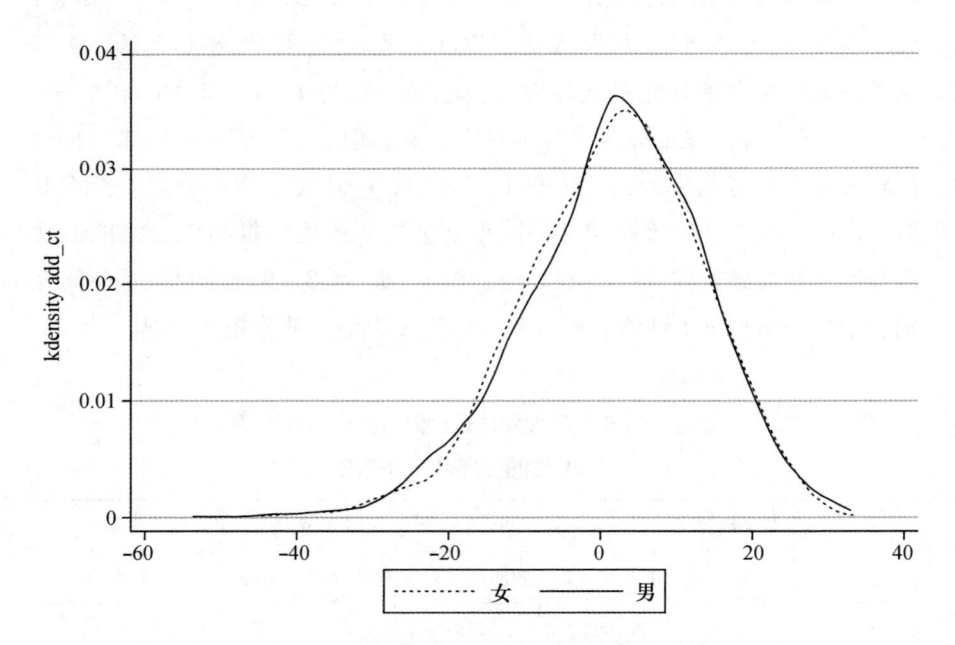

图3-7 不同性别的大四本科生批判性思维能力增值分布

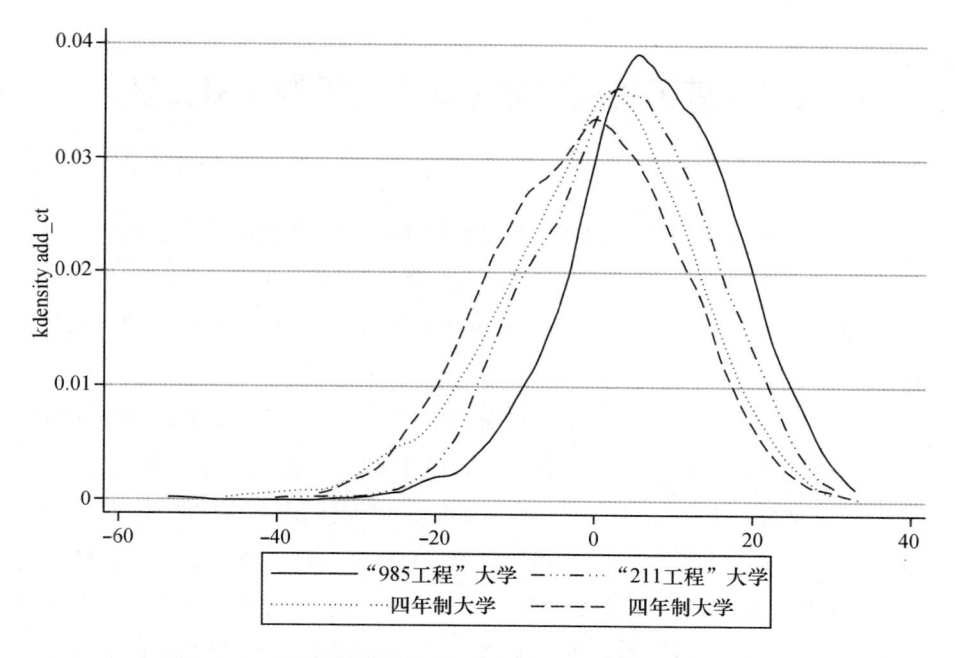

图 3-8　不同学校的大四本科生批判性思维能力增值分布

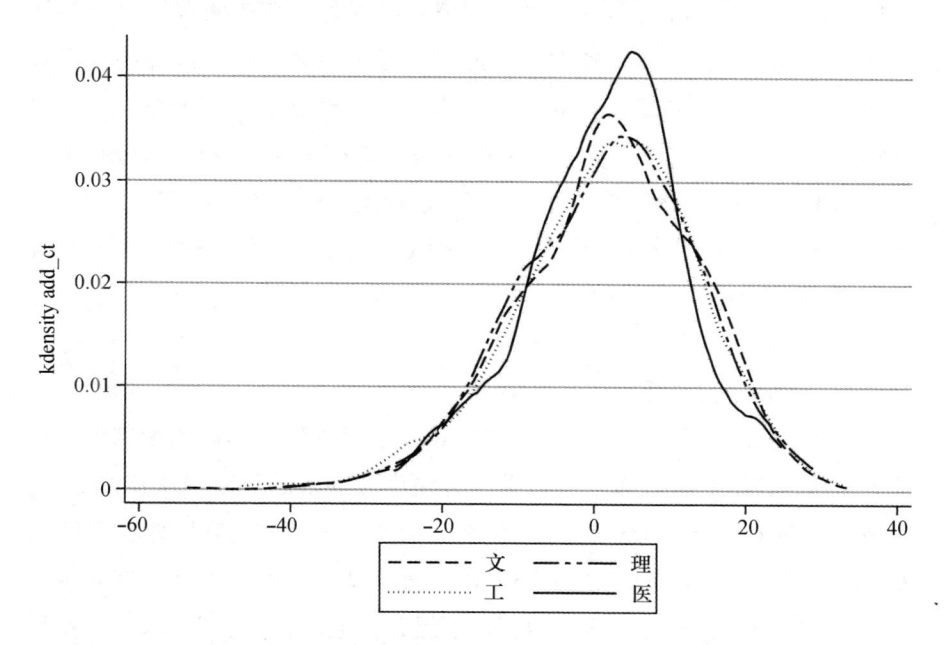

图 3-9　不同学科的大四本科生批判性思维能力增值分布

第四节　基于基线与追踪调查数据的直接测度法

一　基本思想

本书作者所在团队于2019年对参加了2016年全国本科生能力测评的学生进行了三年后的追踪调查，调查有效样本为1409人，得到了本科生追踪数据。由此可基于直接测度法进行本科生批判性思维能力增值测度。

需要特别说明的是，本书作者所在团队在执行基线与追踪调查时采用了不同的测度方式，具体而言：在基线调查中，使用了33题完整版的批判性思维能力测试工具，而在追踪调查时则使用了测试效果等效的、缩减为18题的简版批判性思维能力测试工具（18题均源于原来的33题）。因此，在利用直接测度法测度本科生批判性思维能力增值时主要存在两种方法：第一种，直接使用基线与追踪调查中均使用了的18题测试结果来反映本科生批判性思维能力增值；第二种，直接使用追踪与基线调查的测试结果差值来评判本科生批判性思维能力增值。两种测度方式都采用百分制。在有效追踪样本1409人中有1386人具有有效的批判性思维能力测试数据，其中，男、女生样本分别有676、701人（部分样本的性别信息缺失）；文、理、工、医科分别有496、309、455、126人；"985工程"大学、"211工程"大学、普通四年制大学、普通四年制学院分别有293、302、484、307人。

二　增值测度结果

表3-6呈现了在使用两种测度方式下不同本科生群体的批判性思维能力增值情况。在此仅重点分析第一种测度方式下的结果。从整体上看，在2016-2019大学三年期间，本科生的批判性思维能力增值均值为9.716分，详细的分布情况如图3-10所示。表明，平均而言，在高等教育期间，本科生批判性思维能力获得了提升，但也存在着23.52%的本科生的批判性思维能力呈现负增长。分性别看，女性本科生的批判性思维能力增值（10.216分）大于男性本科生的批判性思维能力增值（9.188

分），但该差异并不显著（T=1.318，P>0.1），图3-11也反映出不同性别的本科生的批判性思维能力增值的分布情况基本相近。分民族来看，少数民族本科生的批判性思维能力增值为9.278分，低于汉族本科生的批判性思维能力增值（9.743分），但两者差异并不显著（T=-0.305，P>0.1）。同样可知，农业户口、父母接受了高等教育的本科生批判性思维能力增值分别小于非农业户口、父母未接受高等教育的本科生的批判性思维能力增值，但差异都不显著。

分学科看，文（10.663）、理（9.978）、工（8.926）、医科（8.201）本科生的批判性思维能力增值依次降低，但差异并不明显（F=1.66，P>0.1），图3-12也呈现了不同学科下本科生批判性思维能力增值的分布情况，基本呈现相同的分布。分院校组别来看，普通四年制大学（10.262）、普通四年制学院（9.808）、"985工程"大学（9.367）、"211工程"大学（9.088）下的本科生批判性思维能力增值依次降低，但差异并不显著（F=0.48，P>0.1），图3-13呈现了不同院校组别下本科生批判性思维能力增值的分布情况。从单个院校来看，如图3-14所示，除极个别普通四年制大学（代号308）外，其他所有院校的本科生的批判性思维能力增值的均值均大于零，但不同院校之间的本科生批判性思维能力增值大小并无显著差异（F=1.09，P>0.1），且与学校层次之间并无明显匹配关系，整体呈现出无序状态，具体而言，并非高层次大学的本科生批判性思维能力增值就一定比低层次大学的本科生批判性思维能力增值高，而是可能出现部分相反的情况。从第二种测度方式上看，尽管在本科生批判性思维能力增值的绝对值分数上与第一种测度方式的结果有些微差异，但除性别差异外，其他描述性统计结果基本一致，均未发现显著的组别差异。然而，上述描述性统计分析仅考虑了单个变量的情况，研究结果并不可靠，后续须在控制其他变量的情况下进行深入分析。

表 3-6 本科生批判性思维能力增值的描述性分析

		批判性思维能力增值 1					批判性思维能力增值 2				
	N	均值	标准差	最小值	最大值	F/T 检验	N	均值	标准差	最小值	最大值	F/T 检验
整体	1386	9.716	14.466	-38.889	55.556		1386	11.603	12.994	-33.327	51.012	
女	701	10.216	15.146	-38.889	55.556	1.318	701	12.183	13.648	-33.327	51.012	1.699*
男	676	9.188	13.71	-38.889	50		676	10.994	12.266	-27.267	43.439	
少数民族	97	9.278	15.419	-27.778	38.889	-0.305	97	10.476	13.275	-23.228	38.388	-0.876
汉族	1283	9.743	14.393	-38.889	55.556		1283	11.676	12.982	-33.327	51.012	
农业户口	748	9.663	14.65	-38.889	55.556	-0.115	748	11.433	13.314	-33.327	50.003	-0.584
非农业户口	622	9.753	14.335	-38.889	55.556		622	11.845	12.666	-32.822	51.012	
父母接受了高等教育	444	9.334	13.289	-27.778	44.444	0.675	444	11.358	12.163	-26.254	46.973	0.482
父母未接受高等教育	942	9.896	14.992	-38.889	55.556		942	11.719	13.372	-33.327	51.012	
文	496	10.663	14.394	-22.222	55.556	1.66	496	12.156	12.877	-24.237	51.012	1.49
理	309	9.978	14.828	-38.889	55.556		309	12.261	12.597	-32.822	46.469	
工	455	8.926	14.149	-38.889	44.444		455	10.592	13.056	-33.327	43.439	
医	126	8.201	14.869	-33.333	44.444		126	11.466	14.07	-25.75	44.448	
"985 工程" 大学	293	9.367	12.495	-33.333	50	0.48	293	12.166	11.524	-29.284	40.409	1.21
"211 工程" 大学	302	9.088	14.363	-27.778	55.556		302	10.878	12.578	-26.762	37.883	
普通四年制大学	484	10.262	14.952	-38.889	55.556		484	12.208	13.254	-33.327	49.499	
普通四年制学院	307	9.808	15.536	-38.889	55.556		307	10.827	14.234	-32.822	51.012	

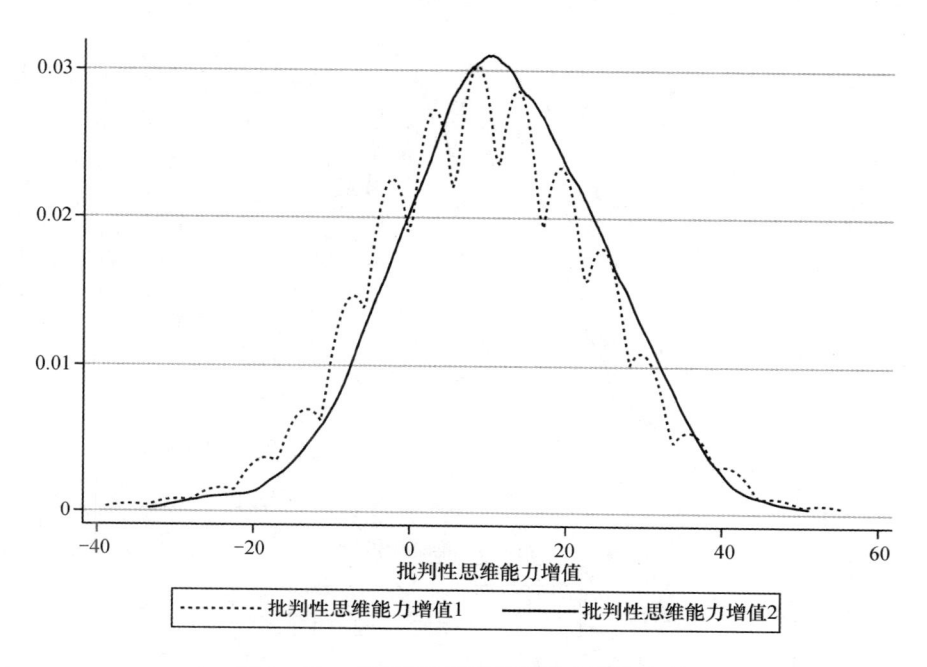

图 3-10　本科生批判性思维能力增值分布

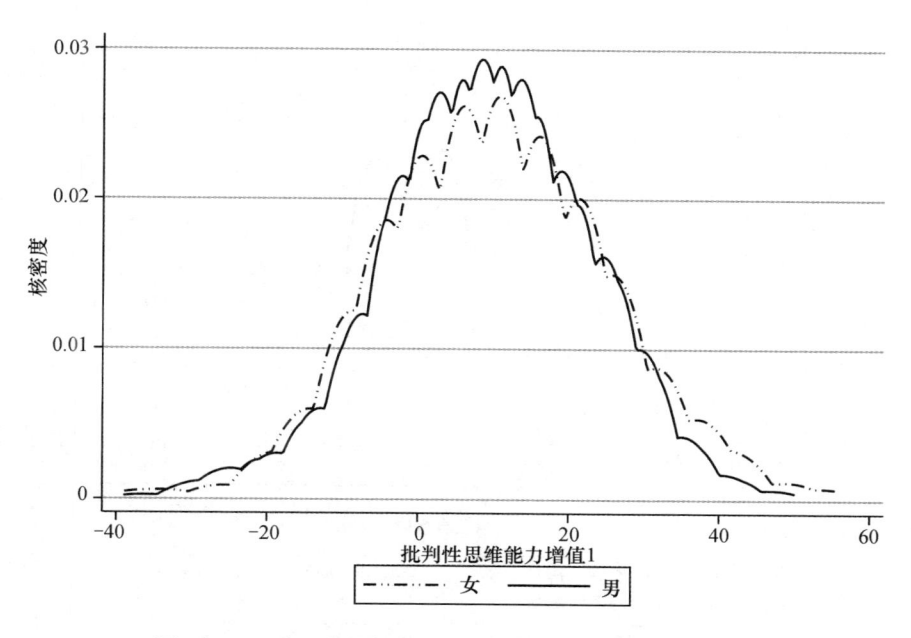

图 3-11　不同性别本科生的批判性思维能力增值的分布

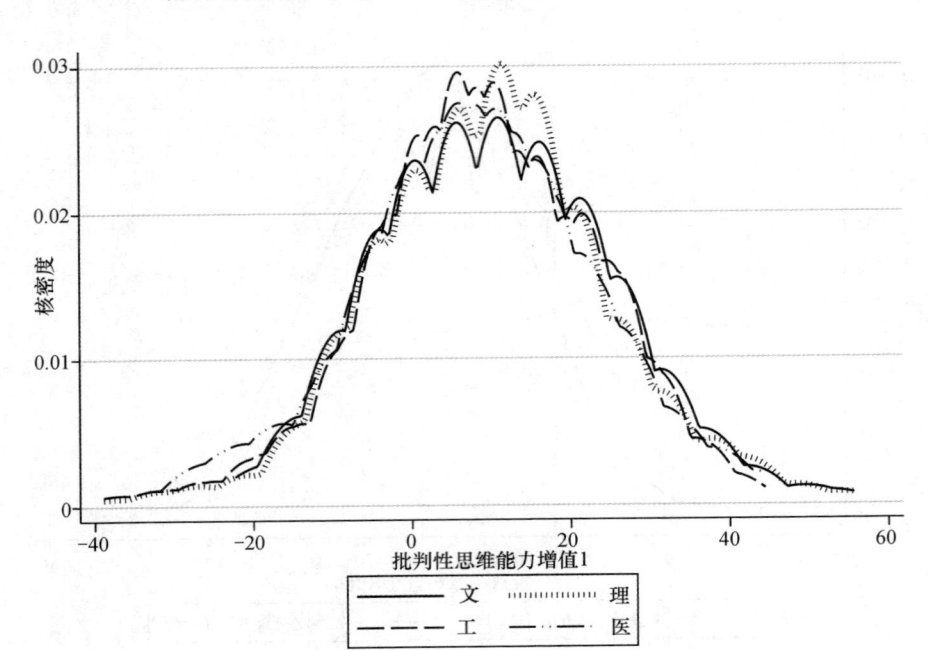

图 3-12　不同学科本科生批判性思维能力增值分布

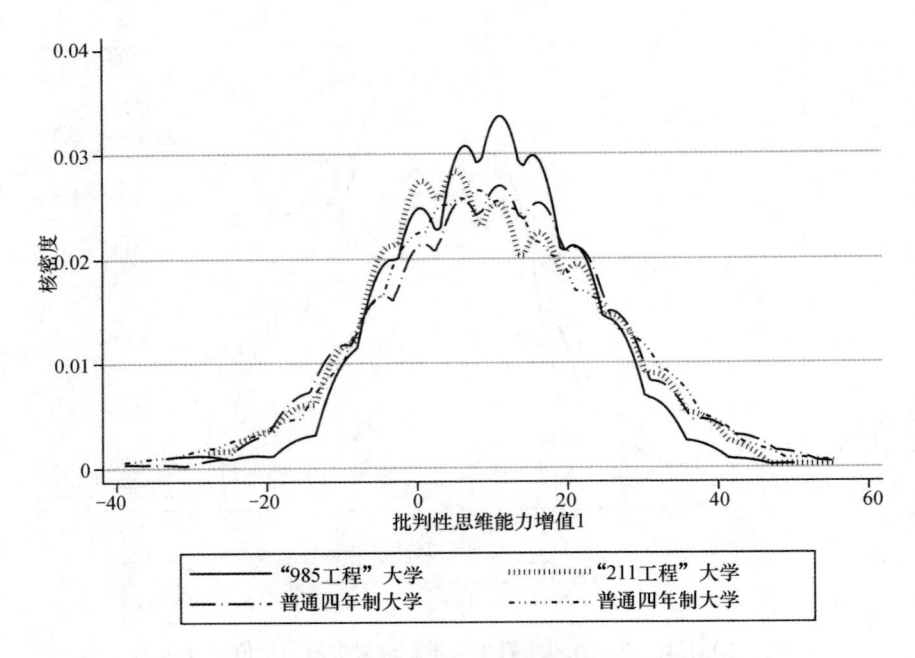

图 3-13　不同院校组本科生的批判性思维能力增值的分布

第三章 本科生批判性思维能力增值测度 ◀◀ 93

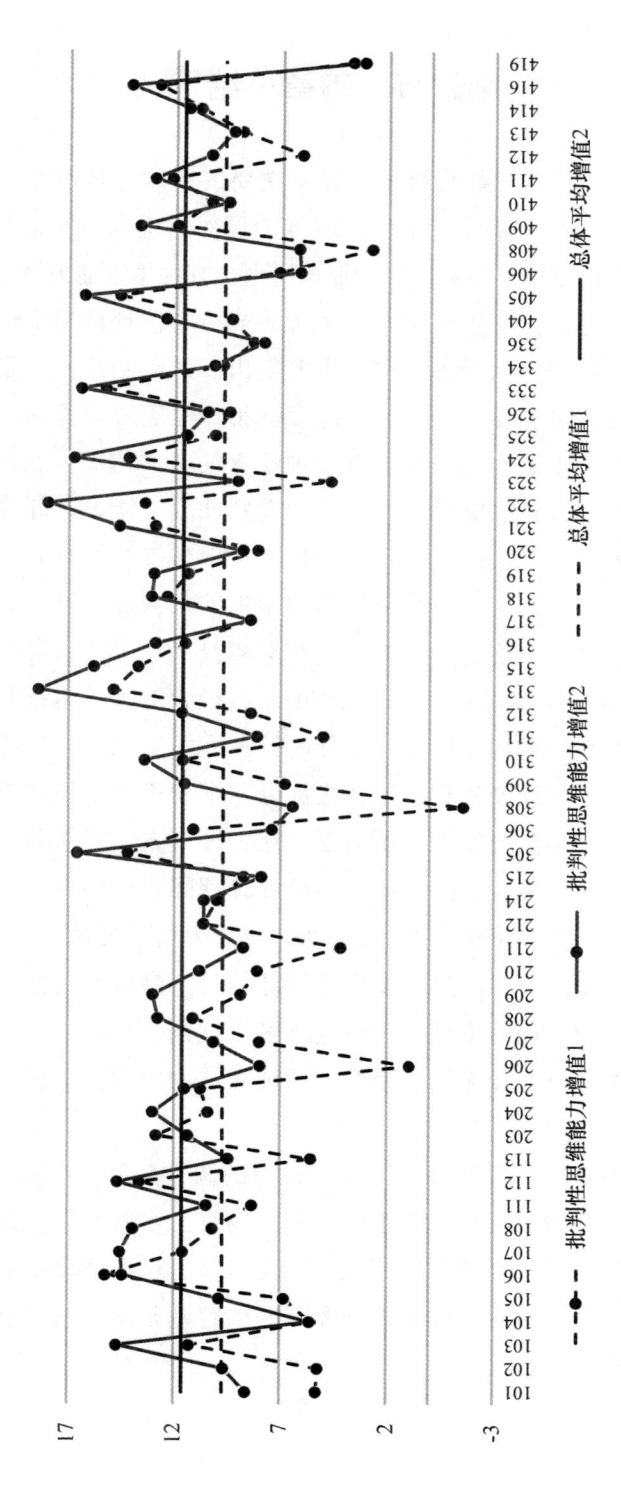

图3-14 不同院校的本科生的批判性思维能力增值的均值

第五节　本章小结

本章系统梳理了既有教育增值研究中主要使用的计量模型，并基于2016年全国本科生能力基线测评和2019年全国本科生批判性思维能力追踪测评数据，尝试使用了多种方法计算本科生批判性思维能力增值情况。

第一种方法是，利用基于HLM的残差差异分析法评估了本科教育对大学生批判性思维能力的增值效应，主要得出了两点结论，一是，大学生批判性思维能力具有可塑性，可通过大学教育经历得以提高，证实了人力资本理论及基于能力的新人力资本理论等的基本论断；二是，超过半数的高校的本科教育能够提高大学生的批判性思维能力，部分中国高校的教育质量值得肯定。但不可否认的是，不少高校的教育教学质量令人质疑——整个大学就读经历并未提高大学生的批判性思维能力，甚至导致下降现象，这其中还不乏一些层次相对较高的"985工程"大学和"211工程"大学。由此可知，不同院校的本科教育对大学生批判性思维能力发展的影响存在差异，同时，部分高校在大学生批判性思维能力培养上作为不足，相关高校教育管理者应加以重视和审视学校教育质量和人才培养方案。但是需要特别说明的是，这种计算方法只能落实到院校层面，无法计算每个微观学生个体在高等教育期间发生的批判性思维能力增值情况，无法深入探究本科生批判性思维能力增值机制。

第二种方法是，利用反向测度法直接评估每个微观本科生个体的批判性思维能力增值。该测度结果为探究本科生批判性思维能力增值机制提供了数据分析基础，如无特别说明，后续章节中的实证分析均建立在反向测度结果上。

第三种方法是，利用2016—2019年追踪的调查数据，直接测度本科生三年大学就读期间的批判性思维能力增值情况。尽管有效追踪调查样本较少，但对于本书而言是重要补充，也是对基于反向测度法的研究结果的重要检验。在本书后续章节中会有部分内容基于该直接测度法结果来展开深入分析。

第 四 章

本科教育经历与批判性思维能力增值

第一节 学校类型、学科差异与批判性思维能力增值

一 研究假设

20世纪60年代在美国心理学界兴起的大学生发展理论体系是人的发展理论在高等教育情境下的运用,基本目标是解释在四年的学习生活中,大学生怎样发展成为了解自我、他人以及世界的成熟个体的过程。① 该理论体系中最具代表性的流派包括个体与环境互动、认知结构、社会心理与认同发展、类型及整合性理论等②,它们论述了学生个体与校园环境的关系,学生个体的认知、情感、人格、能力与认同等方面的发展,阐述了大学在学生发展过程中的介入作用。个体与环境互动理论是该体系中的基础性理论,代表性人物阿斯汀基于数十年大规模跟踪调查研究提出了著名的IEO模型,即"输入—环境—输出"模型。输入指学生的个人特点与背景特征等,环境指大学的学术氛围和社会交往等,输出是输入与环境相互作用的结果。③ 该模型将学生的个人特点与背景特征等从大学教育环境中分离出来,奠定了高等教育效果评估的基础点和出发点。在

---

① 李湘萍等:《增值评价与高等教育质量保障研究:理论与方法述评》,《清华大学教育研究》2013年第4期。
② Nancy J. E., et al., *Student Development in College: Theory, Research, and Practice*, San Francisco: Jossey-Bass, 1998, pp. 13 – 17.
③ Astin A. W., *What Matters in College? Four Critical Years Revisited*, San Francisco: Jossey-Bass, 1993, p. 7.

引入佩斯提出的"学生努力质量"概念[①]后,阿斯汀提出了学生参与理论,认为大学生在有意义的活动中投入的时间和精力越多,其从大学经历中获得的收获越大。[②] 这也衍生了大学教育质量评价的重要尺度,即大学教育能够有效促进学生参与的程度。大学通过有效资源配置、开发和优化课程设置、提供丰富的学习机会和互动平台、创设人性化支持性学习环境等,强化学生有效的学习参与,提升学生的学业成就及认知能力。由此,本节提出第一个研究假设:

假设1:大学教育能提升本科生的批判性思维能力。在控制其他变量的影响下,大学教育对本科生批判性思维能力的增值效应显著存在。

学生参与理论及IEO模型均认为学生发展程度取决于作为"环境"主体的大学与作为"输入"主体的学生之间的交互作用程度,双方的主观能动性、客观资源约束及交互作用方式等会影响学生发展。为此,可以分别从"环境"和"输入"双方主体中演绎出另外两个研究假设。

首先,学校层级、学科类别等会影响大学教育环境的创建,从而影响学生发展。"985工程"和"211工程"的高等学校在资源配置、师资水平、学校声誉、生源质量等方面具有优势,这些高校在教育质量和人才培养成效上更为突出,能够更好地为学生创设有益学习参与的支持性环境,帮助他们提高和发展自己。而普通四年制大学和学院处于资源弱势地位,在教育质量和人才培养成效上则相对较低。另外,不同学科类别的大学教育强调的培养目标存在差异,人才培养方式、课程体系设置、师资队伍配置等千差万别,大学生有效参与相关学习的时间和精力等也可能参差不齐,导致大学生个人发展水平存在差异。由此,本书提出第二个研究假设:

假设2:在控制其他变量的影响下,不同学校层级、学科类别的大学教育对本科生批判性思维能力的增值效应存在显著差异。

其次,学生的个人特点及背景特征会影响其在大学教育环境中有效

[①] Pace C. R., *Achievement and the Quality of Student Effort*, Washington DC: National Commission on Excellence in Education, 1982, p. 67.

[②] Astin A. W., *Achieving Educational Excellence: A Critical Assessment of Priorities and Practices in Higher Education*, San Francisco: Jossey Bass, 1985, p. 23.

的学习参与和投入。个人特点及背景特征涵盖的范围极其宽泛，本书关注的是在尽可能控制其他个人特点及背景特征的情况下学生初始批判性思维能力水平是否影响其大学教育期间的批判性思维能力发展。存在两种可能性：一是，同等环境下，相比初始批判性思维能力较低的学生而言，初始批判性思维能力较高的学生要想取得同等程度的增长，须在与大学教育环境互动的过程中付出更多的努力和精力，即，经济学中的边际递减效应；二是，同等环境下，相比初始批判性思维能力较低的学生而言，拥有较高初始批判性思维能力的学生能够高效高质量地融入大学教育环境中，更加精准地选择适宜自身发展的教育内部环境，科学有效地配置自身有限的时间与精力，从而在付出相同的努力程度及外在成本下，能够获得更大程度的发展，即，存在边际递增效应。由此，本书提出以下对立假设：

假设 3a：大学教育过程中本科生批判性思维能力增长存在边际递减效应。在控制其他变量的影响下，学生初始批判性思维能力越高，经历几年大学教育后其批判性思维能力增长更小。

假设 3b：大学教育过程中本科生批判性思维能力增长存在边际递增效应。在控制其他变量的影响下，学生初始批判性思维能力越高，经历几年大学教育后其批判性思维能力增长更大。

本节将使用实证数据对以上研究假设进行检验。

二 本科生批判性思维能力增长的归因模型

本节利用多元线性模型（1）来评估不同层级、不同学科下的大学教育对本科生批判性思维能力增长的贡献：

$$\Delta_{j,gr} = \gamma_0 + \sum_{n=1}^{4} \gamma_{j,gr,n} Uni_{j,gr,n}$$
$$+ \sum_{m=1}^{4} \gamma_{j,gr,m} Dis_{j,gr,m} + \gamma_1 \overrightarrow{Con_{j,gr}} + \varepsilon \tag{1}$$

其中，因变量 $\Delta_{j,gr}$ 为毕业班学生 j 在大学就读期间的批判性思维能力增长幅度。$Uni_{j,gr,n}$ 为高校类型，以四年制学院为参照组，$\gamma_{j,gr,n}$ 为高校类型的拟合系数，反映的是相对四年制学院而言其他三组学校的大学教育对本科生批判性思维能力增长的贡献上的差异。$Dis_{j,gr,m}$ 为学科类型，以文科为参照组，$\gamma_{j,gr,m}$ 为学科类型的拟合系数，反映的是相对文科而言其他学科的大学教育对本科生批判性思维能力增长的贡献上的差异。控制变量 $\overrightarrow{Con_{j,gr}}$ 为毕业班学生的特征变量，与模型（1）中的特征变量一致，γ_1 为控制变量的拟合系数。

为验证本科生批判性思维能力增长是否存在边际递减效应或边际递增效应，将前文预测的毕业班学生入学时的批判性思维能力水平 $\widehat{\gamma_{j,gr}}$ 纳入模型（2）：

$$\Delta_{j,gr} = \gamma_0 + \sum_{n=1}^{4} \gamma_{j,gr,n} Uni_{j,gr,n} + \sum_{m=1}^{4} \gamma_{j,gr,m} Dis_{j,gr,m} + \delta \widehat{\gamma_{j,gr}} + \gamma_1 \overrightarrow{Con_{j,gr}} + \varepsilon \quad (2)$$

其中，δ 为初始批判性思维能力水平变量的拟合系数，当数值为负时则存在边际递减效应，初始能力越大，批判性思维能力在大学期间增长越小。当数值为正时则存在边际递增效应，初始能力越大，批判性思维能力在大学期间增长越大。

进一步地，以某所四年制学院 D_{17} 为参照组，引入被测评高校的固定效应，分析每所高校对毕业班学生 j 批判性思维能力增值的影响，如模型（3）所示：

$$\Delta_{j,gr} = \gamma_0 + \sum_{k=1}^{83} \gamma_{j,gr,k} Uni_{j,gr,k} + \delta \widehat{\gamma_{j,gr}} + \gamma_1 \overrightarrow{Con_{j,gr}} + \varepsilon \quad (3)$$

其中，固定效应系数 $\gamma_{j,gr,k}$ 反映的是相对四年制学院 D_{17} 而言其他测评学校的大学教育对本科生批判性思维能力增值的影响。

三 大学教育对本科生批判性思维能力的增值效应

为探究大学教育对本科生批判性思维能力增值的净效应，本书利用毕业班学生的样本数据对模型（1）、（2）进行了拟合分析，具体结果见表 4-1。由表 4-1 第（1）列可知，在控制人口统计变量、成长过程变量及大学前就学经历变量下，相对四年制学院而言，"985 工程"大学、"211 工程"大学、四年制大学对学生批判性思维能力得分的增值效应分别显著高出 0.413、0.254 和 0.122 个标准差；相对文科学生而言，理、工和医科学生的批判性思维能力得分增长幅度分别显著低出 0.045、0.085 和 0.036 个标准差。上述结果表明，一方面，大学教育对本科生批判性思维能力的增值效应是高度显著的，研究结果验证了假设 1；另一方面，就读大学的层次越高，本科生的批判性思维能力增长幅度越大。不同学科的大学教育对学生批判性思维能力的增值效应存在显著差异，增值幅度由大到小依次是：文、医、理和工科。研究结果验证了假设 2。

加入毕业生在大一入学时的批判性思维能力初始水平变量后进行拟合分析，由表 4-1 第（2）列结果可知，毕业生批判性思维能力初始水平变量的拟合系数显著小于零，其初始能力水平提高一个标准差，该能力增值幅度会显著降低 1.531 个标准差。这就表明，毕业班学生在入学时的初始批判性思维能力越高，在接受大学教育后其个人的批判性思维能力增长幅度越小，即，本科生批判性思维能力增长存在着边际递减效应，研究结果验证了假设 3a，拒绝了假设 3b。

表 4-1　　　大学教育对本科生批判性思维能力的增值效应分析

	（1）	（2）
	标准化系数	标准化系数
985	0.413 ***	0.413 ***
211	0.254 ***	0.254 ***
四年制大学	0.122 ***	0.122 ***
理科	-0.045 **	-0.045 **
工科	-0.085 ***	-0.085 ***
医科	-0.036 *	-0.036 *
批判性思维能力初始水平		-1.531 **
N	3,378	3,378
R^2	0.173	0.174

注：受篇幅限制，表中未呈现各控制变量的拟合结果。

为进一步探讨不同学校对本科生批判性思维能力增长的影响差异，以一所四年制学院 D_{17} 为参照组，对模型（3）进行分析，由表 4-2 结果可知，具体到每所院校，大学教育对本科生批判性思维能力的增值效应与学校所在层次间并无特定规律。相对四年制学院 D_{17} 而言，"985 工程"大学中增值效应最大为 0.249 个标准差，最小的仅有 0.065 个标准差；"211 工程"大学中增值效应最大为 0.166 个标准差，最小的仅有 0.058 个标准差；四年制大学中增值效应最大为 0.183 个标准差，最小的为 -0.013 个标准差；四年制学院中增值效应最大为 0.137 个标准差，最小的为 -0.006 个标准差。还可发现，部分四年制大学和学院对大学生批判性思维能力的增值效应高于部分"985 工程"大学和"211 工程"大学的相应数，部分四年制大学的增值效应低于部分四年制学院的增值效应。

表 4-2 大学教育对本科生批判性思维能力增值效应的院校差异

"985 工程"大学		"211 工程"大学		四年制大学				四年制学院	
代号	标准化系数	代号	标准化系数	代号	标准化系数	代号	标准化系数	代号	标准化系数
A_7	0.249	B_{13}	0.166	C_{25}	0.183	C_9	0.076	D_{11}	0.137
A_5	0.237	B_8	0.154	C_{11}	0.164	C_{34}	0.073	D_6	0.102
A_{13}	0.226	B_9	0.153	C_4	0.155	C_{28}	0.058	D_5	0.100
A_8	0.219	B_7	0.149	C_{17}	0.154	C_{22}	0.054	D_{12}	0.095
A_{10}	0.216	B_{10}	0.138	C_{20}	0.152	C_{35}	0.053	D_{13}	0.072
A_9	0.184	B_5	0.127	C_{14}	0.127	C_{10}	0.052	D_1	0.068
A_6	0.182	B_6	0.125	C_{31}	0.115	C_{24}	0.048	D_2	0.061
A_{11}	0.155	B_2	0.116	C_{16}	0.113	C_{19}	0.046	D_{18}	0.060
A_3	0.104	B_{12}	0.110	C_{27}	0.113	C_{36}	0.044	D_{14}	0.059
A_1	0.091	B_4	0.107	C_{15}	0.111	C_{32}	0.036	D_{16}	0.057
A_2	0.090	B_1	0.105	C_{12}	0.108	C_{18}	0.036	D_8	0.056
A_{12}	0.083	B_{11}	0.103	C_{26}	0.108	C_{30}	0.030	D_9	0.055
A_4	0.065	B_{14}	0.077	C_2	0.102	C_5	0.012	D_{15}	0.038
		B_{15}	0.058	C_8	0.098	C_3	0.003	D_{10}	0.023
				C_{21}	0.098	C_{29}	-0.006	D_3	0.015
				C_{23}	0.088	C_7	-0.013	D_{19}	-0.006
				C_{13}	0.085			D_{17}	参照组

注：部分院校的学生样本缺失某些变量，致使大四样本数过少而未能进入分析，表中所列高校不足 83 所。

综上分析，在控制其他变量的影响后，大学教育能提高学生的批判性思维能力，且学校层次、学科类型、学生入学时的批判性思维能力初始水平等对学生在校期间的批判性思维能力的增长幅度具有显著影响。从单个院校看，本科生批判性思维能力的增值效应与学校层次间并无特定规律。

四 基于直接测度法的再检验

上述关于学校类型、学科差异与批判性思维能力增值的研究建立在反向测度法的基础上。为进一步检验研究结果的稳健性，本书尝试使用两种直接测度法（在第三章中进行了详细说明）进行再检验。表4-3呈现了两种直接测度方法下本科生批判性思维能力增值的回归分析结果。同样的，在此仅重点陈述第一种增值测度方式下的结果。从表4-3第（1）列看，本科生批判性思维能力不存在显著的性别差异，且父母中任一方是否接受了高等教育并不会显著影响本科生的批判性思维能力增值。这与前文中的描述性统计分析结果是一致的。但汉族、非农户口的本科生批判性思维能力增值显著高于少数民族、农业户口的本科生批判性思维能力增值，分别高出 3.427、1.529 分，说明，在控制其他变量的影响下，本科生在高等教育期间的批判性思维能力增值存在民族和户口类型的差异。

从学科类别来看，文、理、医、工科本科生的批判性思维能力增值依次降低，但仅文科与工科的差异是显著的，文科生的批判性思维能力增值比工科生的批判性思维能力增值显著高出 1.560 分。

从院校类型来看，相比普通四年制学院本科生而言，"985 工程"大学、普通四年制大学、"211 工程"大学的本科生的批判性思维能力增值分别显著高出 7.712、3.050、2.283 分，表明，本科生批判性思维能力增值存在显著的院校差异，不同层次的院校对本科生批判性思维能力的增值作用存在异质性。就单个院校的增值作用来看，如图4-1所示，在控制其他变量的影响下，相对普通四年制学院 419 而言，除了极个别院校（普通四年制大学 306 和 336、普通四年制学院 410）外，其他所有院校对本科生批判性思维能力的增值作用均为高度正向显著，但增值效应的大小程度呈现出明显的差异性，最大的增值效应为24.16分（"985工程"大学106），最小的增值效应为5.80分（普通四年制学院410）。同时也发现，从单个院校上看，并非学校层次越高的大学，其对本科生批判性思维能力的增值作用就一定越大，如，"211工程"大学205的增值效应为20.31分，但不少"985工程"大学（如111、112、104、113）的增值效应小于20分。同样的，很多普通四年制大学对本科生批判性思维能力的增值效应处于18-20之间，但依然不少"985工程"大学、"211工程"大学的增值效应处于18以下。尽管整体而言，普通四年制学院的增值效应最低，但也存在个别普通四年制学院（如405）的增值效应较为突出，达到了18分以上。由此说明，在控制其他变量的情况下，从院校组别的整体而言，"985工程"大学对本科生批判性思维能力的增值效应最高，其次是普通四年制大学，"211工程"大学为第三，普通四年制学院最低。但具体到单个院校而言，增值效应呈现出无序状态。

此外，考虑到本科生批判性思维能力的初始水平可能会影响到高等教育期间的增长情况，本书将此纳入模型中，从表4-3的结果可看出，本科生批判性思维能力初始水平的拟合系数为-0.564，且是高度显著的，表明，在控制其他变量的情况下，本科生批判性思维能力初始水平越高，其在高等教育期间的批判性思维能力增值程度越小，两者呈现出显著负相关关系。这也证明，在高等教育期间，本科生批判性思维能力增值存在着显著的边际递减效应，初始批判性思维能力水平每提高1分，本科生在高等教育期间的批判性思维能力增值将降低0.564分。

从第二种增值测度方式的结果上看，除了在绝对值数值上存在些微差异外，整体研究结论是一致的，这也说明研究结果是稳健的。

表4-3　　　　　本科生批判性思维能力增值的回归分析

解释变量	参照组	（1）批判性思维能力增值1	（2）批判性思维能力增值2
男	女	-0.207	-0.474
		(0.736)	(0.730)

续表

解释变量	参照组	(1) 批判性思维能力增值1	(2) 批判性思维能力增值2
汉族	少数民族	3.427***	3.135**
		(1.321)	(1.311)
非农户口	农业户口	1.529*	1.422*
		(0.820)	(0.813)
父母接受了高等教育	父母未接受高等教育	0.824	0.323
		(0.883)	(0.878)
"985工程"大学	普通四年制学院	7.712***	7.006***
		(1.111)	(1.109)
"211工程"大学		2.283**	2.044*
		(1.051)	(1.043)
普通四年制大学		3.050***	3.009***
		(0.920)	(0.912)
理	文	−0.0200	0.280
		(0.909)	(0.901)
工		−1.560*	−1.521*
		(0.877)	(0.869)
医		−0.479	−0.0153
		(1.245)	(1.233)
批判性思维能力初始水平1		−0.564***	
		(0.0236)	
批判性思维能力初始水平2			−0.436***
			(0.0294)
常数		35.90***	30.21***
		(1.842)	(1.990)
N		1,363	1,363
R^2		0.301	0.149

注：①括号内为标准误；② *** $p<0.01$，** $p<0.05$，* $p<0.1$。

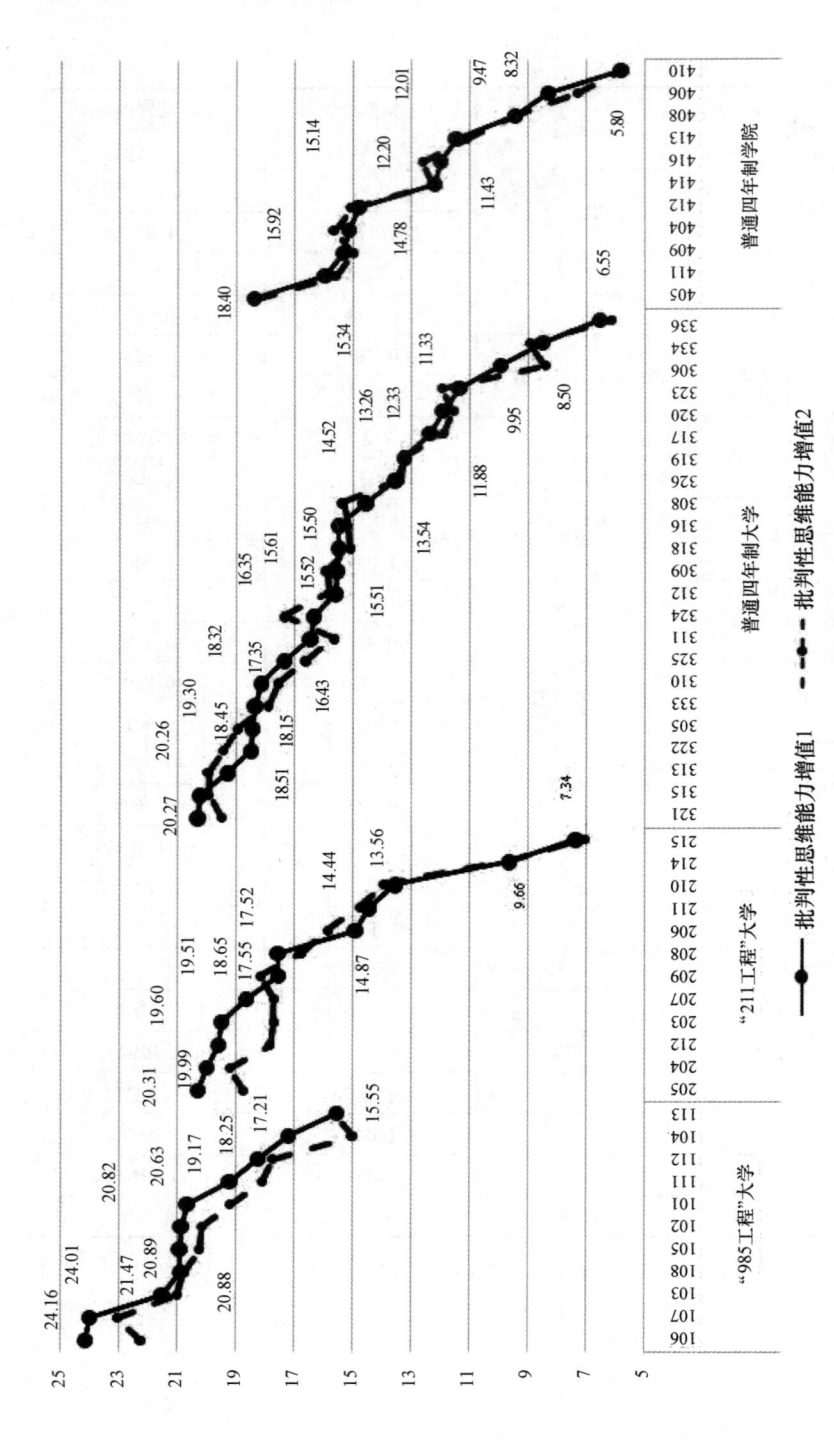

图4-1 OLS回归下单个院校对本科生批判性思维能力的增值效应

注：①详细的回归结果请与作者联系；②参照院校为普通四年制学院419；③除普通四年制大学306和336、普通四年制学院410外，其他所有院校的拟合系数均为显著的。

五 与基于反向测度法所得研究结果的比较分析

表4-4呈现了基于直接测度法与基于反向测度法所得研究结果之间的对比分析结果。从结果上看，整体而言，两项研究结果几乎都是相似的，均发现，在控制其他变量的影响下，大学教育对本科生批判性思维能力的增值效应存在学科差异、院校组别差异、单个院校差异和边际递减效应。但在更为细致的结论上，两项研究存在些微差异，如，工科与医科的增值效应的顺序，"211工程"大学与普通四年制大学的增值效应的顺序。由此说明，尽管存在微小差异，但在大样本情况下，反向测度法是有效的，能够用以揭示大学教育对本科生发展的影响。这也证明，本团队的研究结论是可靠的，能够经受追踪调查数据的检验。

表4-4　不同增值测度方法下研究结果的比较分析

	基于反向测度法的研究	基于直接测度法的研究
研究样本	2016年大一和大四样本	2016级大一样本，三年后追踪
样本量	13366	1386
增值测度方法	反向测度法	追踪测度法
学科差异	不同学科的增值效应差异显著，文＞理＞工＞医	不同学科的增值效应存在差异，文＞理＞医＞工，但仅文科与工科差异显著
院校组别差异	增值效应显著存在，"985工程"大学＞"211工程"大学＞普通四年制大学＞普通四年制学院	增值效应显著存在，"985工程"大学＞普通四年制大学＞"211工程"大学＞普通四年制学院
单个院校差异	差异显著，但大学教育对本科生批判性思维能力的增值效应与学校所在层次间并无特定规律	差异显著，但增值效应呈现出无序状态，并非学校所在层次越高，增值效应越大
边际递减效应	显著存在	显著存在

第二节 "一流大学"建设高校与批判性思维能力增值

一 "一流大学"建设与本科生培养

"一流大学"建设在中国由来已久,最早可追溯到 20 世纪 50 年代的全国重点高校建设。但本书特指"双一流"语境下的"一流大学"建设。2018 年 8 月 8 日,教育部、财政部、国家发展改革委印发了《关于高等学校加快"双一流"建设的指导意见》(简称《指导意见》),这是继 2017 年 9 月 20 日该三部委印发《关于公布世界一流大学和一流学科建设高校及建设学科名单的通知》(简称《通知》)后的推进性文件。《指导意见》"第六条……深化教育教学改革,提高人才培养质量。率先确立建成一流本科教育目标,强化本科教育基础地位,把一流本科教育建设作为'双一流'建设的基础任务……。第二十四条……坚持多元综合性评价。以立德树人成效作为根本标准,探索建立中国特色'双一流'建设的综合评价体系,以人才培养、创新能力、服务贡献和影响力为核心要素,把一流本科教育作为重要内容……。"[①] 从上述引文中,我们至少可以看到三个关键词:人才培养质量、一流本科教育、综合性评价。整合起来看,"双一流"高校人才培养质量高低反映了我们距离一流本科教育的距离,需要对其进行综合性评价。

从已有研究上看,大量学者对"双一流"的概念、内涵、要素、评价标准、实施路径,[②] 对"一流学科"与"一流大学"间的关系[③]、"双一流"建设高校的认定标准、建设标准、评价标准三者间的关系[④]、"双

[①] 教育部、财政部、国家发展改革委:《关于高等学校加快"双一流"建设的指导意见》(教研〔2018〕5 号)》(http://www.moe.gov.cn/srcsite/A22/moe_843/201808/t20180823_345987.html)。

[②] 靳诺:《世界一流大学一流学科建设的"形"与"魂"》,《国家教育行政学院学报》2016 年第 6 期;周光礼、武建鑫:《什么是世界一流学科》,《中国高教研究》2016 年第 1 期。

[③] 姜凡、眭依凡:《世界一流大学建设须以一流学科建设为基础》,《教育发展研究》2016 年第 19 期。

[④] 沈红、王鹏:《"双一流"建设与研究的维度》,《中国高教研究》2018 年第 4 期。

一流"建设与"本科教育"的关系①、"双一流"建设与现代大学体制、管理模式、教学改革的关系②等问题进行了探讨,相关研究甚至呈"井喷式"地增长。但是,由于"双一流"建设政策颁布与实施时间仍较短,与该新生事物相关的理论基础仍在探索中,"一流大学"与"一流本科"的关系也正在深入研究中。简单地说,已出现的大多相关研究主要集中在厘清多层一流间的关系(如世界一流、国家一流、地区一流等)、多国建设一流大学和一流学科的模式、中国建设"双一流"过程中的多维标准(如入门遴选标准、财政投入标准、绩效评估标准等)问题上;主要采用的是基于文献分析的理论思辨和国际比较、基于模型和调查的指标建构等研究方法。相对而言,基于客观数据、特别是测评数据,对"一流大学"建设高校本科生培养问题进行的实证研究缺乏。

本节试图基于全国83所高校的本科生批判性思维能力增值状况,检验这些"一流大学"建设高校的本科生培养质量,评估这些高校培养的学生的批判性思维能力是否比其他高校要高、且在校期间得到的增值也较大。具体来说,与非"一流大学"建设高校相比,在"入学"与"毕业"两个时点上,"一流大学"建设高校本科生的批判性思维能力水平如何?在从入学到毕业的本科教育期间,这些高校对本科生批判性思维能力增值产生的影响是否更大?

二 研究假设

从人力资本理论及基于能力的新人力资本理论上看,高等教育具有生产功能,能够提高人的认知能力与非认知能力,从而提高劳动生产率。这种教育生产功能与教育质量之间呈正相关关系,教育质量越高,教育

---

① 钟秉林、方芳:《一流本科教育是"双一流"建设的重要内涵》,《中国大学教学》2016年第4期。
② 周光礼:《"双一流"建设中的学术突破——论大学学科、专业、课程一体化建设》,《教育研究》2016年第5期;王旭初、黄达人:《关于"双一流"建设若干关系的思考》,《高等教育研究》2018年第5期。

的生产功能越大,受教育者能力提升越大,未来获取的经济收益更高。[①]为此,提出研究假设:相对非"一流大学"建设高校,"一流大学"建设高校的教育质量更高,本科生批判性思维能力增值越大。

三 计量模型

(一)"一流大学"建设高校的本科生批判性思维能力水平差异

$$CT_i = \beta_0 + \beta_1 FirstclassU_i + \beta_2 \overrightarrow{Con_i} + \varepsilon \tag{1}$$

其中,CT_i 为本科生 i 的批判性思维能力测试得分,$FirstclassU_i$ 为"一流大学"建设高校变量,以"其他院校"为参照组。$\overrightarrow{Con_i}$ 为控制变量,在已有研究的基础上,本书选择三类:①人口统计学变量(含性别和民族,分别以女性、少数民族为参照组);②家庭背景变量(含户口类型、家庭经济水平、父母一方是否接受高等教育,分别以农业户口、远低于平均水平、父母均未接受高等教育为参照组);③大学前教育经验(含高中所在地、高中类型、班级类型、高三成绩排名,前 3 个变量分别以省会城市或直辖市、国家重点、重点班为参照组);β_0 为截距项,β_1、β_2 分别为相应变量的拟合系数,ε 为随机扰动项。

(二)"一流大学"建设高校对本科生批判性思维能力增值的影响

$$\Delta CT_i = \gamma_0 + \gamma_1 FirstclassU_i + \gamma_2 \overrightarrow{Con_i} + \varphi \tag{1}$$

其中,ΔCT_i 为本科生 i 在大学期间的批判性思维能力增值状况。γ_0 为截距项,γ_1、γ_2 分别为相应变量的拟合系数,φ 为随机扰动项。表 4-5 呈现了各自变量的分布特征。

四 样本构成及各自变量的分布情况

依据教育部公布的"双一流"建设高校名单,对 2016 年全国本科生调查样本进行分类,其中,来自 16 所"一流大学"建设高校的 2575 人(11 所 A 类高校 1663 人,5 所 B 类高校 912 人),12 所"211 工程院校"

[①] 范静波:《高等教育生源质量与教育质量对个人收入的影响——兼论教育的生产与信号功能》,《教育科学》2013 年第 3 期。

（非一流大学建设高校）①的 1974 人，55 所"其他高校"的 9023 人。在 42 所"一流大学"建设高校中本次测评数据覆盖 16 所，也就是说，近四成的"一流大学"建设高校接受了我们的测评，具有良好的样本代表性。表 4-5 呈现了各自变量的分布情况。

表 4-5　　　　　　　　　各自变量的分布情况

变量		大一（N=8173）	大四（N=5399）
高校类型	"一流大学"建设高校 A 类	11.88%	12.82%
	"一流大学"建设高校 B 类	6.73%	6.70%
	211 工程院校	15.01%	13.84%
	其他高校	66.38%	66.64%
性别	女	51.82%	49.27%
	男	48.18%	50.73%
民族	少数民族	9.03%	8.01%
	汉族	90.97%	91.99%
户口类型	农业户口	54.10%	59.79%
	非农业户口	45.90%	40.21%
父母接受高等教育	未接受	68.41%	74.01%
	接受	31.59%	25.99%
家庭经济水平	远低于平均水平	5.88%	8.02%
	低于平均水平	33.05%	34.73%
	平均水平	53.36%	50.89%
	高于平均水平	7.55%	6.08%
	远高于平均水平	0.16%	0.29%
高中所在地	省会城市或直辖市	16.49%	13.01%
	地级市	28.33%	29.00%
	县或县城	48.79%	50.57%
	乡镇	5.15%	5.75%
	农村	1.24%	1.67%

---

① 本节中的"211 工程院校"指的是本项目测评的 12 所原"211 工程"但没有入选"一流大学建设"名单的院校。

续表

变量		大一（N=8173）	大四（N=5399）
高中类型	国家重点	4.31%	4.51%
	省重点	27.66%	28.36%
	市重点	28.78%	29.52%
	普通	39.25%	37.62%
班级类型	重点班	49.84%	49.43%
	普通班	50.16%	50.57%
高三成绩排名	均值	0.292	0.283
	标准差	0.219	0.220

五 研究结果

（一）描述性统计分析

表4-6呈现了各高校本科生批判性思维能力水平及本科期间增值幅度的描述统计，发现：

第一，从批判性思维能力测评得分均值看，整体上，无论是大一还是大四，"一流大学"建设高校均明显高于"其他高校"；建设高校A类均明显高于B类（但B1稍有例外）。方差分析表明，上述高校间批判性思维能力差异均高度显著（大一样本：F值为33.46，P值小于0.001；大四样本：F值为25.16，P值小于0.001）。

第二，从大四批判性思维能力增值的均值上看，整体上，"一流大学"建设高校明显高于"其他高校"；建设高校A类明显高于B类（但B1少有例外）。需要说明的是，代号为B4的大学和"其他高校"组的大四样本的批判性思维能力增值为负，说明他们的被测样本的批判性思维能力在本科期间不增反降。方差分析表明，上述高校间批判性思维能力增值差异均高度显著（F值为6.56，P值小于0.001）。

表4-6 　　不同类型高校的本科生批判性思维能力水平及
　　　　　　本科期间增值的描述统计

	批判性思维能力水平						批判性思维能力增值		
	大一			大四			大四		
	N	均值	标准差	N	均值	标准差	N	均值	标准差
A1	101	67.29	11.18	55	66.94	10.48	46	5.73	11.16
A2	92	66.23	9.67	107	66.01	9.91	85	8.69	9.83
A3	100	65.93	10.72	19	71.76	8.27	15	12.21	8.46
A4	73	65.21	11.28	19	72.08	9.45	10	7.85	10.28
A5	74	65.06	9.74	62	65.49	9.49	48	7.77	9.97
A6	126	64.90	12.01	99	65.96	10.44	74	8.51	8.82
A7	35	64.50	9.34	38	66.66	10.78	27	7.49	15.07
A8	99	63.51	10.19	94	62.79	11.56	59	7.46	9.50
A9	91	62.63	10.55	63	66.66	8.43	50	7.17	8.26
A10	88	62.22	8.74	93	63.34	10.98	56	8.90	10.12
A11	92	60.34	12.71	43	61.59	12.24	31	6.12	12.29
B1	129	60.95	10.31	97	62.22	10.95	74	6.25	10.71
B2	98	59.05	10.68	99	59.90	9.90	60	4.07	9.53
B3	95	56.42	9.80	83	58.26	10.89	62	3.22	10.03
B4	121	56.29	11.35	55	56.74	13.01	33	-0.30	11.36
B5	107	50.24	13.79	28	54.22	12.10	20	4.79	9.96
211工程院校	1227	58.26	11.72	747	59.49	11.58	505	3.37	10.96
其他高校	5425	51.07	11.80	3598	51.72	12.35	2123	-0.40	11.79

注：①A1—A11和B1—B5分别表示11所A类和5所B类"一流大学"建设高校样本。②只能对大四学生在高校就读期间产生的能力增值进行计量。

上述结果说明，无论是在批判性思维能力水平还是在其增值上，不同院校间是存在着明显差异的。但这些差异是不是完全来自于所在院校的本科教育呢？需要进行控制其他变量后再分析。

(二)"一流大学"建设高校本科生批判性思维能力较强

表4-7第(1)—(4)列呈现了不同群体本科生批判性思维能力水平及其增值的多元回归分析结果。第(1)列显示的本科生批判性思维能力水平,在控制其他变量后,"一流大学"建设高校的得分比"其他高校"的得分显著高出8.153分(100为满分,全文同),说明这些建设高校的本科生生源的批判性思维能力较强,在大学入学初期就呈现出较大优势。与"211工程院校"的得分相比,这些建设高校的得分依然差异显著并高出2.744分,它们的优势依然存在。

对"一流大学"建设高校分为A、B类的分析结果如第(2)列所示。在控制其他变量后,建设高校A、B类大一学生的批判性思维能力比"其他高校"大一学生的批判性思维能力在测评得分上分别显著高出10.71和4.446分,与前文结果一致。同时也发现,在本科生生源的批判性思维能力上,A类比B类的优势更明显(高出6.264分),呈现出层次性:"一流大学"建设高校的类别越高,本科生生源的批判性思维能力越强。但这种层次性被B类建设高校与"211工程院校"两组间的比较所破坏。数据显示,在控制其他变量后,与"211工程院校"相比,B类建设高校大一学生样本的批判性思维能力得分显著低出1.108分,这说明,在本科生生源的批判性思维能力水平上,B类建设高校并不一定比那些未入选"一流大学"建设名单的"211工程院校"更有优势。

第(3)列呈现了大四毕业生样本的分析结果。在控制其他变量后,大四本科生的批判性思维能力测评得分,"一流大学"建设高校比"其他高校"显著高出9.879分,说明在毕业班学生的批判性思维能力水平上,这些建设高校依然具有显著优势,且与入学初期的优势相比呈扩大趋势。可以表明,在本科教育期间,"一流大学"建设高校在培养本科生批判性思维能力上的成效更大。A、B类建设高校的分析结果如第(4)列所示。在控制其他变量后,A类和B类的大四样本的批判性思维能力比"其他高校"大四样本的批判性思维能力得分分别显著高出11.75和6.477分,同样呈现出明显的层次性。同理,在控制其他变量后,与"211工程院校"相比,B类建设高校本科毕业生的批判性思维能力水平仅高出0.091分,与生源上的负值差距相比,B类建设高校比那些未入选"一流大学"

建设名单的"211 工程院校"的本科毕业生批判性思维能力有优势,但优势不够大。

表 4-7　本科生批判性思维能力水平及其增值的多元回归分析

		批判性思维能力水平				批判性思维能力增值	
		大一样本		大四样本		大四样本	
		(1)	(2)	(3)	(4)	(5)	(6)
"一流大学"建设高校		8.153***		9.879***		8.588***	
		(0.387)		(0.490)		(0.529)	
"一流大学"建设高校 A 类			10.71***		11.75***		10.33***
			(0.466)		(0.572)		(0.617)
"一流大学"建设高校"B 类			4.446***		6.477***		5.547***
			(0.542)		(0.728)		(0.768)
211 工程院校		5.409***	5.554***	6.308***	6.386***	4.841***	4.913***
		(0.397)	(0.395)	(0.538)	(0.536)	(0.579)	(0.577)
性别		0.159	0.112	-0.627*	-0.755**	-0.311	-0.445
		(0.272)	(0.271)	(0.359)	(0.358)	(0.394)	(0.393)
民族		6.060***	5.995***	4.661***	4.670***	-0.607	-0.600
		(0.480)	(0.477)	(0.661)	(0.658)	(0.758)	(0.755)
户口类型		1.596***	1.597***	2.029***	1.997***	-0.0767	-0.100
		(0.347)	(0.345)	(0.453)	(0.451)	(0.500)	(0.498)
父母接受高等教育		1.182***	0.944**	0.906*	0.891*	-0.818	-0.846
		(0.369)	(0.367)	(0.502)	(0.500)	(0.548)	(0.546)
家庭经济水平	低于平均水平	1.023*	1.018*	2.039***	1.985***	0.00679	-0.101
		(0.608)	(0.604)	(0.700)	(0.697)	(0.809)	(0.806)
	平均水平	1.880***	1.837***	2.668***	2.647***	-0.254	-0.327
		(0.599)	(0.596)	(0.691)	(0.688)	(0.796)	(0.793)
	高于平均水平	2.649***	2.491***	3.144***	3.030***	-0.0319	-0.210
		(0.766)	(0.761)	(0.982)	(0.978)	(1.081)	(1.077)
	远高于平均水平	-3.559	-3.636	1.598	1.330	7.795**	7.508**
		(3.336)	(3.315)	(3.295)	(3.281)	(3.363)	(3.349)

续表

		批判性思维能力水平				批判性思维能力增值	
		大一样本		大四样本		大四样本	
		(1)	(2)	(3)	(4)	(5)	(6)
高中所在地	地级市	-0.0959	0.0653	0.970	1.055*	1.546**	1.663***
		(0.422)	(0.420)	(0.601)	(0.598)	(0.647)	(0.644)
	县或县城	-0.103	0.0605	1.339**	1.423**	2.677***	2.780***
		(0.426)	(0.423)	(0.606)	(0.603)	(0.655)	(0.653)
	乡镇	0.409	0.454	1.163	1.266	1.324	1.455
		(0.714)	(0.710)	(0.951)	(0.947)	(1.045)	(1.041)
	农村	-1.889	-1.696	-2.189	-2.131	-0.00353	-0.0461
		(1.314)	(1.306)	(1.464)	(1.458)	(1.687)	(1.680)
高中类型	省重点	0.581	0.881	0.817	1.087	0.916	1.263
		(0.699)	(0.696)	(0.882)	(0.879)	(0.961)	(0.959)
	市重点	-0.547	-0.0738	-0.692	-0.361	0.872	1.267
		(0.703)	(0.700)	(0.890)	(0.888)	(0.973)	(0.971)
	普通	-2.761***	-2.247***	-1.616*	-1.180	2.701***	3.185***
		(0.712)	(0.709)	(0.912)	(0.910)	(1.000)	(1.000)
班级类型	普通	-1.906***	-1.747***	-1.385***	-1.254***	1.751***	1.884***
		(0.280)	(0.278)	(0.368)	(0.367)	(0.405)	(0.404)
高三成绩排名		-2.561***	-2.036***	-5.036***	-4.699***	1.537*	1.823**
		(0.653)	(0.651)	(0.842)	(0.840)	(0.927)	(0.925)
Constant		46.57***	45.91***	47.06***	46.56***	-4.449***	-4.959***
		(1.079)	(1.074)	(1.364)	(1.360)	(1.536)	(1.533)
N		7,193	7,193	4,309	4,309	3,378	3,378
R^2		0.176	0.187	0.188	0.196	0.084	0.092

注：① 括号内为标准误；② *** $p<0.01$，** $p<0.05$，* $p<0.1$。

（三）"一流大学"建设高校对本科生批判性思维能力增值的影响较大

表4-7第（5）—（6）列呈现了本科毕业生批判性思维能力增值的多元回归分析结果。在控制其他变量后，在毕业班学生的批判性思维能力增值上，"一流大学"建设高校比"其他高校"显著高出8.588分，比

"211 工程院校"显著高出 3.747 分。这表明,"一流大学"建设高校在对本科生批判性思维能力提高上产生的影响更大,并在本科生生源的批判性思维能力具有优势的前提下,使"一流大学"建设高校本科毕业生与"其他高校"本科毕业生的批判性思维能力水平的差距进一步扩大,呼应了前文的研究结果。

若细分"一流大学"建设高校 A、B 类型,结果如第(6)列所示。A 类、B 类的本科毕业生的批判性思维能力增值分别比"其他高校"本科毕业生批判性思维能力增值显著高出 10.33 和 5.547 分,表明,层次不同的"一流大学"建设高校对本科生批判性思维能力增值的影响也存在明显差异,层次越高,增值作用越大。

经细致对比发现,在控制其他变量的情况下,"一流大学"建设高校 B 类带给其本科毕业生的批判性思维能力增值显著高于"211 工程院校"带给其本科毕业生的批判性思维能力增值,差值为 0.634 分。由此说明,在对本科生批判性思维能力提高产生的影响上,B 类建设高校比那些未入选"一流大学"建设高校名单的"211 工程院校"更大。此结果与前文分析的结论一致。

特别说明的是,尽管证明"一流大学"建设高校能够提升本科生的批判性思维能力,但并没有揭示其提升的内部机制;尽管"一流大学"建设高校比"其他高校"对本科生批判性思维能力增值的影响更为显著,但并没有从投入产出效率上进行相关分析。

第三节　本科学习成绩与批判性思维能力增值

知识增长与能力发展是本科教育的重要目标和核心任务,亦是检验大学人才培养质量与成效的基本标准。大学通过构建科学的本科教育课程体系和开展丰富多彩的课外活动,在增长本科生知识的同时帮助学生养成问题意识、质疑精神、批判性思维和创新能力,为经济社会发展和高层次人才培养提供源源不断的新鲜血液。[①] 然而，最近清华大学经济与管理学院前任院长钱颖一教授指出了一个独特的现象，"在一些发达国家（比如美国），在近期被人诟病的教育中的一个问题，正是学生学习的知识不够，这里的知识就是指各种学科的知识"，而"中国教育的长处和短处可能正好与美国教育的长处和短处相反"，以知识为中心的中国应试教育让学生在掌握知识上具有优势，但在思维——尤其是批判性思维——的培养上是薄弱的。[②] 这种现象似乎并不支持知识增长与能力发展间的正相关关系，反而呈现出一种相反的状态，知识学得好的中国学生批判性思维并不强，知识水平不足的美国学生批判性思维却有优势。如此，令人反思的是，这种现象真实存在吗？为什么会出现这种现象？知识增长与批判性思维发展间到底呈现怎样的关系？素来宣称"知识就是力量""知识改变命运"的中国教育在传授知识时为什么不能提高学生的批判性思维？本节将基于全国本科生批判性思维能力测评数据来回答上述问题。

一 知识增长与批判性思维能力发展之间关系的探讨

（一）批判性思维能力是知识增长的前提基础

知识的内涵极其广泛，可以理解为某种集合了观点、信念、关系、规律等的综合体，有单元与多元、简单与复杂、一般性与专业性等之分，它们在不同空间、时序与情境下的交互融合会更新、替代或产生新的知识，并由此构成了个人及社会相应信念和行动的基础。知识增长并非停留在多样化观念、关系或信念等的简单记忆和堆砌，而在于结合个人价值观念、情感及社会认知，在不同时序与情境下对多样化观念、关系或信念等进行深度的融合与建构，从而内化于人体之中。为此，知识增长是一种动态的、主体与客体相统一、新旧知识相融合、蕴含着个体情感和价值判断的过程。

批判性思维是一种理性的、反思性的思维，其目的在于决定我们的

[①] 钟秉林：《一流本科教育是"双一流"建设的核心任务和重要基础》，《中国高等教育》2017年第19期。

[②] 钱颖一：《批判性思维与创造性思维教育：理念与实践》，《清华大学教育研究》2018年第4期。

信念和行动①，通过这种思维得到针对它所依据的那些证据性、观念性、方法性、标准性或情境性思考的阐述、分析、评估、推导以及解释等②，至少具有合理性、反思性、建设性以及决定知识和行动四方面特质③。合理性是判断信念和行动的首要原则，运用特定的方法和规则来评估和甄别信息或观念的真实性与可靠性，评价特定行动的有效性与必要性。反思性是对思考的再思考，既对他人的思维，也针对自我思考。利用特定的标准和方法来评估他人或自我思考的全面性、充足性、多样性及严谨性等，也时刻反思既定标准和方法在不同场合或情境下的适用性和合理性。建设性体现的是思考者的目标与态度，思考者不仅在于辨别和分析自己或他人既有观念、论证或断言等的正确与否，更在于吸收不同观念、证据或标准等来发展、完善、替代或更新既有观念、论证或断言等。正是在合理性判断、反思性思考和建设性探索综合作用下，思考者试图对已有观念、关系或决策等进行合适的、优化的、有效的甚至是颠覆式的提升与超越。

由此看出，批判性思维能力是促进知识增长的前提基础，只有具备批判性思维能力的个体才能够有效地吸收和融合新的证据或观点，并合理地反思自身掌握或新鲜接触的知识，且在不同场景下反复探索和论证后更新、完善和扩大自身的知识储备。

（二）知识增长是批判性思维能力发展的必要不充分条件

批判性思维能力发展主要有三方面内涵：一是批判性思维能力运行的基本方法、标准、论证技巧等技能性知识的进步与提升，如，掌握更多的推理方法（概括、类比、标志、因果、权威、原则等）、形成更加多

---

① Ennis Robert H., *A Taxonomy of Critical Thinking Skills and Dispositions*, In Joan Boyloff Baron and Robert J. Sternberg (eds.), *Teaching Thinking Skills: theory and Practice*, New York: Freeman, 1987, pp. 9–26.

② Facione P., "Critical Thinking: A Statement of Expert Consensus for Purposes of Educational Assessment and Instruction", *Research Findings and Recommendations Prepared for the Committee on Pre-College Philosophy of the American Philosophical Association*, Eric Document ED, 1990, pp. 315–423.

③ Hunter David A., *A Practical Guide to Critical Thinking: Deciding What to Do and Believe*, Hoboken NJ: John Wiley & Sons, Inc, 2009, p. 92.

元的评价标准（清晰性、准确性、精确性、相关性、重要性、充足性、深度、广度、逻辑、公正性等）、构建更复杂的论证结构（单前提结构、多前提结构、链式结构、复合结构等）；二是运行批判性思维能力基本方法、技能和规则时所需的素材、证据、观点或规律等支撑性知识的增长，批判性思维能力强调在基于证据的科学与理性的前提下进行审慎求证，支撑性知识是批判性思维能力发展之基；三是更为积极主动地利用支撑性知识与技能性知识进行批判性思维的态度与意识。

自主进取的批判性思维态度与意识是批判性思维能力发展的起点，更是贯穿批判性思维能力发展全过程的内在驱动力。唯有在具备批判性思维态度与意识下，技能性知识是批判性思维能力发展之"形"，支撑性知识为批判性思维能力发展之"魂"，有"形"无"魂"，个人批判性思维能力似无血肉之躯，无法正常运转与维持，甚至谈不上能力之说。有"魂"无"形"，个人批判性思维能力若杂乱棉团，条理混乱且缥缈羸弱，无法有效论证、反思与评价等。唯有"形"与"魂"兼备，才能步步为营，方可有效探索和产生新知识。

由此看出，知识增长是批判性思维能力发展的必要不充分条件，个人逐渐积累的知识为批判性思维能力发展提供了源源不断的技能性和支撑性素材，也决定了个人批判性思维能力发展的边界与空间。但单纯的知识增长并不一定能带来个人批判性思维能力的发展，至少存在三种可能性，一是，所增长的知识与批判性思维能力运行相关的技能性知识和支撑性知识均无关系，而是超越了批判性思维能力的适用范围的知识，如，与直觉、宗教信仰、爱情等相关的知识[1]；二是，增长的知识仅是已有技能性知识或支撑性知识的重复累加，这种拷贝式知识增长无益于个人批判性思维能力发展，如，通过以知识为中心的应试教育理念下的"刷题"来获取的重复性知识等；三是，知识增长的同时并未伴随着个体更为积极进取的批判性思维态度与意识，如此必然也无法将知识增长服务于个体批判性思维能力发展。更为极端的可能性是，过于单纯的知识

---

[1] ［加］董毓：《批判性思维原理和方法——走向新的认知和实践》，高等教育出版社2016年版，第4页。

增长可能会抑制批判性思维能力的发展。当代创造心理学权威斯滕伯格就明确认为,过多的学习和知识积累可能阻碍思考,使个体无法挣脱固有的思维的藩篱,结果导致个体成为自己已有知识的奴隶而非主人。①

(三) 知识增长与批判性思维能力发展并非正比同步发生

批判性思维能力发展对知识增长的影响具有瞬时性与持久性。从上述批判性思维能力发展的内涵上来看,一方面,批判性思维能力发展本身就蕴含着技能性或支撑性知识的进步与提升,另一方面,在个体自主运用技能性知识与支撑性知识寻求相关问题论证与批判性思维能力发展时也至少蕴含着两方面知识的增长,一是由相关问题论证结果带来的知识增长,二是如何科学有效地糅合技能性知识与支撑性知识的经验性知识增长。由此,批判性思维能力发展对知识增长的影响具有瞬时性。从长远来看,掌握了较高批判性思维能力的个体能够在未来特定语境下全面地理解和表述问题,寻求、质疑和比较不同的事实解释,构建富有建设性的观点、假说、解决方案等,从多前提、多立场、多理由等角度来推理、论证和评价既有观点、假说或解决方案等,从而创造性地促进知识增长与进步。这种促进作用是持久性的,能够贯穿于个体任何行动与信念之中。

知识增长对批判性思维能力发展的影响存在滞后性与累积性。尽管有效的知识增长为个人批判性思维能力发展提供了源源不断的技能性或支撑性知识,创新的知识增长更可为个人以新颖的、不寻常的、不典范的视角和方式思考和论证特定语境下的问题、观点或假说等提供支持,然而,这种支持性作用并非瞬间发生的,而是取决于个体在未来特定时空与情境中的应用,具有滞后性。同时,微小的知识增长对批判性思维能力发展带来的作用可能是微乎其微的,但随着这种微小知识的不断增长与累积,尤其是当来自不同信念、理念、关系、规律等维度的微小知识共同增长并产生融合碰撞,逐渐形成一套结构化或嵌套式的知识体系时,对个体批判性思维能力发展的影响将呈指数化增长,为此,知识增

---

① [美] 罗伯特·斯滕伯格、陶德·陆伯等:《创意心理学》,曾盼盼译,中国人民大学出版社 2009 年版,第 5 页。

长对批判性思维能力发展的影响存在累积性。

由上可知，在特定条件下，知识增长与批判性思维能力发展之间呈相辅相成、辩证统一的关系，批判性思维能力发展能够瞬时且持久的影响个人知识增长，反过来，知识增长会在未来特定情境下对批判性思维能力发展产生或大或小的影响，正是在这两方面的循环反复作用下，知识增长与批判性思维能力发展之间彼此互相促进、不断提升，但知识增长与批判性思维能力发展并非同步正比发生的。

二 文献述评及研究假设

（一）知识增长与能力发展之间关系的探讨

知识增长与能力发展的关系是教育研究中的经典问题。柏拉图曾说，"知识当然是一种能力，而且是所有能力中最强大的一类"①，增长知识便是发展能力，两者是一体的。培根的名言"知识就是力量"也寓指人在掌握了足够知识后就获取了与他人、自然、社会等相处和竞争的力量和能力，知识增长与能力发展是不可分割、相互统一的。"读书破万卷，下笔如有神""书读百遍，其义自见""知识改变命运"等名言也大体揭示出知识增长与能力发展间的关系。结构主义代表布鲁纳在教学的目的任务上明确提出，"教学不仅要使学生掌握必要的知识和技能，更为重要的是要培养他们的智力，发展他们的能力"②，学生能力的发展是布鲁纳教育思想的中心概念，认为知识增长过程中应伴随着能力的成长。实用主义代表杜威指出，"学习的目的和报酬是继续不断成长的能力"③，并基于此提出了"做中学"理论，试图实现知与行、知与能的统一。布鲁纳和杜威的观点均支持了知识增长有益促进能力发展的论述。

知识增长与能力发展间是否呈同步正比关系呢？早在20世纪80年代，国内学者就对此进行了诸多讨论，如，有狭义的能力论者认为，能

---

① [古希腊]柏拉图：《理想国》，侯皓元译，陕西人民出版社2007年版，第93页。
② [美]杰罗姆·布鲁纳：《布鲁纳教育论著选》，邵瑞珍等译，人民教育出版社1989年版，第13页。
③ 华东师范大学教育系、杭州大学教育系：《现代西方资产阶级教育思想流派论著选》，人民教育出版社1980年版，第41页。

力属于知识范畴,知识学习的过程也是能力发展的过程,两者是同步的;也有学者认为,知识和能力并非同一范畴,知识更多地属于理论范畴,能力则更多地依赖于实践,知识增长与能力发展呈同步正比关系必须依赖于内外部条件,外部条件是传授者传授系统科学的知识、采用启发式教学等,内部条件是学习者个体积极主动、养成良好的思维习惯等。[1] 随着20世纪90年代素质教育的推进,关于知识与能力间关系的讨论空前热烈,典型的观点如,个人掌握知识的多少与能力水平的高低并不都是正相关,两者的发展也并非同步的,"知识增长和能力提高并非完全自然地一致,有时甚至很不平衡"[2]。尽管诸多学者对上述关系进行了理论解释和讨论,但由于缺乏基于经验数据来实证检验知识增长与能力发展间的互动关系,这也致使上述关系的讨论停留在概念解剖及理念阐释上,一直未能取得定论。

(二) 批判性思维能力增值测度及其影响因素分析

"增值"一词最初来自于经济学中对产品价值增长的判断,指生产过程所消耗的成本与最终价格间的差异[3],后被用于教育学中,建立在"教育可以增加'价值'到学生身上"的假设之上。[4] 批判性思维能力增值指在某段时期内个人批判性思维能力取得增长的幅度。大量研究利用各种批判性思维能力测评工具来测度了大学生的批判性思维能力,并尝试分析了在不同就读期间或参与特定教学项目时学生批判性思维能力增长幅度。如,帕斯卡瑞拉等对美国11州17所四年制学校923位学生样本进行了追踪测试,2006年秋季入学的大学生一年后批判性思维能力平均增长了0.11个标准差,到2010年春季毕业时,批判性思维能力平均增长了

---

[1] 本刊记者:《全国教育学研究会第二届年会讨论全面发展等问题》,《教育研究》1981年第6期。

[2] 郝文武:《实现三维教学目标统一的有效教学方式》,《教育研究》2009年第1期。

[3] Greenwald D., *The Mcgraw-Hill Dictionary of Modern Economics: a Handbook of Terms and Organizations*, New York: Mcgraw-Hill, 1983, p. 57.

[4] 苏林琴、孙佳琪:《我国高校学生学业增值评价研讨—兼评美国的研究与实践》,《教学研究》2014年第9期。

0.44个标准差。① 安格里和瓦兰尼迪斯基于144位本科生样本比较分析了三种不同批判性思维教学方法对批判性思维能力增值的影响,发现,不同教学方法的效果并不一致,相比一般性方法(教授一般的批判性思维技能但不涉及具体的主题或素材(如,讲座、讨论、没有反馈)),灌入式方法(教授特定主题的批判性思维技能(如,讲座、讨论、反馈、和研究者对话等))和沉浸式方法(学生被要求迅速地考虑、分析、评估不同看法或观点的要点(如,没有讲座、反馈、苏格拉底式质疑研究者))下大学生的批判性思维能力增值更为突出,分别高出1.10和0.99个标准差。②

此外,许多学者还利用多种定量方法评估了大学教育对大学生批判性思维能力增值的净影响。如,刘欧使用美国教育考试服务中心设计的测评工具对美国23所四年制州立大学的6196名学生(4373名大一新生和1823名大四学生)进行了批判性思维测试,并基于残差差异法测算出三年大学就读经历显著提高了大学生0.4个标准差的批判性思维能力。③张青根和沈红利用自主开发的本土化批判性思维能力测评工具测度了中国83所本科院校的15336名大学生的批判性思维能力,利用反向测度法评估了大学教育对本科生批判性思维能力的增值效应,发现,相对四年制学院而言,"985工程"大学、"211工程"大学、四年制大学对学生批判性思维能力的增值效应分别显著高出0.413、0.254和0.122个标准差;相对文科学生而言,理、工和医科学生的批判性思维能力增长幅度分别显著低出0.045、0.085和0.036个标准差。④ 尽管这些研究分析了大学教育对大学生批判性思维能力增值的净影响,但衡量的是"大学教育"的

---

① Pascarella E. T., Blaich C., Martin G. L., & Hanson J. M., "How Robust Are the Findings of Academically Adrift?", Change: the Magazine of Higher Learning, Vol. 43, No. 3, 2011.

② Angeli C., & Valanides N., "Instructional Effects on Critical Thinking: Performance on Ill-Defined Issues", Learning and Instruction, Vol. 19, No. 4, August 2009.

③ Ou Lydia Liu, "Measuring Value-Added in Higher Education: Conditions and Caveats-Results from Using the Measure of Academic Proficiency and Progress (MAPP™)", Assessment & Evaluation in Higher Education, Vol. 36, No. 1, January 2011.

④ 张青根、沈红:《中国大学教育能提高本科生批判性思维能力吗——基于"2016全国本科生能力测评"的实证研究》,《中国高教研究》2018年第6期。

整体作用,并未深入大学教育内部过程之中,无法有效分离出教育内部各项实践活动的独立作用。

(三) 学习参与与批判性思维能力增值之间关系的探究

为探究大学教育对批判性思维能力增值的内部作用机制,大量研究从多元化课程参与、课外活动或社团参与、师生或同伴互动、科研参与等角度进行了实证分析。如,卡利尼等研究发现,课程中学生被要求完成阅读和写作的数量与批判性思维得分显著正相关,当在课程中融入多元化时,低能力学生获益最大,在批判性思维能力上发展更大,原因在于低能力学生会进行更多数量的师生互动以及完成更多的阅读和写作相关的课程任务。对于低能力学生而言,优质的同伴关系、友好的支持性校园环境与批判性思维能力间呈显著正相关关系。[1] 查林对 1991 至 2000 年间关于本科生学习参与对批判性思维能力影响的研究文献进行元分析,发现,平均而言,相比那些不参与活动的学生而言,参与各种各样的课堂外活动的本科生的批判性思维能力提高了 0.14 个标准差。[2] 纳尔逊·莱尔德基于 289 位学生样本发现,批判性思维能力得分与学生拥有的多元化同伴交互的数量无关,但与多元化同伴交互的质量相关,越消极的多元同伴交互,批判性思维能力得分越低。[3] 基姆和萨斯利用参与加利福尼大学 2006 年本科生经历调查的 58281 位学生样本数据发现,在控制了一系列协变量后,为了课程学分或报酬(基于研究的教师合同)、自愿参与教师研究的经历对学生批判性思维能力增值有非常显著的正向影响。[4]

尽管多元化课程参与、课外活动或社团参与、师生或同伴互动、科研

---

[1] Carini R. M., Kuh G. D., & Klein S. P., "Student Engagement and Student Learning", *Research in Higher Education*, Vol. 47, No. 1, 2006.

[2] Gellin A., "The Effect of Undergraduate Student Involvement on Critical Thinking: a Meta-Analysis of the Literature, 1991-2000", *Journal of College Student Development*, Vol. 44, No. 6, 2003.

[3] Nelson Laird T. F., "College Students' Experiences with Diversity and Their Effects on Academic Self-Confidence, Social Agency, and Disposition toward Critical Thinking", *Research in Higher Education*, Vol. 46, No. 4, June 2005.

[4] Kim Y. K., & Sax L. J., "Student-Faculty Interaction in Research Universities: Differences by Student Gender, Race, Social Class, and First-Generation Status", *Research in Higher Education*, Vol. 50, No. 5, February 2009.

参与等实践活动均是学生获取知识的有效途径，上述实证研究在一定程度上均能间接反映知识增长有益于批判性思维能力的发展，但上述实践活动在研究中均被定义为"有或无"的二元对立变量，无法揭示知识增长与批判性思维能力发展间是否呈同步、正比、线性关系，要实现此目标需寻找到能够直接反映知识增长的连续型变量，如，某段时期内的有效学习时间数、加权学习绩点、有效学分数等。卡布雷拉等、沃尔尼亚克等、里森等、沃克等研究发现，学生每周花费在学习上的小时数与认知技能（包括分析能力、高阶认知能力、学术竞争力、批判性思维能力）发展正相关。[1] 但洛斯等的研究提供了相反的证据，他们发现，对于那些在大学入学前未做充分准备的一年级学生而言，花在课程学习上的时间与认知技能发展是显著负相关的。[2] 尽管上述研究尝试使用连续型变量来分析知识增长与批判性思维能力发展间的关系，但研究结论并未一致。

综上，本书将基于全国本科生批判性思维能力测评数据，以大学就读期间的加权学习成绩为知识增长的代理变量，实证检验知识增长与批判性思维能力发展间的关系。同时，结合前述关于知识增长与批判性思维能力发展间关系的探讨，提出以下研究假设：

假设1：学习成绩显著影响本科生批判性思维能力发展。学习成绩越好，本科生批判性思维能力增值越大。

假设2：学习成绩与本科生批判性思维能力发展之间并非同步正比的线性关系，不同阶段的学习成绩对本科生批判性思维能力发展的影响存在显著差异。

---

[1] Cabrera A. F., Nora A., Crissman J. L., Terenzini P. T., Bernal E. M., & Pascarella E. T., "Collaborative Learning: Its Impact on College Students' Development and Diversity", *Journal of College Student Development*, Vol. 43, No. 1, January 2002; Wolniak G. C., Pierson C. T., & Pascarella E. T., "Effects of Intercollegiate Athletic Participation on Male Orientations toward Learning", *Journal of College Student Development*, Vol. 42, No. 6, 2001; Reason R. D., Terenzini P. T., & Domingo R. J., "First Things First: Developing Academic Competence in the First Year of College", *Research in Higher Education*, Vol. 47, No. 2, March 2006; Walker A. A., "Learning Communities and Their Effect on Students' Cognitive Abilities", *Journal of the First-Year Experience*, Vol. 15, No. 2, September 2003.

[2] Loes C., Pascarella E., & Umbach P., "Effects of Diversity Experiences on Critical Thinking Skills: Who Benefits?", *Journal of Higher Education*, Vol. 83, No. 1, January 2012.

三 数据处理与计量模型

由于此处关注的是大四毕业生在本科教育期间获取的批判性思维能力增值与学习成绩之间的关系，为此只选取具有批判性思维能力测评结果、有效填写了学习成绩信息①且学习成绩不低于60分的大四毕业生样本，最终进入分析的有效样本是2474人。其中，男性1314人，女性1160人；"985工程"大学、"211工程"大学、四年制大学、四年制学院的样本分别有508、497、1001和468人；文、理、工、医科的样本分别有973、461、880和160人。

为探究学习成绩对本科生批判性思维能力增值的影响，本书将从两个角度进行回归分析，一是，从整体上分析学习成绩与本科生批判性思维能力增值之间的关系，并探讨这种关系是否存在性别、学校类型、学科类别等异质性；二是，考虑到不同学习成绩区间的学生差异，对学习成绩按照四分位点划分后进行分组分析。所用回归模型为：

$$\Delta_{j,gr} = \delta_0 + \lambda_{j,gr} GPA_{j,gr} + \theta_{j,gr} GPA^2_{j,gr} + \gamma_{j,gr} \overrightarrow{Con_{j,gr}} + \vartheta$$

其中，$\Delta_{j,gr}$ 为第 j 名毕业班学生的批判性思维能力增值水平。$GPA_{j,gr}$ 为第 j 名毕业班学生在本科就读期间的加权平均成绩，$GPA^2_{j,gr}$ 为加权平均成绩的平方项，$\overrightarrow{Con_{j,gr}}$ 为控制变量，基于已有研究，本书主要选择四类控制变量，一是人口学特征变量，含性别（在进行分组回归时不纳入控制变量）、民族、政治面貌，分别以女性、少数民族、非党员为参照组；二是家庭背景变量，含父母任一方是否接受高等教育、家庭经济水平，分别以父母均为接受高等教育、远低于平均水平为参照组；三是学校特征变量（在进行分组回归时不纳入控制变量），含学校类型、学科类别，分别以四年制学院、文科为参照组；四是学习经历变量，含是否参与第二专业、转专业、学生社团、实习、科研等实践活动，均以未参与为参照组。

---

① 特别说明两点，一是，部分学校学生在填写学习成绩时使用的是四分制加权绩分，笔者在处理数据过程中统一转化为百分制加权分；二是，尽管不同学校的不同教师或课程的考核评价方式与标准不一致，致使单门课程的学习成绩在院校间的可比较性较差，然而从整个本科教育期间看，综合性加权成绩能够在一定程度上中和差异性特别大的课程或教师，且在控制个体、院校类型、学科类别等差异下，可比性有所增强，但不可否认，这种比较仍有局限性。

表4-8呈现了各变量的分布情况。δ_0 为截距项，$\lambda_{j,gr}$、$\theta_{j,gr}$、$\gamma_{j,gr}$ 分别为相应变量的拟合系数，ϑ 为随机误差项。

表4-8　　　　　　　　　　各变量的分布情况

变量		N	%	变量		N	%
性别	女	1160	46.89	学科	文	973	39.33
	男	1314	53.11		理	461	18.63
民族	少数民族	176	7.11		工	880	35.57
	汉族	2298	92.89		医	160	6.47
政治面貌	非党员	1577	63.74	第二专业	无	2217	90.42
	党员	897	36.26		有	235	9.58
父母高等教育	未接受高等教育	1728	69.85	转专业	无	2316	94.3
	接受高等教育	746	30.15		有	140	5.7
家庭经济状况	远低于平均水平	177	7.15	学生社团	无	348	14.11
	低于平均水平	806	32.58		有	2118	85.89
	平均水平	1296	52.38	实习经历	无	631	25.62
	高于平均水平	189	7.64		有	1832	74.38
	远高于平均水平	6	0.24	科研经历	无	1438	58.55
学校类型	985工程大学	508	20.53		有	1018	41.45
	211工程大学	497	20.09	GPA：均值82.23，标准差6.943		
	四年制大学	1001	40.46	GPA^2：均值6810.21，标准差1112.898		
	四年制学院	468	18.92	$\Delta_{j,gr}$：均值2.092，标准差11.692		

四　研究结果

（一）学习成绩与批判性思维能力增值关系的分类模式及其分布

基于NACC调查数据，本书以学习成绩的中位数83分为临界点，大于或等于83分定义为"高分"学生，小于83分定义为"低分"学生。以本科生批判性思维能力增值的中位数2.612分为临界点，大于或等于2.612分定义为批判性思维能力"高增"学生，小于2.612分定义为批判性思维能力"低增"学生。由此，将学习成绩与本科生批判性思维能力增值关系的基本模式分为四类，分别为"高分高增""高分低增""低分高增""低分低增"，其中，第一、四类为同向变化关系，而第二、三类为反向变化关系。

从总体样本上看，如图4-2所示，上述四类学生群体分别占比26.92%、25.83%、23.12%、24.13%，大体处于均匀分布状态。分性别样本看，男性样本中"低分低增"（27.63%）、"低分高增"（27.55%）的占比较大，相反的是，女性样本中"高分高增"（31.55%）、"高分低增"（30.17%）的占比较大，两类群体均呈梯形分布。分学校类型看，如图4-3所示，"985工程"大学的学生主要集中在"高分高增"（47.64%）上，"高分低增"（21.26%）和"低分高增"（21.26%）并列第二，最少的是"低分低增"（9.84%）。与此分布相反的是，四年制学院的学生主要集中于"低分低增"（37.39%）上，"高分低增"（25.43%）和"低分高增"（24.79%）分列第二、第三，最低的是"高分高增"（12.39%）。两类群体均呈现出锥形分布，由此也说明两个问题，一是，两类学校本科教育质量存在较为明显差异，"985工程"大学在促进学生知识增长与批判性思维能力发展上更为突出；二是，在这两类学校中（尤其"985工程"大学），知识增长与批判性思维能力增值呈现出更为明显的同步关系，"高分高增"和"低分低增"的总占比较大，在一定程度上反映出学习成绩越好，批判性思维能力增值越大。分学科类别看，如图4-4所示，不同学科下学生样本在四种模式下的分布无明显差异，与总体学生样本的分布情况无太大偏离，无法大致判断出知识增长与批判性思维能力增值之间的关系。

特别说明的是，上述分析仅建立在"学习成绩"与"批判性思维能力增值"两个变量的交叉统计分析之上，并未控制其他变量对它们关系的影响，所得结论可能并不可靠，需要进一步通过回归分析控制其他变量后再深入探讨。

（二）学习成绩对本科生批判性思维能力增值影响的实证评估

1. 总体样本下，在控制其他变量的情况下，学习成绩与本科生批判性思维能力增值之间呈开口向下的抛物线型关系。

表4-9第（1）列呈现了总体样本下学习成绩对本科生批判性思维能力增值影响的回归分析结果，拟合优度R^2为8.7%，说明回归分析是有意义的。学习成绩GPA的拟合系数为0.926，显著大于零，表明，在控

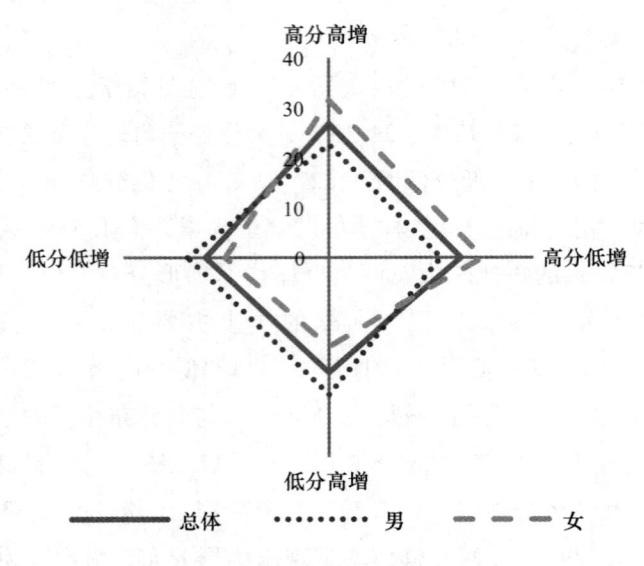

图 4-2　分性别下学生样本分布模式

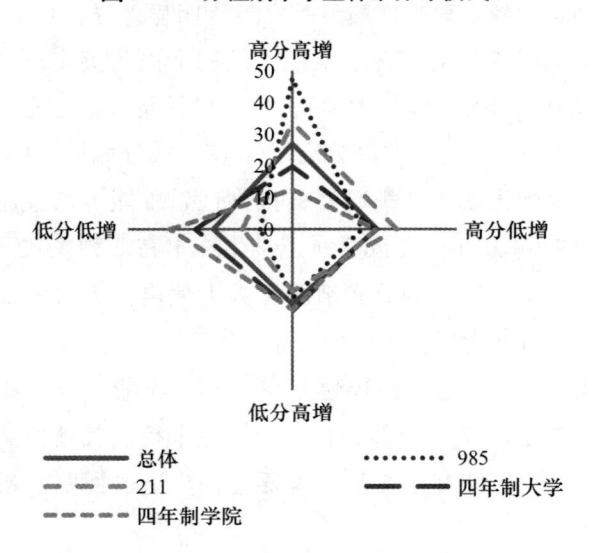

图 4-3　分学校类型下学生样本分布模式

制了人口统计学特征、家庭背景特征、学校类型及学科类别、学习投入经历等相关变量后，学习成绩每提高 1 分，本科生批判性思维能力增值显著提升 0.926 分。变量 GPA^2 的拟合系数为 -0.00636，显著小于零，说明，学生成绩与本科生批判性思维能力增值之间并非简单的线性关系，

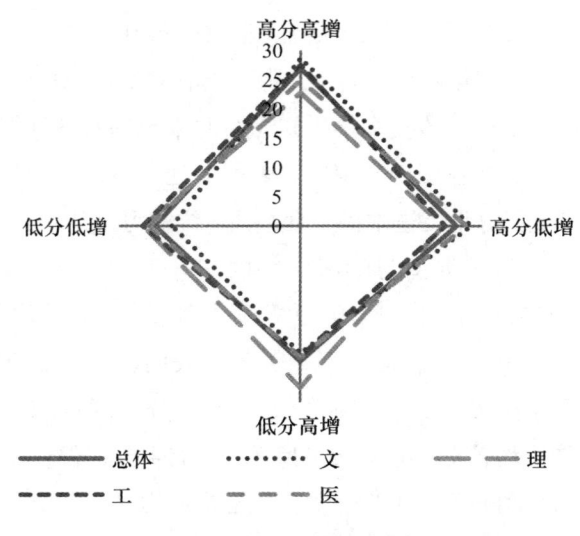

图4-4 分学科类别下学生样本分布模式

而是呈现为开口向下的抛物线型关系，在初始阶段，随着学习成绩的提高，本科生批判性思维能力增值逐渐升高，但过了临界点后，随着学习成绩的继续提高，本科生批判性思维能力增值不增反降。

进一步的，在模型中加入性别与学习成绩的交叉项后，结果如表4-9第（2）列所示，GPA、GPA^2的拟合系数分别为1.124、-0.00719，均是显著的，但性别与GPA的交叉项系数为-0.105，并不显著，表明，在控制其他变量的情况下，学习成绩每提高1分，本科女生的批判性思维能力增值为1.124分，本科男生的批判性思维能力增值仅为1.019分，低0.105分，但差距不显著。说明，学生成绩与本科生批判性思维能力增值之间依然呈现为开口向下的抛物线关系且不存在显著的性别差异。

在模型中引入学校类型与学习成绩的交叉项后，结果如表4-9第（3）列所示，"985工程"大学、"211工程"大学、四年制大学与学习成绩的交叉项系数分别为0.165、0.0488、0.152，但仅第三项是显著的，表明，在控制其他变量的情况下，相对四年制学院而言，尽管学习成绩对本科生批判性思维能力增值的影响在"985工程"大学、"211工程"大学、四年制大学中更为明显，学习成绩每提高1分，上述三类学校的本科生的批判性思维能力增值比四年制学院本科生批判性思维能力增值分别高出

0.165、0.0488、0.152 分，但仅四年制大学与四年制学院间差距是显著的。由此也反映出，相比四年制学院而言，那些具有多重资源优势、声望较高、名气更大的高层次学校在传授本科生知识时并未更加有效地提升本科生批判性思维能力，而那些在资源、声望、名气上处于较低层次的四年制大学在传授知识时却能更好地促进本科生批判性思维能力提升。

在模型中引入学科类型与学习成绩的交叉项后，结果如表 4-9 第 (4) 列所示，理科、工科、医科与学习成绩的交叉项系数分别为 -0.115、0.0279、-0.0164，均是不显著的，表明，在控制其他变量的情况下，相对文科学生而言，学习成绩每提高 1 分，理科和医科的本科生的批判性思维能力增值分别降低 0.115 和 0.0164 分，但，工科本科生的批判性思维能力增值提高 0.0279 分，上述差距均是不显著的，说明，学习成绩对本科生批判性思维能力增值的影响并不存在显著的学科差异。

2. 不同分数段下，学习成绩与批判性思维能力增值之间的关系存在明显的异质性。

为进一步探讨学生成绩与本科生批判性思维能力增值之间的内部关系，基于 NACC 数据，本书以学习成绩 GPA 的四分位点（79、83、87）将其划分为四段，分别为"低分段"（[60，79]）、"较低分段"（（79，83]）、"较高分段"（（83，87]）、"高分段"（（87，100]），然后分组分别进行回归分析，结果见表 4-9 第（5）至（8）列。由表 4-9 第（5）和第（7）列结果可知，学习成绩 GPA 的拟合系数均为正数，且均不显著，说明，在"低分段"和"较高分段"，在控制其他变量的情况下，学习成绩对批判性思维能力增值的影响并不显著，两者间无明显关系。但在"较低分段"，由表 4-9 第（6）列可知，学习成绩 GPA 的拟合系数为 0.697，且是显著的，说明，在控制其他变量的情况下，学习成绩每提高 1 分，本科生批判性思维能力增值显著扩大 0.697 分，表明在"较低分段"学习成绩与批判性思维能力增值是显著正相关的。相反的是，在"高分段"，由表 4-9 第（8）列可知，学习成绩 GPA 的拟合系数为 -0.325，且是显著的，说明，在控制其他变量的情况下，学习成绩每提高 1 分，本科生批判性思维能力增值显著降低 0.325 分，表明在"高分段"学习成绩与批判性思维能力增值是显著负相关的。

表4-9　学习成绩对本科生批判性思维能力增值影响的回归分析

变量	(1)	(2)	(3)	(4)	(5)低分段	(6)较低分段	(7)较高分段	(8)高分段
	总样本				批判性思维能力增值			
GPA	0.926*	1.124**	0.788*	1.051**	0.0118	0.697*	0.560	-0.325*
	(0.512)	(0.529)	(0.518)	(0.529)	(0.0986)	(0.390)	(0.454)	(0.191)
GPA²	-0.00636**	-0.00719**	-0.00611*	-0.00705**				
	(0.00319)	(0.00324)	(0.00322)	(0.00324)				
GPA*性别		-0.105						
		(0.0707)						
GPA*985			0.165					
			(0.108)					
GPA*211			0.0488					
			(0.108)					
GPA*四年制大学			0.152*					
			(0.0851)					
GPA*理科				-0.115				
				(0.0922)				
GPA*工科				0.0279				
				(0.0791)				
GPA*医科				-0.0164				
				(0.136)				

续表

因变量：批判性思维能力增值

变量		(1)	(2)	(3)	(4)	(5)低分段	(6)较低分段	(7)较高分段	(8)高分段
男（女）		0.311	8.959	0.293	0.317	0.335	2.347**	−0.556	−1.039
		(0.500)	(5.859)	(0.501)	(0.500)	(1.040)	(0.968)	(1.009)	(1.063)
汉族（少数民族）		−1.633*	−1.721*	−1.665*	−1.650*	−1.704	0.587	−2.651	−4.270**
		(0.898)	(0.899)	(0.899)	(0.898)	(1.714)	(1.681)	(1.887)	(2.063)
党员（非党员）		0.310	0.312	0.324	0.328	−0.624	0.597	0.808	−0.520
		(0.500)	(0.500)	(0.501)	(0.501)	(1.238)	(0.995)	(0.915)	(0.986)
父母接受高等教育（未接受高等教育）		−1.004*	−0.980*	−0.989*	−1.009*	−0.814	−0.907	−0.537	−1.142
		(0.540)	(0.540)	(0.540)	(0.540)	(1.103)	(1.089)	(1.069)	(1.109)
家庭经济水平（远低于平均水平）	低于平均水平	0.379	0.348	0.347	0.414	1.096	−0.199	−1.068	1.347
		(0.950)	(0.950)	(0.951)	(0.952)	(1.889)	(1.917)	(1.838)	(2.036)
	平均水平	0.0428	0.00371	0.00595	0.0961	0.379	−1.034	−1.255	1.721
		(0.927)	(0.927)	(0.928)	(0.928)	(1.865)	(1.887)	(1.802)	(1.932)
	高于平均水平	−0.820	−0.829	−0.795	−0.788	−0.243	−0.114	−0.137	−2.692
		(1.231)	(1.230)	(1.231)	(1.232)	(2.520)	(2.579)	(2.307)	(2.562)
	远高于平均水平	12.79***	12.79***	12.90***	12.63***	20.99***	—	17.67	−3.259
		(4.686)	(4.685)	(4.696)	(4.689)	(6.866)		(11.18)	(8.436)

续表

因变量：批判性思维能力增值

变量		(1)	(2)	(3)	(4)	(5)	(6)	(7)	(8)
		总样本				低分段	较低分段	较高分段	高分段
学校类型（四年制学院）	985	9.415***	9.436***	−4.107	9.429***	7.811***	10.25***	8.101***	9.443***
		(0.793)	(0.793)	(8.921)	(0.796)	(1.706)	(1.628)	(1.624)	(1.738)
	211	5.572***	5.515***	1.834	5.646***	5.372***	7.183***	3.288**	5.976***
		(0.778)	(0.778)	(8.994)	(0.783)	(1.619)	(1.553)	(1.637)	(1.682)
	四年制大学	1.839***	1.800***	−10.40	1.881***	0.0673	3.670***	0.948	2.230
		(0.655)	(0.655)	(6.900)	(0.658)	(1.157)	(1.221)	(1.500)	(1.574)
学科类型（文科）	理科	−0.602	−0.582	−0.598	8.771	0.420	−1.450	−0.315	−0.853
		(0.661)	(0.661)	(0.661)	(7.572)	(1.264)	(1.301)	(1.395)	(1.413)
	工科	−1.250**	−1.233**	−1.230**	−3.536	−1.123	−2.976***	−0.197	0.581
		(0.572)	(0.572)	(0.574)	(6.553)	(1.167)	(1.138)	(1.168)	(1.178)
	医科	−1.982**	−2.006**	−1.971**	−0.613	−2.118	−0.574	−1.617	−4.174*
		(0.970)	(0.969)	(0.970)	(11.23)	(1.903)	(2.062)	(1.763)	(2.136)

续表

变量		(1)	(2)	(3)	(4)	(5)	(6)	(7)	(8)
		总样本				低分段	较低分段	较高分段	高分段
学情投入	第二专业	1.049	1.045	0.984	1.064	1.000	0.923	0.879	1.446
		(0.791)	(0.791)	(0.792)	(0.792)	(1.936)	(1.627)	(1.456)	(1.531)
	换专业	0.372	0.374	0.232	0.370	−0.167	2.033	−1.909	0.546
		(0.992)	(0.992)	(0.995)	(0.993)	(2.589)	(1.985)	(1.988)	(1.744)
	社团服务	2.047***	2.080***	2.046***	2.066***	−0.392	3.759***	2.088	3.854***
		(0.669)	(0.669)	(0.670)	(0.669)	(1.173)	(1.343)	(1.513)	(1.463)
	实习	0.856	0.833	0.841	0.821	1.337	2.220**	0.936	−1.121
		(0.534)	(0.534)	(0.534)	(0.535)	(1.042)	(1.094)	(1.103)	(1.094)
	科研	−0.199	−0.198	−0.226	−0.223	−0.172	−1.225	0.0887	0.0491
		(0.502)	(0.502)	(0.503)	(0.502)	(1.103)	(1.003)	(0.954)	(1.029)
Constant		−34.79*	−45.43**	−25.26	−40.48*	0.0107	−63.80**	−46.42	27.46
		(20.49)	(21.70)	(21.02)	(21.66)	(7.467)	(31.38)	(38.91)	(17.83)
N		2,405	2,405	2,405	2,405	607	629	598	571
R^2		0.087	0.088	0.088	0.088	0.088	0.121	0.092	0.129

注：①变量栏括号内为参照组，结果栏括号内为标准误；②*** $p<0.01$，** $p<0.05$，* $p<0.1$；③ "——" 表示回归分析中该组别的样本不存在。

由此可知，在控制其他变量的情况下，不同分数段下本科生学习成绩与批判性思维能力增值之间的关系存在明显差异，如图4-5所示，从整个过程来看，在"低分段"，本科生学习的知识只能以微弱的速度提高批判性思维能力，边际递增较小，随着GPA的提高至"较低分段"，本科生学习的知识能够快速地提高批判性思维能力，边际递增逐渐变大。GPA继续提高到"较高分段"后，本科生学习的知识对其批判性思维能力增值的影响逐渐变弱，但依然是正向的，边际递增逐渐变小。GPA到"高分段"后，本科生学习的知识对其批判性思维能力增值的影响进一步变弱，转向为负作用，此时GPA的提高会明显降低批判性思维能力，且边际递增的绝对值逐渐扩大。图4-6呈现了随着学习成绩GPA的提高，本科生批判性思维能力的增长过程，与图4-5是相呼应的，本科生批判性思维能力在"低分段"慢速增长，到"较低分段"加速增长，进入"较高分段"后，增长速度减弱，但依然是增长状态，在此阶段，本科生批判性思维能力达到最大值。最后在"高分段"时，本科生批判性思维能力不增反降。由此进一步论证了前文结论，在控制其他变量的情况下，本科生学习成绩与其批判性思维能力增值之间并非简单的线性关系，而是呈现开口向下的抛物线型关系。该结果也揭示出，在本科教育期间，过于追求高成绩并不一定带来能力发展，相反，甚至有可能产生副作用。

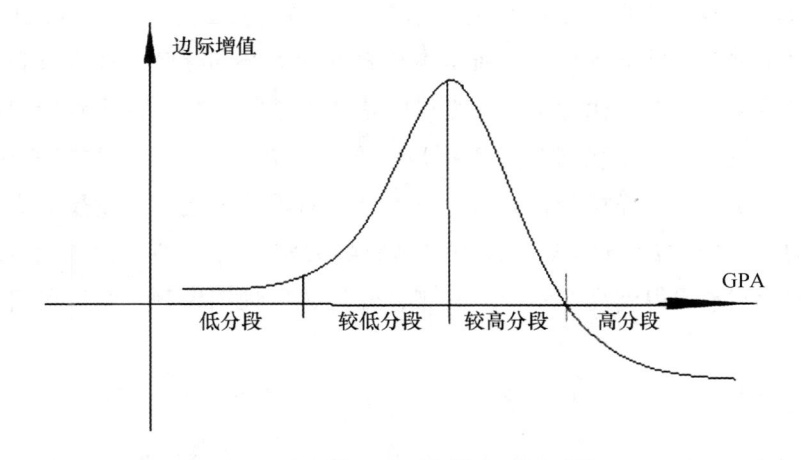

图4-5　GPA与批判性思维能力边际增值的示意图

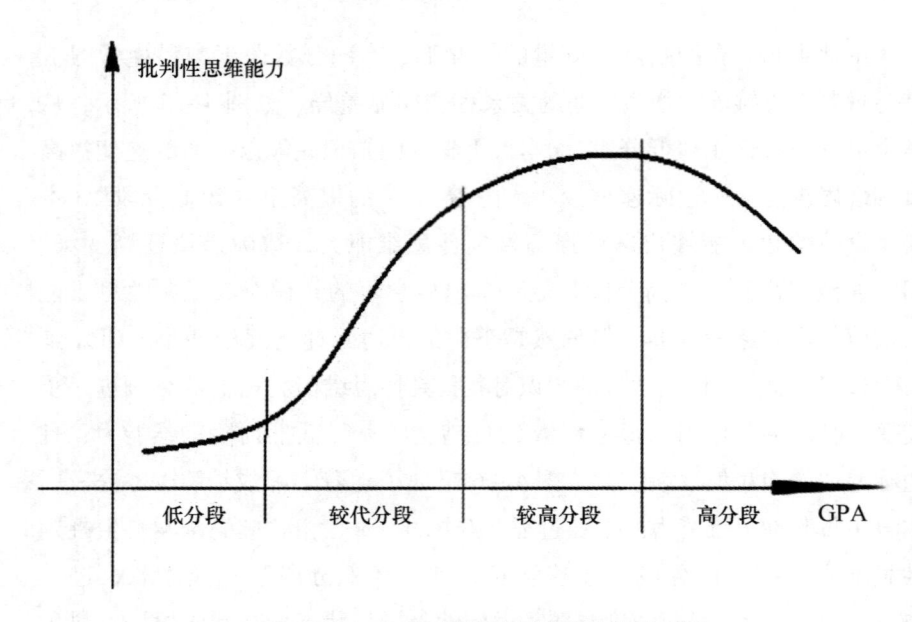

图 4-6　GPA 与批判性思维能力的示意图

第四节　科研参与与批判性思维能力增值

国家"十四五"规划明确指出，建设高质量教育体系是未来中国教育事业发展的目标之一，而建设高质量本科教育是其中的重要内容。如何提高本科教育质量也是社会关注的热点问题，著名的"钱学森之问"便是集中体现了社会各界对高质量本科教育的关怀和呼吁。在教育目标取得普遍共识的新时代背景下，难得的是从纷繁复杂的学校实践中寻找实现这一教育目标的关键性培养手段。在高等教育改革与发展进程中，本科生科研进入学界视野，被认为对本科生高阶认知能力的发展具有重要影响[1]，甚至被中西方学者誉为"高影响力实践活动"[2]。为此，本科生科研参与愈发得到高等学校的重视，开设科研训练课程、组织科研实

---

[1] Lopatto D., "Undergraduate Research as a Catalyst for Liberal Learning", *Peer Review*, Vol. 8, No. 1, January 2006.

[2] Kuh G. D., *High-Impact Educational Practices: What They Are, Who Has Access to Them, and Why They Matter*, Washington DC: Association of American Colleges and Universities, 2008, p. 18; 文雯、初静、史静寰：《"985"高校高影响力教育活动初探》，《高等教育研究》2014 年第 8 期。

践活动、提供科研专项基金等极大地推动了中国在校大学生科研参与的广度和深度。那么，本科生科研参与的效果如何呢？它能否有效促进中国本科生高阶认知能力的发展？

已有关于本科生科研参与效果评估的研究可概括为三类：

第一类，基于师生访谈或科研实践观察等质性材料探究本科生科研参与收获。代表性的，学者们归纳出了本科生科研参与的可能效果包括专业知识的应用与发展、专业自信提升、了解研究内容、习得实验室操作技能、理解本领域的科研过程、像科学家一样思考和工作、问题解决能力等认知能力发展、心理和社会性收获、明确职业或学业规划、强化职业或学业准备、对学习和工作态度的转变等方面。[1][2][3][4][5]

第二类，基于自陈式结构化量表，开发本科生科研参与收获的评价指标体系，剖析本科生科研参与收获的结构性特征。如，研究者们基于不同国家的本科生调查数据，构建了涉及认知技能及倾向、研究方法或技能、研究职业工作倾向或意愿、科研主体间支持与信任等多维度的评价指标，并对各维度的水平、特征进行了论述。[6] 代表性的，郭卉和韩婷

---

[1] Seymour E., et al., "Establishing the Benefits of Research Experiences for Undergraduates in the Sciences: First Findings from a Three - Year Study", *Science Education*, Vol. 88, No. 4, April 2004.

[2] Lopatto D., "Short - Term Impact of the Undergraduate Research Experience: Results of the First Summer Survey", 2001, http://web.grinnell.edu/science/role/short - termimpactur.pdf.

[3] Lopatto D., "Survey of Undergraduate Research Experiences (Sure): First Findings", *Cell Biology Education*, Vol. 3, No. 4, 2004.

[4] Mabrouk A., Peters K., "Student Perspectives on Undergraduate Research Education in Chemistry and Biology", *Council on Undergraduate Research*, Vol. 21, No. 1, 2000.

[5] 郭卉等：《理工科大学生参与科研活动的收获的探索性研究——基于"国家大学生创新创业训练计划"项目负责人的个案调查》，《高等工程教育研究》2015年第6期。

[6] Buckley J. A., et al., *The Disciplinary Effects of Undergraduate Research Experiences with Faculty on Selected Student Self - Reported Gains*, Annual Meeting of the Association for the Student of Higher Education, Jacksonville, Fl, 2008, pp. 1 - 38; Taraban R., Rogue E., "Academic Factors That Affect Undergraduate Research Experiences", *Journal of Educational Psychology*, Vol. 104, No. 2, 2012; Adedokun O. A., et al., "Effect of Time on Perceived Gains from an Undergraduate Research Program", *Cbe - Life Sciences Education*, Vol. 13, No. 1, March 2014; 郭卉、韩婷：《大学生科研学习投入对学习收获影响的实证研究》，《教育研究》2018年第6期；Seymour E., et al., "Establishing the Benefits of Research Experiences for Undergraduates in the Sciences: First Findings from a Three - Year Study", *Science Education*, Vol. 88, No. 4, April 2004。

在对国内大学生实证调查的基础上发现,学生在科研项目中收获良多,从高到低依次为专业社会化、社会性能力和关系、对职业/教育道路的选择和准备、学术技能和研究能力,并在此基础上探讨了各维度收获之间的结构关系①。

第三类,基于大学生发展理论,利用量化数据探讨本科生科研参与的收获的影响因素,主要涵括两大方面:一是本科生科研参与的外部性变量,如,人口学背景、大学前后关键性就读经历或体验、家庭背景等;二是本科生科研参与的内部性变量,如,参与项目数量与时长、参与动机、从事的研究任务、科研参与主体间互动频次与质量(含教师指导、同辈或学长互动等)、科研资源支持、科研任务挑战度等。② 如,李湘萍基于某所中国案例高校数据探讨了不同性别、专业、年级、社会活动经历、学生毕业期望、以及科研参与次数、时间及频率等下的本科生科研参与收获差异。③

综上所述,尽管国内外不少研究基于不同国别的经验材料或数据探究了本科生科研参与的效果及其影响因素,但依然存在着不足之处,这也为本书提供了空间。第一,已有的关于本科生科研参与的效果评估更多的是建立在师生访谈资料、学生自陈式结构化量表或简化自我评价数据基础上,主要集中于从整体层面探讨科研参与对本科生认知能力和社会性能力的发展,存在支撑材料主观性偏强或关注点泛而不深的问题。第二,本科生科研参与是一项自主式、探究性、综合化的学习活动,科

---

① 郭卉、韩婷:《本科生科研学习收获因子相互关系研究》,《高等教育研究》2018 年第 9 期。

② Daniels H., et al., "Factors Influencing Student Gains from Undergraduate Research Experiences at a Hispanic – Serving Institution", *Cbe – Life Sciences Education*, Vol. 15, No. 3, August 2016; Weston T. J., Laursen S. L., "The Undergraduate Research Student Self – Assessment (Urssa): Validation for Use in Program Evaluation", *Cbe – Life Sciences Education*, Vol. 14, No. 3, September 2015; Taraban R., Rogue E., "Academic Factors That Affect Undergraduate Research Experiences", *Journal of Educational Psychology*, Vol. 104, No. 2, 2012; Adedokun O. A., et al., "Effect of Time on Perceived Gains from an Undergraduate Research Program", *Cbe – Life Sciences Education*, Vol. 13, No. 1, March 2014.

③ 李湘萍:《大学生科研参与与学生发展——来自中国案例高校的实证研究》,《北京大学教育评论》2015 年第 1 期。

研参与过程存在数量和质量之分,尽管少许研究尝试通过多维度解剖科研参与经历来深入挖掘科研参与的效果,但更多研究仅关注本科生科研参与的数量和时间、或不做深入剖析进行整体性分析。第三,本科生科研参与是一项受个人特质、能力基础、学术偏好、师生互动、同伴关系、外部环境等因素影响的选择性活动,评估本科生科研参与的效果会不可避免地受到内生性问题的影响,而已有研究大都忽视了这个问题。

有鉴于此,基于2016—2019年全国本科生能力追踪测评与调查数据,本书在利用本土化测试工具客观化评估本科生批判性思维能力发展的基础上,从是否参与科研、科研参与数量、科研项目来源与级别、在科研项目进行过程中担任的角色等多个维度来剖析本科生科研参与情况,并在传统OLS回归分析基础上引入因果推断方法中的倾向得分匹配法,试图在解决内生性问题后评估本科生科研参与的效果及其异质性。

一 理论基础及研究假设

大学生发展理论群是已有关于本科生科研参与的效果研究的常用理论。该理论群旨在剖析高等教育期间大学生发展的内部作用机制,衍生了一系列的理论论述,代表性的理论有阿斯汀的IEO模型及学生参与理论、帕斯卡瑞拉的变化评定模型等。学生参与理论强调投入水平与质量是大学生发展的重要预测变量,在促进学生知识掌握、思维发展、志趣培养、品质锻造上的作用显而易见。[1] 可谓是,大学生在有教育意义的实践中(课堂内外学习、社团组织及与师生交互等)投入越多,其从大学经历中获得的收获越大。若说学生参与理论是理解大学生发展的理念性框架,那变化评定模型则是解剖学校如何影响学生发展的微观总结。后者从院校组织结构、学校环境、师生等主体间互动、学生个人特征、学

---

[1] Astin A. W. , *Achieving Educational Excellence: A Critical Assessment of Priorities and Practices in Higher Education*, San Francisco: Jossey Bass, 1985, p. 90; Astin A. W. , *What Matters in College? Four Critical Years Revisited*, San Francisco: Jossey – Bass, 1993, p. 103.

生努力质量五方面剖析了大学生认知发展的内部过程。[①] 这都为本书提供了理论分析框架。

作为促进学生发展的活动载体，本科生科研是一项受就读院校和学科环境影响、聚焦专业知识习得与应用、注重师生团队交流与互动的综合性实践活动。在具体的科研参与过程中，本科生需要利用所学的专业知识和既有的学习与理解能力，发现有价值的研究选题、构建缜密科学的研究设计、寻找有效且可靠的论证依据、批判性分析研究结果、整合或更新甚至是颠覆已有知识、以及反思研究存在的问题与不足等，这些过程都需要本科生在科研过程中习得并运用理解、分析、论证、解释等认知技能，这些正是批判性思维能力的核心技能。而本科生参与科研也正是探究问题和增进知识的过程，"在科学研究领域，批判理性与科学研究的对象、方法和目的有天然的亲和性"[②]。已有研究也表明，科研参与经历在培养本科生批判性思维能力上具有得天独厚的优势。琼斯基于556名本科生的调查数据发现，在基线测评中学生的批判性思维能力得分无显著差异，但一年后的追踪测评显示，有科研经历的学生的批判性思维能力得分、增值都更高。[③] 类似的，大卫的研究也明确指出，科研参与能够锻炼学术的批判性思维技能。[④] 为此，本书提出以下研究假设：

假设1：科研参与对本科生批判性思维能力增值具有显著的正向影响。

科研活动是一项自主式、探究性的实践活动，受主观能动性和外部环境引导（如教师激励与指导、同辈交流等）、未来发展期望等因素的影响，科研参与过程必然也存在着投入程度与努力质量的差异。从已有研

[①] Pascarella E. T., "Student – Faculty Informal Contact and College Outcomes", *Review of Educational Research*, Vol. 50, No. 4, 1980; Pascarella E. T., *College Environmental Influences on Learning and Cognitive Development: A Critical Review and Synthesis*, New York: Agathon, 1985, p. 98.

[②] 谷振诣：《如何进行批判：孟子的愤怒与苏格拉底的忧伤》，上海教育出版社2017年版，第19页。

[③] Jones K., "Undergraduate Research Experiences Improve Critical Thinking Ability of Animal Science Students", *Journal of Animal Science*, Vol. 97, No. 2, July 2019.

[④] David J. H., "Undergraduate Research Experience as Preparation for Graduate School", *The American Sociologist*, Vol. 21, No. 2, 1990.

究看，科研项目数量、科研投入时间是常用来测量学生投入的操作化指标。如，有研究显示，科研项目参与越多的学生体验到的认知能力增进也越明显[1]；必要的时间投入是学生在就读期间培养学术兴趣甚至立志以学术为业的基础[2]。从收获来看，以5为满分，当学生参与时长为1个学期时，他们自我感知的收获是3.94分，2个学期是4.24分，6个学期是4.74分，8个学期是4.90分。[3] 类似地，吉尔摩等以学生研一初期撰写的研究计划和研一结束时修改后的研究计划为分析对象，显示学生从事科研的时长与其思维逻辑得分显著正相关。[4] 这都说明从新手到熟手、从茫然到精通、从参与到主导是以大量的经验积累为条件的。即，量变才能引起质变。这与已有质性研究结论是一致的，发现"新手"和"熟手"研究人员的科研经历明显不同，"新手"需要指导教师给与明确的期望、指导方针和项目定位，而"熟手"则需要更广泛的社会化，以培养研究者应具备的思维习惯。[5] 学习收获方面，"新手"报告他们发展了基本的认知技能，如对科学研究过程有更好的理解，更加充满自信地与小组内科学家进行互动，面对挫折或失败时更加有耐心，开始理解科学研究的缓慢性和模糊性。"熟手"则是在前面的基础上开始发展更高阶的思维技能，如实验设计、批判性分析和解释数据，以及解决具体的科研问题等。[6] 换句话说，"新手"是"合法的边缘参与者"，正在通过学习具体

---

[1] 李湘萍：《大学生科研参与与学生发展——来自中国案例高校的实证研究》，《北京大学教育评论》2015年第1期。

[2] 范皑皑等：《本科期间科研参与情况对研究生类型选择的影响》，《中国高教研究》2017年第7期。

[3] Bauer K., Bennett J., "Alumni Perception Used to Assess Undergraduate Research Experience", *Journal of Higher Education*, Vol. 74, No. 2, March 2003.

[4] Gilmore J., et al., "The Relationship Between Undergraduate Research Participation and Subsequent Research Performance of Early Career Stem Graduate Students", *Journal of Higher Education*, Vol. 86, No. 6, 2015.

[5] Thiry H., Laursen L., "The Role of Student - Advisor Interactions in Apprenticing Undergraduate Researchers into a Scientific Community of Practice", *Journal of Science Education and Technology*, Vol. 20, No. 6, January 2011.

[6] Thiry H., et al., "The Benefits of Multi - Year Research Experiences: Differences in Novice and Experienced Students' Reported Gains from Undergraduate Research", *Cbe—Life Sciences Education*, Vol. 11, No. 3, 2012.

的科研技术成长为掌握一定研究技能、形成特定思维习惯的"熟手"。而"熟手"则是"践行专业身份者",通过进一步发展高阶认知能力和习得专业社会化,向知识生产者过渡。[1] 其他研究也得出相似结论,认为学生需从事多项科研后才能建立科学家身份和养成从事科学研究所需的认知品质。[2] 基于此,本书提出以下研究假设:

假设2:科研参与数量对本科生批判性思维能力增值具有显著的正向影响。

从理论上看,科研参与的努力质量是预测本科生认知能力发展更为重要的因素,既有研究常用科研项目来源、类型和级别、承担的科研任务或角色、完成分配任务的挑战度、科研主体间互动频率与质量等来对科研参与的努力质量进行操作化分析。如,郭卉和韩婷基于研究型大学本科生调查数据发现,科技创新团队学生的收获整体上高于参与教师科研项目或自主申请科研项目的学生的收获,且科研任务的认知挑战度显著影响学生学术能力的发展。[3] 鲍尔和本尼特分析了986名校友的自我报告材料后发现,在有效讲话、独立获取信息、领导力、理解科学发现、批判性地分析已有文献、形成清晰的职业目标、发展好奇心等收获方面,参加暑期科研项目的本科生与参加其他类型科研项目的本科生没有显著差异;但在开展批判性研究方面,前者的得分显著高于后者。[4] 也有研究比较分析了参与教师科研项目和自主申请科研项目的效果差异,认为前

---

[1] Feldman A., et al., "Research Education of New Scientists: Implications for Science Teacher Education", *Journal of Research in Science Teaching*, Vol. 46, No. 4, March 2010; 郭卉、韩婷:《科研实践共同体与拔尖创新人才培养——大学生在科技创新团队中的学习经历探究》,《高等工程教育研究》2016年第6期。

[2] Thiry H., Laursen L., "The Role of Student-Advisor Interactions in Apprenticing Undergraduate Researchers into a Scientific Community of Practice", *Journal of Science Education and Technology*, Vol. 20, No. 6, January 2011.

[3] 郭卉、韩婷:《大学生科技创新团队:最有效的本土化大学生科研学习形式——基于三所研究型大学的调查》,《高教探索》2018年第1期。

[4] Bauer K., Bennett J., "Alumni Perception Used to Assess Undergraduate Research Experience", *Journal of Higher Education*, Vol. 74, No. 2, March 2003.

者更能提高学生的分析性思维能力[①]既有研究基于不同国家的经验材料得到的研究结论并不一致，这可能与不同努力质量的科研参与过程的特征有关：一是，不同来源、类型或级别的科研项目的持续时间存在差异。有研究发现，参加学校组织的科研项目的本科生，通常参与时长为3.23个学期，而参加其他来源科研项目的本科生仅参与了2.37个学期。[②] 科研参与是一项持续、渐进、发展性的实践活动，当本科生在同一科研项目中进行长期深入耕耘时，个人的批判性思维能力发展会得到更大的提升。二是，不同科研项目对参与学生的要求、指导和资源支持等存在差异。已有研究发现对于每周从事40小时科研的学生而言，配套有指导教师的学生在研究技能、研究生产能力等收获上要高于参照组。[③] 一般而言，高层次的科研项目，研究团队规模更大、资深教师或专家更多，本科生科研参与过程中能够得到更多的高水平科研指导、高质量的师生或生生互动、充足的资源支持、更严峻的科研任务挑战等，这将促使本科生在"干中学"中快速成长。三是，本科生科研参与过程中承担的角色也会影响其认知能力的发展。相对于参与教师科研项目而言，学生自主申请的科研项目更需要他们敏锐地捕捉有价值的科学议题、寻找科学的论证依据、拥有严格缜密的思考方式等核心技能。为此，本书提出以下研究假设：

假设3：不同来源的科研项目参与经历对本科生批判性思维能力增值的影响存在显著差异。

假设4：不同级别的科研项目参与经历对本科生批判性思维能力增值的影响存在显著差异。

假设5：科研参与过程中承担的角色会显著影响本科生批判性思维能力增值。

---

① John Ishiyama, "Does Early Participation in Undergraduate Research Benefit Social Science and Humanities Students?", *College Student Journal*, Vol. 36, No. 3, January 2002.

② Bauer K., Bennett J., "Alumni Perception Used to Assess Undergraduate Research Experience", *Journal of Higher Education*, Vol. 74, No. 2, March 2003.

③ Kremer F., Bringle G., "The Effects of an Intensive Research Experience on the Careers of Talented Undergraduates", *Journal of Research and Development in Education*, Vol. 24, No. 1, 1990.

二 研究设计

(一)数据来源

本书使用的数据是笔者所在团队开展的全国本科生能力追踪测评与调查。该测试旨在了解中国普通公立高校本科生的批判性思维能力水平及其在高等教育期间的增长情况,同时辅助了大量的基础性信息及学生投入情况调查。[①] 该团队于2016年12月开展了对全国四年制本科院校进行10%抽样的基线调查,覆盖了全国16省(直辖市、自治区)83所高校,总有效样本为15000余人,其中大一学生8245人。2019年10月,该团队对基线调查中12省(甘肃、新疆、湖南、湖北、江西、河南、陕西、广东、黑龙江、山东、江苏、上海)的5926名大一(追踪时为大四)学生进行了追踪测试,有效追踪样本为1409人,有效追踪率为23.8%(全样本有效追踪率为17.1%)。

本书聚焦于"科研参与能否促进本科生批判性思维能力增值"问题,重点关注"科研参与"与"批判性思维能力增值"的变量信息。在该团队的追踪调查问卷中详细询问了本科生在大学学习期间的"科研项目参与经历"情况,主要包括5个子问题,分别是:①有无科研项目参与经历;②参与了多少个科研项目;③参与程度最深的项目来源(本专业教师项目、外专业教师项目、校外项目、本人申请项目、其他);④参与程度最深的项目级别(国家级、省部级、地市级、校级、横向、国际合作);⑤在参与程度最深的项目中担任的角色(负责人、核心成员、主要执行者、一般参与者)。详细的样本分布情况见表4-10。

表4-10　　　　　　　各变量的描述性统计分析

	描述性统计
批判性思维能力增值 (18-18题)	N=1386,均值9.72,标准差14.47,最小值-38.89,最大值55.56

[①] 沈红、张青根:《我国大学生的能力水平与高等教育增值——基于"2016全国本科生能力测评"的分析》,《高等教育研究》2017年第11期。

续表

	描述性统计
批判性思维能力增值 （18–33 题）	N = 1386，均值 11.60，标准差 12.99，最小值 – 33.33，最大值 51.01
批判性思维能力增值 （自我评价）	N = 1407，均值 1.45，标准差 0.92，最小值 – 3，最大值 3
是否参与科研	N = 1409，否（900 人，63.88%），是（509，36.12%）
参与科研项目数	N = 509，248 人参与了 1 项项目（48.72%），170 人参与了 2 项项目（33.4%），91 人参与了 3 项及以上项目（17.88%）
参与科研项目来源	N = 509，本专业教师项目 313 人（61.49%），外专业教师项目 30 人（5.89%），校外项目 20 人（3.93%），本人申请项目 123 人（24.17%），其他 23 人（4.52%）
参与科研项目级别	N = 509，国家级 120 人（23.58%），省部级 102 人（20.04%），地市级 15 人（2.95%），校级 260 人（51.08%），横向 7 人（1.38%），国际合作 5 人（0.98%）
参与科研项目的角色	N = 509，负责人 154 人（30.26%），核心成员 165 人（32.42%），主要执行者 77 人（15.13%），一般参与者 113 人（22.2%）
批判性思维能力 （基线 18 题）	N = 1407，均值 58.21，标准差 15.06，最小值 11.11，最大值 100
批判性思维能力 （基线 33 题）	N = 1407，均值 56.31，标准差 12.19，最小值 21.21，最大值 90.9
性别	N = 1400，女（715 人，51.07%），男（685 人，48.93%）
民族	N = 1403，汉族（1306 人，93.08%），少数民族（97 人，6.91%）
户口	N = 1391，农业户口（762 人，54.78%），非农业户口（629 人，45.22%）

续表

	描述性统计
父母受教育程度	N=1409，父母未接受高等教育959人（68.06%），父母接受高等教育450人（31.94%）
家庭所在地	N=1388，省会城市或直辖市159人（11.46%），地级市256人（18.44%），县或县级市341人（24.57%），乡镇194人（13.98%），农村438人（31.56%）
家庭经济水平	N=1386，远低于平均水平64人（4.61%），低于平均水平504人（36.36%），平均水平711人（51.3%），高于平均水平106人（7.65%），远高于平均水平1人（0.07%）
独生子女	N=1396，否（864人，61.89%），是（532人，38.1%）
流动求学经历	N=1380，无（1164人，84.35%），有（216人，15.65%）
留守经历	N=1382，无（971人，70.26%），有（411人，29.74%）
学校类型	N=1409，"985工程"大学296人（21%），"211工程"大学305人（21.65%），四年制大学491人（34.85%），四年制学院317人（22.5%）
学科类型	N=1409，文科505人（35.84%），理科318人（22.57%），工科460人（32.65%），医科/生物126人（8.94%）
学习时长	N=1409，均值18.67，标准差16.12，最小值1，最大值70
英语考试（GRE\GAMT\IETLS\TOEFL）	N=1409，参加116人（8.23%），未参加1293人（91.77%）

在因变量测度上主要有三种方法：在基线调查中，该团队使用了33题完整版的批判性思维能力测试工具测度该认知能力，而在追踪调查中，使用了测试效果等效的缩减版（18题均源于原来的33题）。为此，第一种方法是直接使用基线与追踪调查中均使用了的18题测试结果来反映本科生批判性思维能力增值（ΔCT_{18-18}），第二种方法是直接

使用基线与追踪调查的测试结果差值来评判本科生批判性思维能力增值（ΔCT_{18-33}）。此外，该团队在追踪调查时也请本科生就"大学期间自身的批判性思维能力提升程度进行打分（采用7点计分法，分别为 -3、-2、-1、0、1、2、3，负数表示下降，正数表示提升）"，因此，这种本科生自我评价法可作为第三种评价本科生批判性思维能力增值的方法（$\Delta CT_{自评}$）。

（二）测试工具

本书的测试工具由来自哲学、心理学、教育学等多学科领域的学术团队研制开发。如前所述，在基线与追踪调查中存在两套测试工具，即，33题完整版和18题缩减版，均为客观选择题且要求集中被试在规定时间内（测试时间分别为50和25分钟）独立闭卷完成。本团队基于经典测试理论和项目反应理论分别进行了测试工具的质量分析，详细分析结果可参见本团队发表在《高等教育研究》2019年第10期一文。① 也可查看本书第二章第三节部分关于两套测试工具的质量分析结果，整体而言，两套测试工具的效度较高，均表现出难度适中偏易、区分度较好、信度良好等特征。此外，本书团队也在另一文中对两套测试工具的等效性进行了专门分析，也验证了两套工具的测试结果可用以直接比较。

（三）识别策略

首先，本书采用多元线性回归模型展开分析：

$$\Delta CT_{ij} = \beta_0 + \beta_1 Research_{ij} + \beta_2 CT_{ij2016} + \beta_3 D_{ij} + \beta_4 P_{ij} + \beta_5 U_{ij} + \varepsilon_{ij}$$

其中，ΔCT_{ij}为学校j学生i的批判性思维能力增值，$Research_{ij}$为学校j学生i的科研参与情况，分别从是否参与、参与数量、项目来源、项目级别、承担角色5方面分析，均为分类变量，参照组均为没有参与任何科研项目的学生。模型的控制变量如下：第一，考虑到能力的发展可能存在边际递减效应，纳入本科生参与基线调查时的批判性思维能力水平CT_{ij2016}进行控制；第二，人口统计学变量D_{ij}，主要包括性别、民族、户

---

① 沈红、汪洋、张青根：《我国高校本科生批判性思维能力测评工具的研制与检测》，《高等教育研究》2019年第10期。

口等，参照组分别为女性、少数民族、农业户口；第三，上大学前成长环境与就学经历变量 P_{ij}，主要包括父母受教育程度、家庭所在地、家庭经济水平、是否独生子女、是否流动求学、是否存在留守经历等，参照组分别为父母任一方未接受高等教育、省会城市或直辖市、远低于平均水平、非独生子女、没有流动求学经历、没有留守经历等；第四，大学期间的就读经历变量 U_{ij}，包括学校类型、学科、学习时长、是否参与特定英语考试（GRE、GAMT、IETLS、TOEFL）等，其中，学习时长为连续型变量，其他为分类变量，参照组分别为四年制学院、文科、未参加特定英语考试。β_0 到 β_5 为各参数的拟合系数，ε_{ij} 为随机误差项。

其次，考虑到本科生在"是否"及"如何"参与科研项目时存在着个人动机、偏好、能力等差异，致使研究样本可能存在自我选择，而传统的 OLS 回归模型无法纠正这种内生性问题。为此，本书采用倾向得分匹配法（PSM，Propensity Score Matching）来纠正选择性偏差，以使结论更为可靠。基本的思想是为具有科研参与经历的学生（实验组）寻找具有相似特征但未参与科研的学生（对照组），构造准实验设计，从而在其他条件或特征相似的情况下，实验组与对照组之间在批判性思维能力增值之间的差距主要源自于干预手段，即是否参与科研，从而识别出科研参与的净效用。一般而言，使用 PSM 可算出三种干预处理效应：实验组平均处理效应（ATT，Average Treatment Effect on the Treated）、对照组的平均处理效应（ATU，Average Treatment Effect on the Untreated）、整体样本的平均处理效应（ATE，Average Treatment Effect）。

由表 4-10 可知，三种方法下的批判性思维能力增值的均值都为正数，分别为 9.72、11.60 和 1.45 分。这表明，整体平均而言，在 2016—2019 年就读期间，本科生批判性思维能力取得了一定进步。从参与科研的经历来看，在被追踪的 1409 人中有 509 人参与了科研项目，占比 36.12%。其中，近一半的学生（48.72%）只参与了 1 项科研项目，33.4% 的学生参与了 2 项科研项目，17.88% 的学生参与了 3 项及以上的科研项目。从参与程度最深的科研项目来源来看，最多的是参加本专业教师主持的项目，占比 61.49%，其次是学生本人申请的项目，占比 24.17%。从参与程度最深的科研项目级别来看，最多的是校级项目

(51.08%)，其次是国家级项目（23.58%），第三是省部级项目（20.04%），其他类型项目的比例较少。从参与程度最深的科研项目中承担的角色来看，占比由高到低依次是：核心成员（32.42%）、负责人（30.26%）、一般参与者（22.2%）、主要执行者（15.13%）。

三 研究结果

（一）科研参与能有效促进本科生批判性思维能力增值

如表 4-11 所示，从均值比较上看，无论采用何种办法计算增值，参与科研项目的本科生批判性思维能力增值均高于未参与科研项目的本科生批判性思维能力增值。但 T 检验显示，经客观题测试所得的能力增值得分在两组学生中并无显著差异，反之自评增值得分时的差异是高度显著的。然而，这种分析并未考虑其他变量可能造成的影响，研究结果可能是混淆的。为此，本书进一步纳入其他控制变量来分析科研参与的增值效应，具体结果见表 4-12。由表 4-12 第（1）至（3）列可知，在控制了本科生初始批判性思维能力水平、人口统计学特征、上大学前成长环境与学习经历、大学期间就读经历等变量下，科研参与具有显著的增值效应。具体来看，在第一种增值测度方法下，科研经历可将学生的批判性思维能力增值显著提升 1.46 分，在第二种增值测度方法下，上述提升效应为 1.366 分。在第三种增值测度方法下，提升效应为 0.213 分，且是高度显著的。研究结果验证了研究假设 1。

表 4-11　科研参与与批判性思维能力增值的均值比较分析

增值	科研参与	N	均值	标准差	最小值	最大值	T 检验
ΔCT_{18-18}	未参与	880	9.68	14.73	-38.89	55.56	-0.14
	参与	504	9.80	14.02	-33.33	50	
ΔCT_{18-33}	未参与	880	11.34	13.34	-33.33	51.01	-1.07
	参与	504	12.11	12.34	-29.28	46.97	
$\Delta CT_{自评}$	未参与	898	1.37	.94	-3	3	-4.49***
	参与	509	1.59	.87	-2	3	

注：*** $p < 0.01$。

(二）参与科研项目数量越多，本科生批判性思维能力增值的促进效应更明显。

由表4-12中第（4）至（6）列的结果可知，无论采用何种批判性思维能力增值计算方式，在控制其他变量的情况下，参与科研项目越多的学生其能力增值也越大。具体来看，在第一种增值测度方法下，仅参与1个和2个项目时能力的提升效应分别为0.583和1.776分，提升作用为正数且逐渐增强，但并不具有统计学意义；3个及以上的科研项目才显示出高度显著的提升效应（3.497分）。相应地，在第二种增值测度方法下，上述三个提升效应分别为0.358、2.028和3.110分，后两项是显著的；在第三种增值测度方法下，上述三个提升效应分别为0.208、0.196和0.264分，且均是高度显著的。研究结果验证了研究假设2。

表4-12　科研参与影响本科生批判性思维能力增值的回归结果

变量	(1) ΔCT_{18-18}	(2) ΔCT_{18-33}	(3) $\Delta CT_{自评}$	(4) ΔCT_{18-18}	(5) ΔCT_{18-33}	(6) $\Delta CT_{自评}$
科研参与	1.460**	1.366*	0.213***			
	(0.762)	(0.755)	(0.0556)			
参与1个项目				0.583	0.358	0.208***
				(0.949)	(0.940)	(0.0696)
参与2个项目				1.776	2.028*	0.196**
				(1.111)	(1.099)	(0.0812)
参与3个及以上项目				3.497**	3.110**	0.264**
				(1.448)	(1.434)	(0.106)
控制变量	YES	YES	YES	YES	YES	YES
常数项	YES	YES	YES	YES	YES	YES
N	1,298	1,298	1,318	1,298	1,298	1,318
R^2	0.306	0.153	0.057	0.308	0.155	0.057

注：①括号内为标准误；②*** $p<0.01$，** $p<0.05$，* $p<0.1$；③限于篇幅，表格中未呈现所有控制变量和常数项的拟合结果，仅以"YES"表示纳入了相应变量进行了控制，如有需要，请向笔者索取详细的分析结果。（后同）

（三）从科研项目来源来看，参与自主申请的科研项目对本科生批判性思维能力增值的提升效用最大，且是高度显著的。

表4-13中第（1）至（3）列呈现了科研项目的来源对学生批判性思维能力增值影响的模型结果。考虑到在本书样本中本科生参与程度最深的科研项目主要集中于"本专业教师项目"和"本人申请项目"，其他来源的科研项目较少，在此，仅重点分析参与这两类来源的科研项目经历的效用。从结果上来看，无论采用何种增值测度方法，本科生自主申请的科研项目对其批判性思维能力增值的影响均是正向且高度显著的，提升效应分别为3.308、3.600、0.284分。根据不同的测度方法，本专业教师项目的能力提升效应分别为0.605、0.410、0.167分，虽均为正向作用但仅第三项是高度显著的。由此可知，相对参与本专业教师项目而言，参与自主申请科研项目对本科生的提升作用更大，且差异是显著的。这也证明了本书的假设3，不同来源科研项目参与经历的效果存在明显异质性。

（四）从科研项目级别来看，整体而言，参与科研项目的级别越高，本科生批判性思维能力增值的幅度越大。

表4-13中第（4）至（6）列呈现了科研项目级别对学生批判性思维能力增值的影响分析结果。考虑到样本中参与程度最深的科研项目主要集中于"国家级项目""省部级项目""校级项目"三种，其他类别的科研项目参与经历占比很小，在此，本书重点分析这三种级别的科研项目参与经历的效用。从结果上来看，在使用第一、二种增值测度方法下，国家级和省部级科研项目的参与经历对本科生批判性思维能力增值的提升作用分别为2.531、2.073分和2.095、2.065分，且均是显著的。而校级项目的参与经历的提升作用虽然都是正向的（0.346和0.604分）但均不显著。在使用第三种增值测度方法下，国家级、省部级、校级科研项目的参与经历对本科生批判性思维能力增值的提升作用分别为0.281、0.295、0.160分，且均是显著的。尽管各测度方法下的研究结果有些微不同，但总的来看，科研项目级别越高，学生的能力增值幅度越大。研究结果验证了研究假设4。

（五）从担任的科研项目角色来看，"负责人"角色对本科生批判性思维能力增值的提升作用最大，其次是"核心成员"角色。

表4-13中第（7）至（9）列呈现了科研项目的角色差异对学生批判性思维能力增值的影响分析结果。从结果上看，在使用第一种增值测度方法下，参与科研项目时担任"负责人""核心成员""主要执行者""一般参与者"角色对本科生批判性思维能力增值的提升作用分别为2.097、1.852、0.775、0.491分，均为正向作用但仅前两项是显著的。在使用第二种增值测度方法下，上述提升效应分别为2.025、1.791、0.494、0.448分，均为有效提升但仅前两项是显著的。在使用第三种增值测度方法下，上述提升作用分别为0.242、0.218、0.166、0.199分，除了第三项外，其他均为高度显著。该结果也说明，在科研实践中，扮演不同的科研角色会影响学生的认知努力程度，致使各角色的增值效应也存在显著差异。其中，担任"负责人"角色的科研参与经历的效用最大，这与前面关于项目来源的研究结果是一致的。研究结果也证实了研究假设5。

（六）因果识别的稳健性检验：基于倾向得分匹配法的分析。

上述OLS回归模型从是否参与科研、参与科研项目的数量、来源、级别、以及科研进展过程中承担角色5个维度分析了科研参与的效用。相应地，本书在应用PSM拆分干预组和对照组时使用了与OLS回归模型一致的分析维度。鉴于部分干预处理的样本过少而无法进行匹配分析，在此仅讨论研究样本相对集中的干预处理的效应，共计13项。其中，对照组仍为未参与过科研的学生。结果见表4-14所示。本书使用logit回归模型估计本科生是否参与各项干预的倾向得分，采用一对一、有放回且允许并列的最近邻匹配法，并运用自抽样法重复500次检验计算出处理效应的自助标准误。对比来看，除了处理效应的绝对值结果与前文OLS研究结果的绝对值存在差异外（PSM方法处理了选择性偏差后效应的绝对值必然会发生变化），PSM下不同干预的处理效应的大小顺序、显著性程度等与OLS研究结果是一致的。

第四章 本科教育经历与批判性思维能力增值

表4-13 参与科研项目类型影响本科生批判性思维能力增值的回归结果

变量	(1) ΔCT_{18-18}	(2) ΔCT_{18-33}	(3) $\Delta CT_{自评}$	变量	(4) ΔCT_{18-18}	(5) ΔCT_{18-33}	(6) $\Delta CT_{自评}$	变量	(7) ΔCT_{18-18}	(8) ΔCT_{18-33}	(9) $\Delta CT_{自评}$
本专业教师项目	0.605 (0.887)	0.410 (0.878)	0.167** (0.0648)	国家级项目	2.531** (1.292)	2.095* (1.281)	0.281*** (0.0948)	负责人	2.097* (1.147)	2.025* (1.135)	0.242*** (0.0839)
外专业教师项目	2.256 (2.470)	1.621 (2.445)	0.0934 (0.179)	省部级项目	2.073* (1.337)	2.065* (1.325)	0.295*** (0.0986)	核心成员	1.852* (1.126)	1.791 (1.114)	0.218*** (0.0824)
校外项目	0.726 (2.869)	0.522 (2.838)	0.320 (0.211)	地市级项目	3.993 (3.305)	2.006 (3.282)	0.253 (0.244)	主要执行者	0.775 (1.559)	0.494 (1.544)	0.166 (0.114)
本人申请项目	3.308*** (1.271)	3.600*** (1.256)	0.284*** (0.0933)	校级项目	0.346 (0.949)	0.604 (0.939)	0.160** (0.0691)	一般参与者	0.491 (1.303)	0.448 (1.290)	0.199** (0.0956)
其他	2.670 (2.653)	2.563 (2.625)	0.475** (0.196)	横向项目	3.201 (5.020)	0.535 (4.977)	-0.130 (0.371)				
				国际合作项目	11.41** (5.555)	9.390* (5.506)	0.0338 (0.410)				
控制变量	YES	YES	YES		YES	YES	YES		YES	YES	YES
常数项	YES	YES	YES		YES	YES	YES		YES	YES	YES
N	1,298	1,298	1,318		1,298	1,298	1,318		1,298	1,298	1,318
R^2	0.308	0.157	0.060		0.310	0.155	0.060		0.307	0.154	0.057

表 4–14　科研参与影响本科生批判性思维能力增值的 PSM 结果

干预	处理效应	(1) ΔCT_{18-18}	(2) ΔCT_{18-33}	(3) $\Delta CT_{自评}$	干预	处理效应	(1) ΔCT_{18-18}	(2) ΔCT_{18-33}	(3) $\Delta CT_{自评}$
是否参与科研	ATT	2.413** (1.278)	1.608 (1.217)	0.259*** (0.088)	国家级项目	ATT	1.488 (2.069)	1.583 (1.979)	0.301* (0.164)
	ATU	2.781** (1.416)	2.336* (1.359)	0.218*** (0.080)		ATU	5.839** (2.596)	4.748** (2.267)	0.421* (0.235)
	ATE	2.608** (1.217)	2.073** (1.063)	0.232*** (0.062)		ATE	5.307** (2.293)	4.361** (2.042)	0.406* (0.211)
参与1项科研项目	ATT	1.284 (1.834)	0.140 (1.580)	0.221* (0.122)	省部级项目	ATT	−0.0292 (2.834)	1.350 (2.483)	0.516*** (0.178)
	ATU	−0.0608 (1.696)	−0.655 (1.567)	0.163 (0.115)		ATU	−0.841 (2.865)	−0.913 (2.049)	0.252** (0.126)
	ATE	0.228 (1.486)	−0.484 (1.351)	0.176* (0.102)		ATE	−0.754 (2.669)	−0.670 (1.850)	0.280** (0.118)

续表

干预	处理效应	(1) ΔCT_{18-18}	(2) ΔCT_{18-33}	(3) $\Delta CT_{自评}$	干预	处理效应	(1) ΔCT_{18-18}	(2) ΔCT_{18-33}	(3) $\Delta CT_{自评}$
参与2项科研项目	ATT	2.401 (1.983)	2.655* (1.661)	0.213* (0.121)	校级项目	ATT	1.221 (1.752)	-0.199 (1.398)	0.290*** (0.110)
	ATU	3.601* (2.157)	4.267** (1.831)	0.190 (0.135)		ATU	0.0681 (1.700)	0.486 (1.429)	0.0934 (0.114)
	ATE	3.405* (1.877)	4.005** (1.594)	0.194* (0.121)		ATE	0.323 (1.404)	0.337 (1.208)	0.137 (0.0940)
参与3项及以上科研项目	ATT	4.167* (2.731)	2.778 (2.184)	0.179 (0.193)	负责人	ATT	2.053* (2.246)	2.741 (2.032)	0.391** (0.155)
	ATU	2.690 (2.466)	5.780*** (2.160)	0.378** (0.147)		ATU	2.438 (1.820)	2.507 (1.755)	0.293** (0.123)
	ATE	2.863 (2.253)	5.446*** (1.961)	0.356** (0.139)		ATE	2.383 (1.635)	2.540* (1.541)	0.307*** (0.115)
本专业教师项目	ATT	0.232 (1.511)	-0.583 (1.361)	0.316*** (0.113)	核心成员	ATT	3.790* (2.156)	-0.135 (1.996)	0.303** (0.129)
	ATU	1.090 (1.766)	0.487 (1.551)	0.0572 (0.114)		ATU	2.956 (2.212)	1.565 (2.239)	0.112 (0.109)
	ATE	0.869 (1.452)	0.211 (1.308)	0.124 (0.0981)		ATE	3.090 (1.906)	1.290 (2.020)	0.142 (0.0968)

续表

干预	处理效应	(1) ΔCT_{18-18}	(2) ΔCT_{18-33}	(3) $\Delta CT_{自评}$
本人申请项目	ATT	4.842** (2.431)	4.298** (2.169)	0.392** (0.177)
	ATU	2.337 (1.870)	3.877** (1.713)	0.241* (0.135)
	ATE	2.635 (1.698)	3.927** (1.613)	0.259** (0.126)
主要执行者	ATT	-2.013 (2.443)	0.351 (2.717)	0.200 (0.165)
	ATU	1.554 (2.931)	0.388 (2.530)	0.238 (0.215)
	ATE	1.270 (2.742)	0.385 (2.350)	0.235 (0.200)
一般参与者	ATT	1.164 (2.608)	1.669 (2.453)	0.0425 (0.181)
	ATU	-1.243 (2.371)	-0.326 (2.727)	0.281 (0.179)
	ATE	-0.964 (2.180)	-0.0948 (2.479)	0.254 (0.164)

注：①括号内为自助标准误；②更为详细的匹配过程、共同取值范围、效果检验等信息可向作者索取。

四 结论与讨论

基于大学生发展理论，利用全国本科生能力追踪测评与调查数据，本书从是否参与科研项目、参与科研项目数量、参与科研项目的来源与级别、科研进展中承担的角色等维度探讨了科研参与经历的增值效应，主要得出以下结论：

第一，科研参与显著影响本科生批判性思维能力增值。科学研究是对未知知识领域深入探究的过程，兼具不确定性、探索性与科学性，研究者需要在未知且复杂的知识海洋里梳理可能的逻辑链条，抽丝剥茧般找寻潜在的知识生长点，并通过各种技能或技术手段来操作化概念、甄别证据、论证假设，并不断反复检验、更新和发展知识之间可能存在的内在规律。正是在这种科研训练过程中，本科生批判性思维能力得到了有效提升，该研究结果进一步支持了琼斯、大卫等的结论。

第二，科研参与的投入程度显著影响本科生批判性思维能力增值。本书通过参与科研项目的数量反应本科生科研参与的投入程度，论证了投入程度与认知能力发展之间的关系，支持了前人的研究结果。多参加科研项目、保证充足的科研投入时间和精力等依然是促进学生认知能力发展的重要渠道。然而，本书调查发现，超过六成的在校生从未参与过任何科研项目。即使有科研参与经历的学生，在项目开展期间，约五成参与者投入科研的时间仅为 1—3 小时/日，约两成参与者则低于 1 小时/日。[①] 由此可见，因势利导促进中国本科生参与科研活动还大有空间。

第三，科研参与的努力质量显著影响本科生批判性思维能力增值。本书利用项目来源、级别、承担角色刻画了学生参与科研的努力质量，发现自主申请项目、国家级或省部级项目、担任"主持人"或"核心成员"等角色对本科生批判性思维能力增值的影响较大。该结果与本科生科研参与过程中的具体体验或面临的任务挑战等密切相关。特别指出的是，本书发现，相对参与本专业教师项目，自主申请课题的科研经历具

[①] 郭卉、韩婷：《大学生科研学习投入对学习收获影响的实证研究》，《教育研究》2018 年第 6 期。

有更大的增值效用，这与约翰的研究发现是相反的①，可能原因在于，相对西方国家而言，中国高等教育重视本科生科研的起步较晚，相应配套的资源与制度支持体系还未完善，可供中国本科生群体自主申请的科研项目机会更少，面临的竞争与挑战程度更大，由此也更能激发本科生付出更多的认知努力进行高质量的探究活动。

　　本书基于中国本科生的经验数据探究了科研经历对在校生认知能力发展的影响，为西方大学生发展理论的本土化发展丰富了经验素材，也为中国高等教育深入推进本科生科研实践提供了实证依据和行动方向。一是，积极提高在校大学生的参与度，尽可能让更多的学生获得参与的机会。除了扩大本科生科研基金投入、创设差异化科研项目申请与管理平台、完善科研参与奖励制度等外生渠道来吸引本科生参与科研外，高校也要帮助本科生培养参与科研的自主意识和积极性，如尝试将科研活动纳入人才培养课程与学分体系，通过正式的培养制度来内化科研活动属性，让参与科研从本科生的自由选项转向为限选项或必选项。二是努力提升本科生科研参与质量，最大程度地发挥本科生的认知潜能，提高科研参与实践活动的效能。从外部来看，大力推进科教融合人才培养体制机制建设，高等学校应积极与科研院所、企业产业研发平台等建立合作机制，充分利用各界优质资源，贯通学术训练的渠道与方式。从内部来看，应完善涵括"新生研讨课""学术前沿讲座""科学研究方法训练"等涉及本科生科研能力提升的课程体系，构建"团队支持计划""学长传帮带""科研导师制"等本科生科研参与的外部支持体系，在知识场域内营造"求真、探索、容错、敢于质疑、谨慎求证"的科研氛围，全方位促进本科生高质量参与科研实践活动。

　　需批判性反思的是，本书也存在着不足：一是，受限于2016—2019年追踪调查数据，本书无法获悉本科生参与科研的准确时间，无法区分本科生科研参与的短期和长期效应。二是，本书仅从量化的视角揭示了科研经历对学生这一认知能力发展的显性效果，无法深入剖析该活动是

---

① John Ishiyama, "Does Early Participation in Undergraduate Research Benefit Social Science and Humanities Students?", *College Student Journal*, Vol. 36, No. 3, January 2002.

如何通过针对科学问题的发现、甄别与论证等过程来实现自身批判性思维能力的发展。未来需要精细化地调查本科生科研参与的时间与投入度，并结合本科生抽样访谈与观察等资料来探究科研参与效能实现的内在机制。

第五节　本章小结

本章基于反向测度法下的本科生批判性思维能力增值数据，探讨了本科教育经历对本科生批判性思维能力增值的影响，主要从学校类型、学科类型、是否"一流大学"建设高校、学习成绩、科研参与等角度展开。此外，本章还基于2016—2019年全国本科生能力追踪测评与调查数据，再次检验了三年高等教育期间中国本科生批判性思维能力增值的程度，并量化评估了高等教育对本科生批判性思维能力增值的影响，发现，中国本科生批判性思维能力增值存在显著的学科差异、院校组别差异、单个院校的个体差异以及边际递减效应。整体而言，研究结果与基于反向测度法的研究结果是一致的，侧面印证了在高等教育增值评价实践领域中应用反向测度法是有效的，能够为揭示高等教育的作用提供新视角。整体来看，本章基于不同增值测度方法的研究结果证明，本科教育是影响本科生批判性思维能力发展的重要因素，中国大学教育在提高本科生批判性思维能力方面大有可为。本书结果与普桑等人于2015年对中国大学生批判性思维能力测量得到的研究结论恰好相反。具体而言，得出以下结论：

第一，现阶段的中国大学教育能显著提高本科生的批判性思维能力。具体来看，首先，从整体上看，学校层次越高，其对本科生批判性思维能力的增长效应越大。其次，不同学科的批判性思维能力增值效应存在显著差异，从高到低依次是文、医、理、工。其次，从单个院校上看，本科生批判性思维能力的增值效应与学校所在层次之间呈无序状态，并不是所有"好大学"的学生的批判性思维能力增值都高。最后，批判性思维能力的增长存在边际递减效应，初始能力越高，增长幅度越小。

第二，"一流大学"建设高校本科生批判性思维能力增值高于非"一流大学"建设高校。与已有研究关注"双一流"建设高校的财政丰富度、科研项目级别及经费额度、国际高水平科研论文发表、在国际大学排名中的位置等不同,本书关注的是这一类高校与其他高校相比较而言的本科生批判性思维能力水平及其增值问题,对国内有关"双一流"建设的研究是一个补缺,可为推进和实施"一流大学"的"一流本科教育"提供政策启示。研究发现,在本科生批判性思维能力增值上,在控制其他变量后,与非"一流大学"建设高校相比,"一流大学"建设高校对本科生批判性思维能力增值的影响更大。进一步地,A、B类"一流大学"建设高校提高本科生批判性思维能力的影响效应呈层次性,A类比B类更胜一筹。

第三,学生成绩与本科生批判性思维能力增值呈非线性正相关关系。

从总体样本上看,在控制其他变量的情况下,学生成绩与本科生批判性思维能力增值之间呈正相关关系,学习成绩每提高1分,本科生批判性思维能力增值显著提升0.926分。进一步区别样本群体差异后发现,学生成绩与本科生批判性思维能力增值之间的正相关关系不存在明显的性别与学科异质性,但存在显著的学校类型异质性,相比四年制学院而言,那些具有多重资源优势、声望较高、名气更大的高层次学校在传授本科生知识时并未更有效地提升本科生批判性思维能力,而那些在资源、声望、名气上处于较低层次的四年制大学在传授知识时却能更好地促进本科生批判性思维能力的提升。

更为细致的,从整体上看,学生成绩与本科生批判性思维能力增值之间并非简单同步正比的线性关系,而是呈现为开口向下的抛物线型关系。这一研究发现在细分不同学习成绩区间后进一步得到了印证,学习成绩与批判性思维能力增值之间的关系在不同学习成绩区间呈现出明显的异质性,上述两者间关系在"低分段""较高分段"上为正相关但并不显著,在"较低分段"上显著正相关,但在"高分段"上显著负相关。具体而言,从学习成绩逐渐提升的初始阶段,学生批判性思维能力增值逐渐提高,增值速度先增后减,学习成绩进入某个临界值后,批判性思维能力不再增值,甚至逐渐显著下降,学习成绩的提升对能力发展产生挤出效应。

第四，科研参与被认为是发展本科生高阶认知能力的重要手段，但现实效果如何亟待基于客观化证据的实证检验。基于2016—2019年全国本科生能力追踪测评与调查数据，利用普通最小二乘法和倾向得分匹配法，本书从是否参与科研、参与科研数量、参与程度最深的科研项目来源、级别及承担的主要角色等维度探讨了科研参与对本科生批判性思维能力增值产生的净效用，研究发现：第一，整体而言，科研参与显著影响本科生批判性思维能力增值；第二，参与科研项目数量越多，本科生批判性思维能力增值的程度越大；第三，从参与程度最深的科研项目来看，自主申请项目、国家或省部级项目、担任"主持人"或"核心成员"角色对本科生批判性思维能力增值的净作用较大。研究结论为大学生发展理论的本土化发展提供了经验素材，也为深入推进中国高校本科生高质量科研参与实践提供了政策启示。

第 五 章

早期成长特征与批判性思维能力增值

本章主要探讨早期成长特征如何影响本科生批判性思维能力增值，分析的是早期成长特征对个人发展的滞后性影响。基于已有研究文献，本章主要选择四个代表性特征（早期流动求学经历、独生子女、第一代大学生、高考经历）展开研究。

第一节 早期流动求学经历与批判性思维能力增值

流动儿童，指离开户籍登记地半年以上的儿童，而不论其是否与父母亲同住。《中国2010年第六次人口普查资料》表明，中国0—17周岁流动儿童规模为3581万人。其中0—14周岁的流动儿童规模为2291万人。以流动儿童中占比最高的农民工随迁子女为例，2016年全国义务教育阶段农民工随迁子女达1394.77万人，占全国义务教育阶段在校生总数的9.82%。其中，在小学就读1036.71万人，在初中就读358.06万人，分别占小学、初中在校生总数的10.46%、8.27%。[1] 随着中国社会转型的不断推进，城镇化进程不断加速，流动人口规模将持续增长，流动儿童数量也将不断攀升。中国政府高度重视保障流动儿童公平接受教育的机会与质量，先后出台了一系列改善流动儿童教育机会和质量的政策文件。学者们也就流动儿童的教育政策、教育管理、学业成就等议题展开

---

[1] 中华人民共和国教育部：《2016年全国教育事业发展统计公报》（http：//www.moe.gov.cn/jyb_sjzl/sjzl_fztjgb/201707/t20170710_309042.html）

了大量研究。

但这些政策文件或研究大多针对短期内的流动儿童教育问题，如儿童时期的教育机会、在校成绩等，很少关注到长期视角下的流动儿童教育问题，对流动儿童早期学习经历的滞后性或持久性效果缺乏评估。而儿童的早期经历往往会对成年后的健康及福祉产生重要影响，探究早期的流动经历对儿童后期发展的影响有重要的理论和现实意义。[①] 本书试图回答的问题是，早期流动求学经历如何影响学生未来高等教育阶段个人能力的发展？鉴于"能力"囊括的范围过于宽泛，本书将以核心的通用能力—批判性思维能力—作为代表进行分析。众所周知，国家要保持经济的强劲增长和持续发展主要依赖于劳动者的创新能力。而劳动者拥有创新能力的重要前提是具备批判性思维能力。为此，在当前普遍强调创新创造的经济社会环境下关注批判性思维能力的培养和发展问题尤为重要。

现实生活中，儿童流动求学一般存在两种原因：一是受外界因素影响下的被动选择，如因家庭经济破产、房屋拍卖或不可抗力因素等影响下被迫离开户籍所在地，这类流动人群的人口学特征主要表现为家庭经济地位相对较低、父母受教育程度不高、父母中往往有失业经历等[②]，如此背景下产生的流动求学儿童面临着经济紧张、社会资本贫乏等困境，其个人成长也会受负面影响。这种情形产生的流动求学儿童在西方国家较为常见，而在中国社会，流动人群的人口学特征上往往呈现出较高教育水平的人迁移率更高的特点[③]，儿童流动求学更多来源于第二种原因：流动求学是家庭进行教育投资的理性和自主选择，是否允许子女流动求学取决于在家庭预算约束限制下流动求学能否给子女更好的教育机会、更高的教育质量以及更可期望的未来发展等。如果家庭决定让子女流动求学，则在一定程度上说明流动求学能够给子女成长带来更加积极的影

[①] Heckman James J., "Skill Formation and the Economics of Investing in Disadvantage Children", *Science*, Vol. 312, No. 5782, June 2006.

[②] Murphey, et al., "Frequent Residential Mobility and Young Children's Well-Being", *Child Trends*, Vol. 2, No. 1, January 2012.

[③] 严善平：《地区间人口流动的年龄模型及选择性》，《中国人口科学》2004年第3期。

响。鉴于此，本书将基于中国院校横截面调查数据，试图验证以下两个假设：一是，在高等教育入学时，有早期流动求学经历的大学生批判性思维能力更高；二是，在高等教育阶段，有早期流动求学经历的大学生批判性思维能力增值更大。

一 相关文献述评

关于流动儿童教育问题的研究非常丰富，大致可分为三部分。

一是关注流动儿童的总体特征及就学表现，如探讨流动求学儿童的规模变化、城市分布等[1]；分析流动求学儿童的年龄结构、学校分布、转学/失学率、犯罪率等[2]；比较流动求学儿童与其他类型儿童的教育机会及社会资源可及性差异等[3]；分析流动求学儿童的学习表现及未来期望等[4]。

二是探讨流动儿童学业成绩的影响因素，主要从学校、家庭与个人层面展开分析。在学校层面，探讨学校社会经济地位、流动儿童比例以及学习风气等因素对流动儿童学习成绩的影响[5]；在家庭与个人层面，探讨家庭社会经济地位、父母教育期望、父母参与、学习过程与投入、年龄、性别等因素的作用[6]。

---

[1] 邬志辉、李静美：《农民工随迁子女在城市接受义务教育的现实困境与政策选择》，《教育研究》2016年第9期。

[2] 谢建社、牛喜霞、谢宇：《流动农民工随迁子女教育问题研究——以珠三角城镇地区为例》，《中国人口科学》2011年第1期。

[3] 韩嘉玲等：《城乡的延伸——不同儿童群体城乡的再生产》，《青年研究》2014年第1期。

[4] 周金燕：《流动儿童和城市本地儿童放学后时间分配的比较研究——来自北京市四所小学的调查证据》，《教育科学研究》2016年第5期。

[5] 周皓、巫锡伟：《流动儿童的教育绩效及其影响因素：多层线性模型分析》，《人口研究》2008年第4期；王红、陈纯槿：《城市随迁子女义务教育质量的影响因素研究——基于中国教育追踪调查数据的实证分析》，《教育经济评论》2017年第2期。

[6] 周皓：《家庭社会经济地位、教育期望、亲子交流与儿童发展》，《青年研究》2013年第3期；谢永飞、杨菊华：《家庭资本与随迁子女教育机会：三个教育阶段的比较分析》，《教育与经济》2016年第3期；赵宁宁等：《流动儿童环境支持要素探讨——流动儿童语文学业成绩及其环境要素的多层线性分析》，《教育学报》2016年第3期；蔺秀云、王硕、张曼云、周翼：《流动儿童学业表现的影响因素——从教育期望、教育投入和学习投入角度分析》，《北京师范大学学报》（社会科学版）2009年第5期；张绘、龚欣、姚浩根：《流动儿童学业表现及影响因素分析》，《北京大学教育评论》2011年第3期。

三是从制度层面分析流动儿童教育的相关政策,如对随迁子女异地高考政策形成的过程与结果的解读①、阐述国外流动儿童管理政策②、探讨如何改善中国流动儿童教育机会和教育质量等③。

既有研究呈现以下特点:一是,大部分研究聚焦于农村户籍儿童的流动,缺乏对城市户籍儿童流动的分析。在很大程度上,流动儿童等同于"打工子弟""进城务工人员子女"④。二是,在样本获取上更多的选择从代表性的流入地抽样,采取就近或方便原则,样本代表性不足;三是,更多关注的是短期内流动儿童教育状况,缺乏对长期视野下流动儿童教育问题的研究。从目前搜集的文献上看,仅发现一篇文献分析了早期流动经历对儿童后期教育的影响:基于中国家庭追踪调查数据,吴琼利用倾向得分匹配法分析2010年处在23到35岁的青年在3岁及12岁时的流动经历对青年时期教育成就(受教育年限、识字水平、数学水平)的影响,发现,早期不同阶段的流动经历对儿童后期教育成就的影响存在异质性,3岁时的流动经历对农业户籍群体在青年时期教育成就有正向影响,12岁时的流动经历影响并不显著。⑤ 但该研究仅关注到教育年限和知识层面的变化,并未分析能力层面的变化。早期流动求学经历对后期学生能力发展是否具有持续性影响值得关注。

综上分析,本书将利用本土化的批判性思维能力测试工具,基于中国经验数据,分析早期流动求学经历对大学生批判性思维能力的影响,以此探讨早期流动求学经历对大学生个人后期发展的持续性效果。区别于以往研究,本书将在以下方面进行补充和完善:一是不再局限于农业

---

① 李根、葛新斌:《农民工随迁子女异地高考政策制定过程透析——从制度分析与发展框架的视角出发》,《高等教育研究》2014年第4期。

② 汪传艳、雷万鹏:《美国促进流动儿童接受高中教育基本经验研究》,《比较教育研究》2016年第7期;张绘、郭菲:《美国流动儿童教育管理和教育财政问题及应对措施》,《比较教育研究》2011年第8期。

③ 吴霓、朱富言:《随迁子女在流入地高考政策实施研究——基于10个城市的样本分析》,《教育研究》2016年第12期;徐晓新、张秀兰:《将家庭视角纳入公共政策——基于流动儿童义务教育政策演进的分析》,《中国社会科学》2016年第6期。

④ 周皓、荣珊:《我国流动儿童研究综述》,《人口与经济》2011年第3期。

⑤ 吴琼:《早期的流动经历与青年时期教育成就》,《中国青年研究》2017年第1期。

户口群体的抽样样本分析,本书将基于全国 16 省 83 所高校的横截面调查数据,同时比较分析农业户口和非农业户口的样本群体;二是,并非关注流动求学经历对儿童发展的短期影响,而是聚焦于早期流动求学经历对学生后期发展的影响,分析的是早期流动求学经历的持续性效用。

二 研究设计

(一) 数据处理

本书依据样本对问卷中题项"你是否有过"流动求学"经历(不含高等教育):□1. 有 □2. 无"的回答来判定其是否具有"早期流动求学经历",若回答"有"则认为样本"有早期流动求学经历",反之则"没有早期流动求学经历"。特别说明的是,这里的"早期"指的是"高等教育阶段之前","流动求学经历"有可能发生在幼儿园、小学、初中、高中等教育阶段。经判定,高等教育阶段之前有流动求学经历的样本为 2012 人。

(二) 计量模型

本书主要关注两方面问题,一是,对于刚进入高等教育阶段学习的大一新生而言,有流动求学经历的大学生批判性思维能力是否更高;二是,在高等教育就读几年后,有流动求学经历的大学生批判性思维能力是否增长更大,这里涉及两个步骤,第一步衡量大学生批判性思维能力的增长,第二步分析谁的批判性思维能力增长更大。为此,本书将运用以下模型:

1. 传统 OLS 回归分析:有早期流动求学经历的大学生批判性思维更高吗?

对于刚进入高等教育阶段的大一新生而言,批判性思维能力的发展主要依赖于大学生个人之前的成长经历、学习状况及家庭背景等因素,模型如下:

$$y_{i,fr} = \beta_0 + \beta_1 Mobility_i + \beta_2 \overrightarrow{X_{i,fr}} + \varepsilon \qquad (1)$$

其中,$y_{i,fr}$ 是大一新生的批判性思维能力测试得分,$Mobility_i$ 是流动求学经历变量,若大学生有早期流动求学经历,变量取值为 1,反之则为 0。

β_1 是该变量的回归系数,若大于 0,表明有早期流动求学经历的大一新生批判性思维能力更高,反之,则更低。$\overrightarrow{X_{i,fr}}$ 是控制变量,主要包括大一新生三方面特征,一是人口统计学特征,如性别、民族、政治面貌等,分别以女性、少数民族、非共产党员为参照组;二是成长过程变量,如户口类型(以农业户口为参照组)、父母受教育程度(只要父亲和母亲中任一方接受了高等教育,则该变量为 1,否则为 0)、家庭类型[含大家庭(三代同堂,非临时居住)、核心家庭(父母、本人及兄弟姐妹)、重组家庭、单亲家庭、隔代家庭(由(外)祖父母抚养)、其他家庭(与上述类型不同),以大家庭为参照组]、家庭所在地(含省会城市或直辖市、地级市、县(县级市)、乡镇、农村,以省会城市/直辖市为参照组)、家庭经济状况(分为 5 组,非常低、较低、一般、较高、非常高,以非常低为参照组)、第一代大学生(以非第一代大学生为参照组)、独生子女(以非独生子女为参照组)、兄弟姐妹数量等;三是高中阶段学业状况,如高中所在地(含省会城市或直辖市、地级市、县(县级市)、乡镇、农村,以省会城市/直辖市为参照组)、高中类型(含国家重点、省重点、市重点、普通高中,以国家重点为参照组)、班级类型(含重点班、普通班,以重点班为参照组)、班级规模、班级排名指数(以"高三时的总成绩在班级中的大体排名/高三所在班级的人数"计算所得)、高考生源类型(含文科、理科、综合、其他,以文科为参照组)等。β_0 是截距项,β_2 是各控制变量的拟合系数,ε 是随机误差项。

需要注意的是,在高等教育阶段之前是否具有流动求学经历可能存在着内生性问题,受家庭特点、地域限制、自身能力差异等因素的影响,流动与否并非是随机的,如,接受了高等教育的父母的能力可能更高,更可能离开自己的家乡,"拖家带口"去外地打拼事业,由此造成子女流动求学。而接受了高等教育的父母的子女的能力也可能更高,由此产生内生性问题。这种内生性问题会造成 OLS 模型的拟合结果存在偏差,不能准确衡量早期流动求学经历对学生批判性思维能力的影响。鉴于此,本书将采用倾向得分匹配法(Propensity Score Matching,PSM)进行修正,以期更准确地评估早期流动求学经历对大学生批判性思维能力的影响。

2. PSM 下的拟合分析：有早期流动求学经历的大学生批判性思维更高吗？

假设二元处理变量 M_i 为干预变量，本书将大一新生样本分为两组，一组是具有早期流动求学经历，定义为实验组，此时 $M_i = 1$；另一组是没有早期流动求学经历，定义为对照组，此时 $M_i = 0$。对于大一新生个体 i，其批判性思维能力被定义为 $Y_i(M_i)$，其中 i = 1, 2, 3, …, N，N 为大一新生总数，则实验组平均处理效应（ATT，Average Treatment Effect on the Treated）为：

$$ATT = \frac{1}{N_1} \sum_{i:M_i=1} (y_{1i} - \widehat{y_{0i}}) \quad (2)$$

其中，N_1 为实验组个数，而 $\sum_{i:M_i=1}$ 表示仅对实验组个体进行加总，y_{1i} 为实验组个体可观测的批判性思维能力水平，$\widehat{y_{0i}}$ 为实验组个体"没有早期流动求学经历"时的潜在批判性思维能力水平，现实中是无法观测到的，称为"反事实"水平，是通过倾向得分匹配后计算的结果。

类似地，也可为对照组的每位个体寻找实验组的相应匹配，对照组的平均处理效应（ATU，Average Treatment Effect on the Untreated）为：

$$ATU = \frac{1}{N_0} \sum_{i:M_i=0} (\widehat{y_{1i}} - y_{0i}) \quad (3)$$

其中，N_0 为对照组个体数，$\sum_{i:M_i=0}$ 表示仅对对照组个体进行加总。y_{0i} 为对照组可观测的批判性思维能力水平，$\widehat{y_{1i}}$ 为对照组个体"具有早期流动求学经历"时的潜在批判性思维能力水平，同时是无法观测到的"反事实"水平。

整个样本的平均处理效应（ATE，Average Treatment Effect）为：

$$ATE = \frac{1}{N} \sum_{i=1}^{N} (\widehat{y_{1i}} - \widehat{y_{0i}}) \quad (4)$$

其中，$N = N_1 + N_0$，如果 $M_i = 1$，则 $\widehat{y_{1i}} = y_{1i}$；如果 $M_i = 0$，则 $\widehat{y_{0i}} = y_{0i}$。

3. 毕业生样本：有早期流动求学经历的大学生批判性思维能力增值更大吗？

为考察有早期流动求学经历的大学生在高等教育阶段批判性思维能力增长是否更大，本书也将分别采用 OLS 和 PSM 方法来拟合分析。这里仅介绍 OLS 方法，PSM 方法与前文类似，只是因变量不同。模型（5）分析早期流动求学经历是否有助于大学生批判性思维能力增长。

$$\Delta_{i,se} = \beta_0 + \mu\, Mobility_{i,se} + \sum_{n=1}^{4} \beta_{i,se,n}\, Uni_{i,se,n} + \sum_{m=1}^{4} \delta_{i,se,m}\, Dis_{i,se,m} + \beta_1 \overrightarrow{X_{i,se}} + \varepsilon \tag{5}$$

因变量 $\Delta_{i,se}$ 为毕业生在大学就读期间的批判性思维能力增长幅度。μ 为早期流动求学经历变量的拟合系数，若显著大于 0，表明，相对没有早期流动求学经历的毕业生而言，有早期流动求学经历的毕业生批判性思维能力增长更大；反之，则更小。$Uni_{i,se,n}$ 为学校类型，即"985 工程"大学、"211 工程"大学、四年制大学、四年制学院，以四年制学院为参照组。$Dis_{i,se,m}$ 为学科变量，即文、理、工和医科，以文科为参照组。$\beta_{i,se,n}$、$\delta_{i,se,m}$ 分别为学校类型、学科的拟合系数。

三 计量分析

（一）相关变量的描述性统计分析

表 5-1 呈现了相关变量的描述性统计分析结果。从表 5-1 结果上来看，总体样本的批判性思维能力平均得分为 54.6 分。早期有流动求学经历的大学生批判性思维能力得分（54.73）略高于早期没有流动求学经历的大学生批判性思维能力得分（54.57）。然而，这种未剔除其他因素影响下的简单比较结果并不可靠。从其他变量上来看，相对没有流动求学经历的大学生而言，有流动求学经历的大学生中非独生子女、第一代大学生、父母未接受高等教育、农业户口家庭出身的较多。在其他控制变量上，两类样本相差并不大。

表 5-1　　相关变量的描述性统计分析

变量	全体样本 N	全体样本 均值	全体样本 标准差	没有早期流动求学经历 N	没有早期流动求学经历 均值	没有早期流动求学经历 标准差	有早期流动求学经历 N	有早期流动求学经历 均值	有早期流动求学经历 标准差
批判性思维能力得分	13137	54.60	12.70	11125	54.57	12.75	2012	54.73	12.43
性别	13137	0.491	0.500	11125	0.486	0.500	2012	0.516	0.500
民族	13104	0.915	0.278	11096	0.919	0.272	2008	0.894	0.307
政治面貌	12859	0.131	0.337	10893	0.130	0.336	1966	0.136	0.343
户口	12937	0.437	0.496	10954	0.455	0.498	1983	0.335	0.472
家庭所在地	12918	3.381	1.430	10941	3.352	1.435	1977	3.539	1.389
家庭类型	12917	1.985	0.856	10939	1.978	0.844	1978	2.025	0.918
父母高等教育	13137	0.298	0.457	11125	0.310	0.462	2012	0.232	0.422
第一代大学生	12905	0.598	0.490	10919	0.586	0.493	1986	0.660	0.474
独生子女	13019	0.398	0.489	11022	0.417	0.493	1997	0.290	0.454
兄弟姐妹数量	12337	0.804	0.940	10466	0.772	0.925	1871	0.982	1.003
家庭经济地位	12930	2.603	0.725	10943	2.613	0.720	1987	2.548	0.749
生源类型	12982	1.809	0.479	10991	1.813	0.476	1991	1.789	0.496
高中所在地	12969	2.494	0.863	10986	2.493	0.868	1983	2.503	0.833
高中类别	12820	3.021	0.915	10846	3.031	0.908	1974	2.966	0.953
班级类型	12806	1.503	0.500	10849	1.504	0.500	1957	1.495	0.500
班级规模	12537	57.04	14.36	10603	56.81	14.22	1934	58.26	15.02
班级排名指数	12296	0.288	0.220	10388	0.288	0.219	1908	0.291	0.224

(二) 传统 OLS 回归分析：有早期流动求学经历的大学生批判性思维更高？

表 5-2 呈现了大一新生批判性思维能力得分的多元回归分析结果。从表 5-2 第 (1) 列可知，OLS 回归分析的拟合优度为 13.3%，模型分析是有意义的。从结果上看，有早期流动求学经历的大学生的批判性思维能力得分比没有早期流动求学经历的大学生的批判性思维能力得分显著高出 1.028 分，表明，在控制其他变量后，有早期流动求学经历的大学生在批判性思维上并不处于劣势，早期流动求学经历具有积极效用。分户口类型看，由表 5-2 第 (2)、(3) 列可知，对于农业户口、非农业户

口家庭出身的样本而言，有早期流动求学经历的大学生的批判性思维能力得分比没有早期流动求学经历的大学生的批判性思维能力得分分别显著高出 0.910、1.175 分，说明，早期流动求学经历的积极效用对非农业户口家庭出身的大学生更大。

表 5–2　大一新生批判性思维能力得分的多元回归分析（OLS）

	（1）全体样本	（2）农业户口	（3）非农业户口
早期流动求学经历	1.028**	0.910*	1.175*
	(0.430)	(0.546)	(0.701)
人口统计学变量	YES	YES	YES
成长过程变量	YES	YES	YES
高中学业变量	YES	YES	YES
N	6,295	3,287	3,008
R^2	0.133	0.101	0.111

注：①括号内为标准误；②*** $p<0.01$，** $p<0.05$，* $p<0.1$；③受篇幅限制，上表未呈现所有控制变量的拟合结果，仅以"YES"表示模型中加入了控制变量。（后同）

（三）PSM 分析：有早期流动求学经历的大学生批判性思维更高？

为避免内生性问题的影响，接下来将使用 PSM 模型对大一新生样本进行分析。笔者采用 logit 模型估计早期流动求学经历的倾向得分，因变量为是否有早期流动求学经历，有则取值为 1，没有则取值为 0，自变量为模型（1）中的多种控制变量[①]，然后采用一对一有放回的近邻匹配方

[①]　说明的是，将高中学业相关变量纳入 PSM 模型中可能存在违背条件独立假设的风险，因为义务教育阶段的流动求学经历可能会影响学生高中学业相关表现，但高中学业相关表现无法反过来影响早期已经发生的流动求学经历。但由于本书并不局限于义务教育阶段的流动求学经历，高中教育阶段也可能发生流动，此时学业相关表现也可能会影响流动求学经历的发生（如，为了进入重点中学、重点班或教育质量较好的城市高中等而发生的流动求学）。由于本团队调查中并未细问学生流动求学发生在哪一教育阶段，无法进行更细致的分组分析，为此，本书同时分析了纳入和未纳入高中学业相关变量的 PSM 模型，以此进行稳健性检验，研究结果发现，两者差异存在但并不大。考虑到全文的可对比性，此处仅呈现纳入该组变量的模型及其结果。

式来估计流动求学经历的干预效果。结果见表 5-3。从估计结果上看，对大一全体样本分析发现，早期流动求学经历能够提高学生的批判性思维能力得分，均值差异是显著的（P<0.05），具体来看，早期流动求学经历给实验组学生带来的平均处理效应（ATT）为 2.162 分，表明，早期流动求学经历能将实验组学生批判性思维能力得分显著提高 2.162 分；早期流动求学经历给对照组学生带来的平均处理效应（ATU）为 1.275 分，表明，早期流动求学经历能给对照组学生批判性思维能力得分带来 1.275 分的"潜在增长"；早期流动求学经历给所有学生带来的平均处理效应（ATE）为 1.400 分，表明，平均而言，早期流动求学经历能将所有学生批判性思维能力得分显著提高 1.400 分。对比传统 OLS 估计结果（1.028）可知，PSM 估计下早期流动求学经历对学生批判性思维能力得分的影响更大，表明，大学生在高等教育阶段之前是否存在流动求学经历并不是随机的，存在内生性问题，传统 OLS 估计结果存在偏差。

表 5-3　　　　PSM 下早期流动求学经历对学生批判性思维能力的影响（大一样本）

		系数	稳健标准误	Z	P>|Z|	95% 置信区间	
全体样本	ATT	2.162	0.716	3.100	0.002	0.819	3.626
	ATU	1.275	0.673	2.000	0.045	0.027	2.664
	ATE	1.400	0.591	2.490	0.013	0.312	2.627
农业户口	ATT	1.447	0.940	1.740	0.082	-0.210	3.474
	ATU	0.779	0.811	1.180	0.236	-0.629	2.552
	ATE	0.892	0.714	1.510	0.132	-0.324	2.474
非农业户口	ATT	1.496	1.244	1.210	0.226	-0.933	3.943
	ATU	1.734	1.031	1.810	0.071	-0.159	3.882
	ATE	1.708	0.952	1.910	0.056	-0.044	3.690

分户口类型看，对于农业户口出身的大学生而言，早期流动求学经历对实验组学生的平均处理效应为 1.447 分，且是显著的（P<0.1），但对对照组学生"潜在"的平均处理效应为 0.779 分、对所有学生的平均

处理效应为 0.892 分，均是不显著的（P>0.1）。对于非农业户口出身的大学生而言，早期流动求学经历对实验组学生的平均处理效应为 1.496 分但并不显著（P>0.1），对对照组学生"潜在"的平均处理效应为 1.734 分、对所有学生的平均处理效应为 1.708 分，且均是显著的（P<0.1）。说明，早期流动求学经历对不同户口类型出身的大学生批判性思维能力的影响并不一致，对农业户口的实验组学生、非农业户口的对照组学生的效用更为突出。该结果表明，早期流动求学经历的积极效用存在异质性。

（四）增值分析：有早期流动求学经历的大学生批判性思维增长更大吗？

在分析有早期流动求学经历的大学生批判性思维能力是否增长更大之前，本书先利用反向测度法计算毕业生批判性思维能力的增长情况，详细的估计方法见研究设计第 3 点。在此基础上，以计算出的毕业生批判性思维能力增值分数为因变量，利用模型（5）分析有早期流动求学经历的大学生批判性思维能力是否增长更大，结果见表 5-4。从表 5-4 上看，所有模型的拟合优度均在 11% 以上，模型分析是有意义的。由表 5-4 第（1）列可知，相对没有早期流动求学经历的毕业生而言，有早期流动求学经历的毕业生的批判性思维能力得分增长幅度要显著的高出 3.210 分，表明，早期流动求学经历的积极效用具有持续性。

表 5-4　　　　有早期流动求学经历的大学生批判性思维增长更大吗？（OLS 分析）

	（1）全体	（2）农业	（3）非农
早期流动求学经历	3.210***	3.582***	2.261**
	(0.509)	(0.625)	(0.884)
高校类型和学科变量	YES	YES	YES
人口统计学变量	YES	YES	YES
成长过程变量	YES	YES	YES
高中学业变量	YES	YES	YES
N	3,378	1,918	1,460
R^2	0.118	0.139	0.119

从户口类型看，对于农业户口出身的大学生而言，有早期流动求学经历的毕业生的批判性思维能力得分增长幅度比没有早期流动求学经历的毕业生的批判性思维能力得分增长幅度显著高出 3.582 分，但这种差异在非农业户口出身的大学生中仅为 2.261 分。说明，早期流动求学经历的积极效用的持续性存在异质性，对农业户口出身的大学生影响更大。

考虑到上述 OLS 模型分析中可能存在内生性问题，本书再次使用 PSM 法来分析早期流动求学经历对大学生批判性思维能力增长的影响，结果见表 5-5。从整体上看，有早期流动求学经历的毕业生的批判性思维能力的增值幅度更大，且几乎都是显著的（绝大部分的 P 值 < 0.1），说明，早期流动求学经历的确能够提高大学生在高等教育阶段批判性思维能力的增长幅度，积极效用具有持续性。从具体结果上看，早期流动求学经历对实验组学生的平均处理效应为 3.094 分，略微低于 OLS 估计结果；早期流动求学经历对农业户口出身的实验组毕业生的平均处理效应为 4.230 分，明显高于 OLS 的估计结果；早期流动求学经历对非农业户口出身的实验组毕业生的平均处理效应为 0.178 分，明显低于 OLS 估计结果。说明，在处理了样本内生性问题后，早期流动求学经历对大学生批判性思维能力增值的影响依然显著存在。传统 OLS 回归分析低估了早期流动求学经历对农业户口出身大学生批判性思维能力增值的影响，高估了其对非农业户口出身大学生批判性思维能力增值的影响。

表 5-5　　　　有早期流动求学经历的大学生批判性思维增长更大吗？（PSM 分析）

	系数	系数	稳健标准误	Z	P>|Z|	95% 置信区间	
全体	ATT	3.094	0.857	3.840	0.000	1.608	4.968
	ATU	3.114	0.717	4.520	0.000	1.831	4.640
	ATE	3.111	0.661	4.910	0.000	1.949	4.541

续表

		系数	稳健标准误	Z	P>∣Z∣	95%置信区间	
农业户口	ATT	4.230	1.082	3.970	0.000	2.178	6.420
	ATU	4.430	1.021	4.560	0.000	2.658	6.662
	ATE	4.389	0.908	5.050	0.000	2.804	6.365
非农业户口	ATT	0.178	1.388	0.420	0.674	-2.137	3.306
	ATU	2.263	1.263	2.150	0.031	0.245	5.195
	ATE	1.973	1.135	2.140	0.033	0.199	4.647
985	ATT	3.302	1.951	1.690	0.090	-0.520	7.129
	ATU	3.373	1.808	2.000	0.046	0.070	7.157
	ATE	3.362	1.624	2.200	0.028	0.384	6.748
211	ATT	3.472	1.718	2.150	0.031	0.332	7.068
	ATU	3.626	1.535	2.580	0.010	0.958	6.977
	ATE	3.598	1.361	2.880	0.004	1.253	6.586
四年制大学	ATT	3.313	1.618	2.060	0.039	0.168	6.509
	ATU	3.102	1.240	2.540	0.011	0.714	5.575
	ATE	3.139	1.148	2.770	0.006	0.927	5.429
四年制学院	ATT	4.056	1.926	2.220	0.026	0.504	8.054
	ATU	2.111	1.357	1.530	0.126	-0.586	4.734
	ATE	2.529	1.237	2.060	0.039	0.123	4.974

从学校类型上看，早期流动求学经历对毕业生批判性思维能力增值的影响存在略微差异，实验组平均处理效应的大小顺序依次是：四年制学院（4.056）、"211工程"大学（3.472）、四年制大学（3.313）、"985工程"大学（3.302）。需要说明的是，这种微小差异可能因抽样误差而并不准确，从统计角度上看，考虑置信区间的系数比较可能更为可靠，图5-1呈现了不同组群分析下95%置信区间的分布情况。由图5-1可知，"985工程"大学、"211工程"大学、四年制大学、四年制学院这四种类型的置信区间分布差异并不明显，绝大部分区域处于重合状态。同时也发现，农业户口出身和非农业户口出身这两种群体的估计系数的置信区间存在较大差异，说明前文分析结果是可靠的。

上述研究发现为家庭、个人及公共政策制定者等提供了有益参考。

[图表：早期流动求学经历对大学生批判性思维能力增长的效应（PSM 分析）

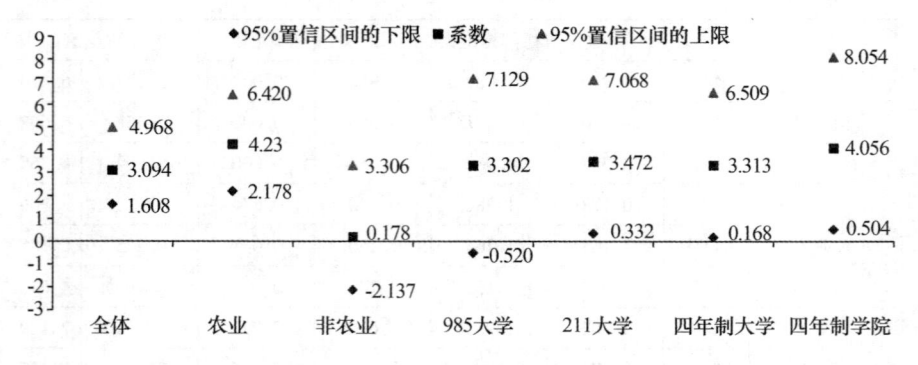

数据点：
- 全体：95%置信区间上限 4.968，系数 3.094，95%置信区间下限 1.608
- 农业：95%置信区间上限 6.420，系数 4.23，95%置信区间下限 2.178
- 非农业：95%置信区间上限 3.306，系数 0.178，95%置信区间下限 -2.137
- 985大学：95%置信区间上限 7.129，系数 3.302，95%置信区间下限 -0.520
- 211大学：95%置信区间上限 7.068，系数 3.472，95%置信区间下限 0.332
- 四年制大学：95%置信区间上限 6.509，系数 3.313，95%置信区间下限 0.168
- 四年制学院：95%置信区间上限 8.054，系数 4.056，95%置信区间下限 0.504]

图 5-1 早期流动求学经历对大学生批判性思维能力增长的效应（PSM 分析）

家庭及个人应认识到能力形成的特性，结合孩子的个人特质、爱好等，在既有预算约束下设计一个针对个体生命周期合理分配家庭教育资源的最优化投资策略，如在合适的时间选择适宜的流动求学策略等。对于弱势家庭而言，尤其是来自农村偏远贫困地区的家庭，需正确认识到早期教育成本小收益高而后期弥补教育成本高收益小的特点，应放眼未来，在尽可能寻求资助下扩大预算约束，适宜地鼓励和帮助子女流动求学，提升子女的早期教育质量。特别说明的是，本书仅关注早期流动求学经历对个人后期批判性思维能力的影响，并未探讨如何影响其他能力，如，非认知能力中的性格、人格特征、自控力或社会适应性等。家庭及个人应综合考虑其他多种因素再进行教育投资决策。

公共人力资本投资政策应向弱势群体倾斜以弥补私人投资不足和缓解社会不公平等。首先，应该重视弱势群体的早期教育问题，如帮助家庭经济水平较低的流动儿童完成学业、为因贫困或偏远等形成的留守儿童提供更好的教育服务和资源等。其次，应正视个人能力形成的多阶段性、自我生产及动态补充效应等，追加后期公共教育投资，尽可能在整个生命周期视角下帮助弱势群体完成后期教育投资，以最大化前期教育的投资效益。如，在高中及高等教育阶段为弱势流动儿童群体等推出针对性项目，提供奖助学金、住宿、课程辅导及医疗保健等服务。当然，在帮助弱势群体完成后期教育前须提供合理科学的途径使他们有开放的渠道能够进入后期教育阶段，首当其冲的便是完善流动学生异地高考政策，让他们拥有公平公正的入学竞争平台。

特别说明的是，本书在分析早期流动求学经历对本科生批判性思维能力增值影响时存在以下不足：一是"流动求学"信息不完全，本团队在对全国本科生进行调查时只询问了他们在高等教育阶段之前是否有流动求学经历，并没有细问流动求学具体发生在哪一个阶段、多长时间、有无家人陪伴等，由此也致使无法深入分析流动求学的作用差异；二是在探究早期流动求学经历如何影响大学生批判性思维能力时并没有进一步结合学生在早期流动求学时的学习、生活、能力状况以及在高等教育阶段的生活和学习投入状况，无法深入剖析早期流动求学经历影响大学生批判性思维能力的内部机制；三是研究样本存在选择性偏差，样本都是已经进入高等教育阶段学习、能力相对较高的学生，而那些有早期流动求学经历但没有进入高等教育阶段学习、能力相对较低的个人被排除，如此造成了一定程度的选择性偏差。

第二节 独生子女与批判性思维能力增值

2015年10月29日，中共十八届五中全会决定中国全面放开"二孩"政策，并于2016年1月1日正式实施。然而，独生子女依然是目前小学、中学和大学里学生的主体，独生子女的教育问题依然是社会关注的热点问题。尽管国内外学者对独生子女的心理健康状况[1]、性格特征[2]、社会适应[3]以及生命历程中的关键生命事件（如升学、毕业、就

---

[1] 郝克明、汪明：《独生子女群体与教育改革——我国独生子女状况研究报告》，《教育研究》2009年第2期；Wang W., Du W., Liu P., et al., "Five-Factor Personality Measures in Chinese University Students: Effects of One-Child Policy?", Psychiatry Research, Vol. 109, No. 1, 2002.

[2] 李志：《城市独生子女大学生人格特征的调查研究》，《青年研究》1998年第9期。

[3] 风笑天：《独生子女青少年的社会化过程及其结果》，《中国社会科学》2000年第6期；风笑天：《中国第一代城市独生子女的社会适应》，《教育研究》2005年第10期。

业、结婚生育)①、居住方式②、代际关系③等展开了大量研究和讨论,但关于独生子女群体,尤其是关于独生子女大学生群体能力发展状况的研究较为缺乏。而能力是独生子女大学生未来个人发展的核心要素,在一定程度上决定了独生子女的未来成就。因此,未来需要更多基于经验数据的实证分析来探讨独生子女大学生的能力发展状况。

基于中国的经验数据,本书主要分析独生子女与非独生子女大学生的批判性思维能力差异,并探讨这种差异随时间变化的趋势。创新点主要体现在两个方面:一是聚焦于独生子女大学生群体的批判性思维能力问题,丰富了独生子女教育问题的相关研究;二是探讨独生子女与非独生子女大学生的批判性思维能力差异的变化趋势,并结合大学生学习生活投入情况深入分析趋势形成的原因。

一 理论基础与研究假设

从已有的研究文献来看,主要存在两类代表性的理论来解释独生子女与非独生子女的发展差异。

第一,从家庭背景差异的视角出发,强调家庭背景对子女发展的影响。布雷克提出的家庭资源稀缺理论便是典型代表,从家庭规模角度探讨子女发展差异,认为兄弟姐妹数量与教育获得之间存在负相关关系。基于不同年龄群体的调查数据,布雷克发现,在成年人中,兄弟姐妹越多的人,受教育程度越低;而在那些年轻学生中,兄弟姐妹的数量与其学习成绩和教育期望成反比。他认为,兄弟姐妹人数的增多导致分配到

---

① [美] 托尼·法布尔:《独生子女与独生子女家庭》,王亚南译,云南教育出版社2001年版,第23页;邵国平:《独生子女恋爱观及其行为调查与分析》,《青年研究》2010年第2期;张月云、谢宇:《低生育率背景下儿童的兄弟姐妹数、教育资源获得与学业成绩》,《人口研究》2015年第4期。

② 王跃生:《城市第一代独生子女家庭亲子居住方式分析》,《中国人口科学》2016年第5期;原新、穆滢潭:《独生子女与非独生子女居住方式差异分析——基于logistic差异分解模型》,《人口研究》2014年第4期。

③ 风笑天:《在职青年与父母的关系:独生与非独生子女的比较及相关因素分析》,《江苏社会科学》2007年第5期;宋健、黄菲:《中国第一代独生子女与其父母的代际互动——与非独生子女的比较研究》,《人口研究》2011年第3期。

每个孩子身上的家庭资源份额减少,因而对每个孩子的教育成就都有负面影响。这种家庭资源包括三个方面:一是家庭的环境或场景,包括家居形式、生活必需品以及文化物品(如书籍和音乐等);二是各种有利于孩子接触外界社会的机会;三是父母亲对孩子的关注、干预或直接的教导[1]。谢迈尔的研究支持了这一论点,认为家庭中子女数量越多,意味着每个孩子所获得资源越少,父母难以给每个人同样的培育、照顾和金钱投入[2]。从该理论上看,相比非独生子女,独生子女拥有更多的家庭资源,被父母给予更多的关注与成就期望,独生子女的成长和发展也将更为突出。许多基于中国经验数据的研究证实了这一推论,如,王晓焘通过对12个城市青年发展状况的调查分析发现,家庭规模对孩子教育获得存在负向影响,独生子女的教育获得普遍高于非独生子女[3]。肖富群则重点考察了农村青年独生子女的就业特征,认为独生子女在教育获得方面具备明显优势,并强化了其就业优势[4]。

与家庭资源稀缺理论恰恰相反的是,交流互动论却认为家庭规模具有正向作用,兄弟姐妹间经常交流互动,时常产生合作冲突,进行假装游戏,有更多的机会体验他人的心理状态,进而促进心理发展。而学习方面的相互交流、对比、竞争也同样有利于提升学业成绩[5]。已有研究对上述两个理论的观点进行了检验,如,聂景春等基于中国西北农村调研数据发现,随着儿童兄弟姐妹数量的变化,"交流互动"和"资源稀释"两种反机制在同时发挥作用。当兄弟姐妹较少时,"交流互动"的作用更明显,相对于独生子女,有一个兄弟姐妹的儿童在心理健康状况和学业

---

[1] Blake J., "Family Size and the Quality of Children", *Demography*, Vol. 18, No. 4, 1981.

[2] Schmeer K. K., Teachman J., "Changing Sibship Size and Educational Progress During Childhood: Evidence from the Philippines", *Journal of Marriage and Family*, Vol. 71, No. 3, 2009.

[3] 王晓焘:《城市青年独生子女与非独生子女的教育获得》,《广西民族大学学报》(哲学社会科学版)2011年第5期。

[4] 肖富群:《农村青年独生子女的就业特征——基于江苏、四川两省的调查数据》,《中国青年研究》2011年第12期。

[5] Perner J., Ruffman T., Leekam S. R., "Theory of Mind Is Contagious: You Catch It from Your Sibs", *Child Development*, Vol. 65, No. 4, 1994; Cutting A. L., Dunn J., "Conversations with Siblings and with Friends: Links between Relationship Quality and Social Understanding", *British Journal of Developmental Psychology*, Vol. 24, No. 1, 2006.

表现方面表现出一定优势；当有较多兄弟姐妹时，"资源稀释"的作用更明显，因此有两个或两个以上兄弟姐妹的儿童在心理健康状况和学业表现方面均显著差于有一个兄弟姐妹的儿童[1]。此外，也有研究者提出汇流模型，认为儿童的智力成长和家庭背景存在关系，子女的智力发育水平取决于家庭中其他成员智力的平均水平[2]。

第二，从社会化发展的视角出发，强调社会化过程对个体发展的影响。风笑天提出的"消磨－趋同"理论最具代表性。他基于5次大规模的调查资料发现，在初中时期，独生子女与非独生子女两类青少年在能干、生活自理能力、文化期望、成人意识等方面所表现出的一些明显差异，都随着他们的成长而逐渐消失。这种差异的变化源自于后期接触的社会环境的变化及其年龄的成长，社会环境的变化所带来的影响称为"环境消磨"，年龄成长所带来的影响称为"时间消磨"。在个体成长早期，社会环境相对单一，父母和家庭的影响较大，两类群体因家庭环境的不同而形成差异。随着年龄的增大，社会环境渐趋复杂，父母和家庭的影响相对变小，外界环境的影响越发重要，但对于两类群体而言，外界环境都是趋同的，这种一致性的后期环境逐渐洗磨前期形成的差异。[3]

上述论断在其他研究中也得到了印证，如，风笑天和王小璐认为独生子女和非独生子女在就业和职业适应上不存在明显差异。[4] 托尼·法布尔在长期的研究中将独生子女和非独生子女进行参照实验和对比分析，发现成年后的独生子女和非独生子女在职业和经济上的成就表现并无显著差异[5]。田丰和刘雨龙利用CSS2011年调查数据发现，先赋因素如家庭背景对独生子女和非独生子女在接受高等教育机会上的差异有显著影响，

---

[1] 聂景春等：《农村儿童兄弟姐妹的影响研究：交流互动或资源稀释?》，《人口学刊》2016年第6期。

[2] Zajonc R., Markus B., Gregory B., "Birth Order and Intellectual Development", *Psychological Review*, Vol. 82, No. 1, 1975.

[3] 风笑天：《独生子女青少年的社会化过程及其结果》，《中国社会科学》2000年第6期。

[4] 风笑天、王小璐：《城市青年的职业适应：独生子女与非独生子女的比较研究》，《江苏社会科学》2003年第4期。

[5] ［美］托尼·法布尔：《独生子女与独生子女家庭》，王亚南译，云南教育出版社2001年版，第23页。

而是否接受高等教育对两类人群后续的生命事件具有决定性的影响。独生子女和非独生子女之间差异的消失或缩小是由个人在关键生命事件中获得的后致因素所决定的，考虑到生命事件的连续性和因果关系，两类人群身上体现出后致因素替代先赋因素的规律。①

研究将从大学入学年和毕业年两个时点来关注独生子女与非独生子女大学生群体的批判性思维能力差异状况及其变化趋势。基于上述理论分析，研究提出以下3种假设。

假设1：在大学入学初期，独生子女大学生的批判性思维能力显著高于非独生子女大学生的批判性思维能力。在进入大学之前，独生子女与非独生子女更多是在父母和家庭环境等因素的影响下逐渐成长发展的，此时家庭资源稀缺理论更能解释独生子女与非独生子女间的发展差异，由前文可知，独生子女因享有更多的父母关注和家庭资源等，营养水平、健康意识、受教育质量、心理沟通与成长、智力发展等方面会表现更好。

假设2：经历几年大学教育后，独生子女与非独生子女大学生间的批判性思维能力不再显著。由"消磨－趋同"理论可知，进入大学学习后，独生子女与非独生子女面临的是相同的班级、校园、社会等外界环境，父母和家庭环境的影响逐渐变小，在经历了"时间消磨"与"环境消磨"后，独生子女与非独生子女大学生间的批判性思维能力差异将逐渐减小，甚至消失。

假设3：在大学就读过程中，独生子女与非独生子女大学生的批判性思维能力增长幅度存在显著差异。进入大学学习后，独生子女拥有的资源优势不再明显，社会化环境的作用逐渐凸显。而"消磨—趋同"理论的潜在假设是，趋同的社会化环境下独生子女与非独生子女的成长速度存在差异，由此致使两类群体之前形成的差异逐渐缩小或消失。

---

① 田丰、刘雨龙：《高等教育对独生子女和非独生子女差异的影响分析》，《人口与经济》2014年第5期。

二 研究设计

研究主要关注两方面问题：一是在大一新生和毕业生中，独生子女与非独生子女大学生的批判性思维能力是否存在显著差异；二是在大学就读期间，独生子女与非独生子女大学生间的批判性思维能力增长幅度是否存在显著差异。

1. 在大一新生和毕业生中：独生子女大学生的批判性思维能力更高吗？

模型（1）是衡量独生子女大学生的批判性思维能力是否更高的多元线性回归模型：

$$y_i = \beta_0 + \beta_1 singlechild_i + \beta_2 \vec{X_i} + \varepsilon \tag{1}$$

公式中：y_i 是学生的批判性思维能力测试得分；$singlechild_i$ 是判断样本是否为独生子女的变量，若是，则变量为1，反之则为0；β_1 是独生子女变量的回归系数，若该系数大于0，表明独生子女大学生的批判性思维能力更高，反之则更低；β_0 是截距项；β_2 是各控制变量的拟合系数；ε 是随机误差项；$\vec{X_i}$ 是控制变量。

对于大一新生样本而言，控制变量 $\vec{X_i}$ 主要包括3类：一是人口统计学特征，如性别、民族、政治面貌等；二是家庭背景及个人成长经历相关变量，如户口类型、家庭所在地、家庭类型、家庭经济状况、父母受教育程度、流动求学经历、留守经历等；三是高中学业相关变量，如高中所在地、高中类型、班级类型、高三成绩排名指数（以"高三时的总成绩在班级中的大体排名/高三所在班级的人数"计算所得）、高考生源类型等。对于大四学生样本而言，除上述3类变量外，还存在第4类变量，即大学就读经历相关变量，主要包括学校类型、学科类型、学情投入状况（如学习成绩、实习经历、社团活动、科研经历、转专业学习等）。

2. 大四学生：独生子女大学生的批判性思维能力增值更大吗？

模型（2）分析独生子女大学生的批判性思维能力是否增长更大。

$$\Delta_{i,se} = \mu_0 + \mu_1 singlechild_{i,se} + \mu_2 \vec{X_{i,se}} + \varepsilon \tag{2}$$

因变量为大四学生在大学就读期间的批判性思维能力增长幅度（$\Delta_{i,se}$）。μ_1 为独生子女变量的拟合系数，若显著大于0，表明，相对非独生子女大学生而言，独生子女大学生的批判性思维能力增长更大；反之则更低。

三 研究结果

（一）相关变量的描述性统计分析

表5-6和表5-7呈现了相关变量的描述性统计分析结果。从控制变量的分布情况上看，无论是大一学生样本，还是大四学生样本，独生子女与非独生子女在户口类型、家庭所在地、家庭经济水平、父母受教育程度变量、流动求学经历、留守经历、高中类别等方面的分布均存在较大差异。具体来看，相对非独生子女而言，独生子女更多来源于非农业户口、家庭经济状况在"平均水平"及以上、父母接受了高等教育的家庭，而且他们的流动求学经历和留守经历相对较少，高中主要就读于"市重点"及以上层次的学校，这在一定程度上说明，独生子女大学生在成长过程中拥有更好的成长环境，能够享受到更优质的城市资源及更完善的家庭和学校教育等。纵向比较来看，无论是独生子女还是非独生子女，大四学生样本的批判性思维能力得分均高于大一学生，且差距显著（以独生子女为例，T检验显示：T值为-2.385，$P=0.0171$），该结果也粗略地反映出大学生批判性思维能力在大学期间得以提升。从横向比较来看，从大一学生样本的批判性思维能力得分上看，独生子女大学生的批判性思维能力得分（56.96）高于非独生子女（52.18），差值为4.78分且高度显著（T值为-17.038，$P<0.000$）。从大四学生样本上看，独生子女大学生的批判性思维能力得分（57.80）依然高于非独生子女（53.58），差值为4.22分且高度显著（T值为-11.601，$P<0.000$）。该结果说明：独生子女与非独生子女大学生的批判性思维能力得分存在显著差异；随着时间的推移，独生子女与非独生子女大学生的批判性思维能力得分差异在缩小，大一时较大，大四时较小，呈收敛趋势。

表 5-6　　各分类变量的分布情况

变量		大一 非独生子女 百分比/%	大一 独生子女 百分比/%	大四 非独生子女 百分比/%	大四 独生子女 百分比/%
男（女）		43.60	54.63	46.91	56.47
汉族（少数民族）		89.91	92.65	91.14	93.51
党员（非党员）		0.76	0.99	30.81	33.30
非农业户口（农业户口）		24.95	75.86	22.22	69.24
家庭所在地（省会城市或直辖市）	地级市	11.70	27.81	10.26	28.10
	县或县级市	20.72	28.64	19.27	26.15
	乡镇	14.22	7.97	13.14	9.01
	农村	46.84	11.35	52.33	16.79
家庭类型（大家庭）	核心家庭	67.89	70.01	69.52	71.25
	重组家庭	2.05	2.27	2.13	2.40
	单亲家庭	3.94	5.76	3.73	6.74
	隔代家庭	1.06	0.87	0.88	0.77
	其他家庭	1.36	1.90	0.69	1.79
家庭经济水平（远低于平均水平）	低于平均水平	40.30	22.51	39.57	27.03
	平均水平	47.71	61.64	46.54	57.64
	高于平均水平	4.43	12.09	3.87	9.76
	远高于平均水平	0.13	0.22	0.28	0.31
父母接受高等教育（父母未接受高等教育）		13.98	57.57	11.10	50.8
有流动求学经历（没有流动求学经历）		16.86	10.38	19.86	12.48
有留守经历（没有留守经历）		32.49	14.30	31.10	15.27
高中所在地（省会城市或直辖市）	地级市	23.92	34.43	24.70	35.78
	县或县级市	58.63	35.11	58.89	37.44
	乡镇	6.49	3.15	6.88	4.04
	农村	1.83	0.40	2.44	0.45
高中类别（国家重点）	省重点	22.30	35.28	22.77	37.24
	市重点	26.64	31.69	29.06	30.28
	普通高中	48.38	26.36	44.96	25.92
普通班（重点班）		51.34	48.54	50.88	49.92

续表

变量		大一		大四	
		非独生子女	独生子女	非独生子女	独生子女
		百分比/%	百分比/%	百分比/%	百分比/%
生源类型（文科）	理科	76.45	78.76	76.52	75.89
	综合	0.32	0.12	0.28	0.10
	其他	1.91	0.74	0.81	0.76

注：表中括号内为各变量的参照组。

表5-7　　　　　　　　　各定距变量的均值分析

变量	大一		大四	
	非独生子女	独生子女	非独生子女	独生子女
成绩排名指数	0.28	0.30	0.27	0.30
批判性思维能力得分	52.18	56.96	53.58	57.80

研究进一步从不同组别来比较独生子女与非独生子女大学生批判性思维能力差异，图5-2呈现了不同组别下的比较分析结果。由图5-2可知，从整体上看，独生子女与非独生子女大学生批判性思维能力差异在所有组别中均是显著的（T检验的P值均小于0.05）。从大四毕业生与大一新生间的比较上看，独生子女与非独生子女大学生批判性思维能力差异在大一新生样本中较高，在大四毕业生样本中较低，整体呈现出"下移"现象，再次印证了随着时间的推移独生子女与非独生子女大学生的批判性思维能力得分差异呈收敛趋势。然而，这种简单描述性统计分析并未控制其他因素的影响，研究结果可能并不可靠，需进一步深入分析。

（二）大一新生和大四毕业生：独生子女大学生的批判性思维能力更高吗？

为控制其他变量的影响，深入分析独生子女与非独生子女大学生批判性思维能力的差异，研究对模型（1）进行拟合分析，结果如表5-8所示。从大一新生样本的拟合结果上看，拟合优度为12.8%，说明回归

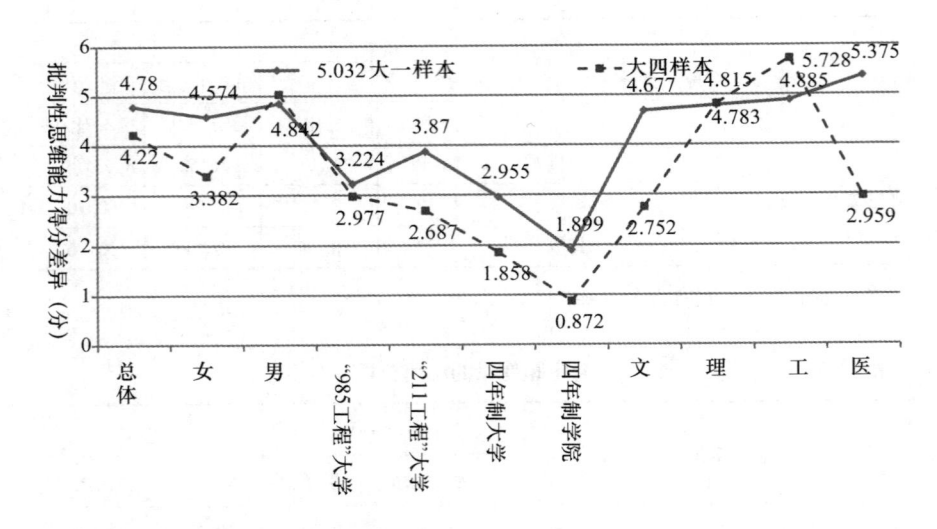

图 5-2　不同组别下独生子女与非独生子女大学生的批判性思维能力得分差异

分析是有意义的。具体来看，在控制人口统计学特征变量、家庭背景及个人成长相关变量、高中学业相关变量后，独生子女大学生的批判性思维能力得分比非独生子女大学生批判性思维能力得分显著高出 1.660 分，表明，在高等教育入学初期，独生子女在批判性思维能力方面的确具有优势，这也验证了假设 1，研究结果支持了家庭资源稀缺理论，相对而言，在高等教育之前，独生子女享有更为丰富的家庭资源、父母关注等，能够更好地成长和发展。

从大四毕业生样本的拟合结果上看，拟合优度均在 11.2% 以上，加入所有控制变量后，甚至达到了 21.3%，说明回归模型具有较强的解释力度。由表 5-8 大四样本（1）结果可知，在仅控制人口统计学特征、家庭背景及个人成长相关变量、高中学业相关变量下，独生子女与非独生子女批判性思维能力差异为 1.867 分，且是高度显著的，但这种差异并未考虑高等教育作用差异的影响，在控制学校类型和学科差异后，两类群体的批判性思维能力差异变为 1.212 分，依然是高度显著的。进一步控制两类群体在大学教育期间的学情投入差异后，批判性思维能力差异为 1.465 分，仍然是高度显著的，由此说明，在经历高等教育阶段的学习后,独生子女与非独生子女大学生在批判性思维能力上的差异依然存在,研究结果虽未验证假设2,但不能由此简单反驳"消磨-趋同"理论,可能的原因是,尽管进入大学教育阶段后,两类群体大学生的确面临的是相同的学习生活环境,父母和家庭环境的影响变小,但高等教育期间的"时间消磨"与"环境消磨"并没有完全消除差异,要达到完全消除差异需要更为长期的过程。上述解释是否真实需要进一步检验在高等教育期间独生子女与非独生子女大学生批判性思维能力的增长幅度是否存在差异。

表5-8　　独生子女大学生的批判性思维能力更高吗

变量	大一样本	大四样本(1)	大四样本(2)	大四样本(3)
独生子女	1.660***	1.867***	1.212***	1.465***
	(0.355)	(0.474)	(0.451)	(0.524)
学校类型			YES	YES
学科类型			YES	YES
学情投入相关变量				YES
人口统计学特征变量	YES	YES	YES	YES
家庭背景及个人成长相关变量	YES	YES	YES	YES
高中学业相关变量	YES	YES	YES	YES
Constant	50.81***	52.39***	44.23***	43.82***
	(1.266)	(1.648)	(1.648)	(3.198)
N	6,641	3,966	3,966	2,829

注:括号内为标准误;*** $p<0.01$,** $p<0.05$,* $p<0.1$;受篇幅限制,表中未呈现其他变量的拟合系数,仅以"YES"表示引入了相关变量(后同)。

(三)大四毕业生:独生子女大学生的批判性思维能力增长更大吗?

在分析高等教育期间独生子女大学生批判性思维能力增长是否更大之前,须先测度大学生批判性思维能力增长幅度。前文中已经详细描述了如何应用"反向测度法"来衡量大学生批判性思维能力的增长幅度,研究直接使用大学生批判性思维能力增值大小的测度结果。为此,以大四毕业生批判性思维能力增值幅度为因变量,对模型(2)进行拟合分析,结果如表 5-9 所示。由表 5-9 大四样本(1)可知,模型的拟合优度为 10.3%,拟合分析是有意义的。在不控制大学生在大学教育期间的学情投入差异情况下,独生子女大学生比非独生子女大学生的批判性思维能力增长幅度显著低出 0.986 分,这表明非独生子女大学生在高等教育期间批判性思维能力增长更大,研究结果验证了假设 3。如表 5-9 大四样本(2)所示,模型的拟合优度为 10.9%,拟合分析同样是有意义的。在控制大学生高等教育期间的学情投入变量后,独生子女与非独生子女大学生的批判性思维能力增长幅度差异依然是负数,但并不显著。由此说明,进入高等教育阶段之后,大学生面临着相同的校园文化、学校环境、社会化环境等,独生子女大学生拥有的优势家庭资源对于高等教育期间个人能力发展的作用被弱化,导致独生子女大学生能力的发展并不具有优势。相反,非独生子女通过更为积极有效的学情投入来融入校园或社会环境,快速提升自身的批判性思维能力,从而在高等教育期间缩小与独生子女大学生批判性思维能力的差异。研究结果印证了"消磨-趋同"理论,在相同的社会化环境中,受"时间"或"环境"的消磨,独生子女与非独生子女大学生的批判性思维能力差异逐渐收敛。

表 5-9　　独生子女大学生的批判性思维能力增长更大吗

变量	大四样本(1)	大四样本(2)
独生子女	-0.986**	-0.516
	(0.475)	(0.553)
学校类型	YES	YES
学科类型	YES	YES
学情投入		YES
人口统计学变量	YES	YES
家庭背景及个人成长相关变量	YES	YES
高中学业相关变量	YES	YES
Constant	-7.547***	-3.176
	(1.775)	(3.396)
N	3,378	2,440

需要说明的是,关于独生子女与非独生子女大学生批判性思维能力差异趋势判断的问题,研究基于大四毕业生样本计算独生子女与非独生子女在高等教育期间的批判性思维能力增长幅度差异来判断差异趋势的潜在假设是:在大四毕业生样本几年前刚进入高等教育阶段时独生子女与非独生子女的批判性思维表现与现阶段的"大一新生样本"的表现一致,即独生子女显著高于非独生子女。尽管他们不是同一时间段的同一群体,但这种假设是成立的,因为如果在刚进入大学时独生子女小于等于非独生子女,而非独生子女在高等教育期间批判性思维能力增长幅度更大,那么,现阶段大四毕业生中独生子女的批判性思维能力只会小于非独生子女的批判性思维能力,而这与现实调查的结果是相违背的。因此,研究用横截面数据判断两类群体差异的变化趋势是合理的。

第三节 家庭第一代大学生与批判性思维能力增值

家庭第一代大学生,狭义上指父母均未接受过高等教育的大学生,广义上指父母、(外)祖父母甚至更高辈分家庭成员均未接受过高等教育的大学生。高校扩招以来,迅速扩张的大学生群体中家庭第一代大学生的占比日趋升高,2016年"全国本科生能力调查"数据显示,家庭第一代大学生占比超过七成,农村生源中家庭第一代大学生占比超过九成,城市生源中家庭第一代大学生占比也接近五成。从发展趋势上看,随着多项倾斜弱势学生群体的高考招生专项政策的实施(如,旨在帮助贫困、边远、民族等地区的"国家专项计划""地方专项计划"及"高校专项计划"等)[1],高校中家庭第一代大学生的比例将不断攀高,未来很长时期内家庭第一代大学生依然是大学生群体中的重要组成部分。家庭第一代大学生承担着父母和家庭的期望,成为社会弱势阶层向上流动的重要力量,他们学业或能力的发展决定了未来个人职业和社会经济地位的获得。然而,受限于"先赋结构性"家庭资源短缺,这些学生在家庭经济

---

[1] 以2012年启动实施、连续四年扩招的"国家专项计划"为例,截至2017年,累计超过25万名贫困学子通过该专项计划圆梦重点高校,这些学生中绝大部分是第一代农村大学生。

支持、大学就读经验传授、学业准备、心理准备、社交群体融入技能等方面相对缺乏[1]，造成经济压力过大、心理失衡、社会融入不足、学业成就及能力发展较低甚至中途辍学等状况。[2] 尽管上述多项旨在促进高等教育入学机会公平的专项政策给弱势家庭第一代大学生带来了福音，但如何保障他们在高等教育期间的过程性质量依然是当前面临的现实难题。家庭第一代大学生在本科就读期间发展如何也成为检验人才培养质量和教育过程公平的重要维度。

衡量大学生发展状况是一项综合性命题，可从知识、技能、能力等维度进行分析，每个维度下又存在着纷繁复杂的细类或子类划分。本书选择当前全球高等教育公认的培养目标——发展大学生批判性思维能力[3]——为分析视角，以期探究高等教育就读期间家庭第一代大学生发展状况。批判性思维能力是一种基于证据的、谨慎评估的、不断反省的思维能力，强调审慎地对待他人或自己的观点、假说、论证等，是和读、写一样基本的学习和学术技能，是创造知识和合理决策所必须的能力。[4]那么，对于"先赋结构性"资源薄弱的家庭第一代大学生而言，他们的批判性思维能力如何？与家庭非第一代大学生的批判性思维能力是否存在差异？他们能否在本科教育期间通过调整主观能动性及行动策略等"后天自致性"因素来削弱"先赋结构性"资源的限制，迅速培养和提升自身的批判性思维能力？本书将对此展开分析。

一　文献述评及研究假设

早在20世纪80年代的西方国家，许多关注多元化大学生群体特征及其发展的研究就聚焦于家庭第一代大学生群体。从既有文献上看，可大

---

[1] Riehl R. J. , "The Academic Preparation, Aspiration and First – Year Performance of First – Generation Students", *College and University*, Vol. 70, No. 1, 1994.

[2] London H. B. , "Breaking Away: A Study of First – Generation College Students and Their Families", *American Journal of Education*, Vol. 89, No. 1, 1989; Anonymous, "First – Generation College Students Struggle", *Occupational Outlook Quarterly*, Vol. 42, No. 4, 1999.

[3] Ennis R. , "Critical Thinking: a Streamlined Conception", *Teaching Philosophy*, Vol. 14, No. 1, 1991.

[4] 董毓：《批判性思维三大误解辨析》，《高等教育研究》2012年第11期。

致将家庭第一代大学生相关研究划分为三类：一是，关注家庭第一代大学生在大学入学时的基本特征，如，家庭经济水平、文化状况、社会资本、基础学业水平、大学前准备、心理状态等[1]；二是，从辍学率、学习投入、校园文化适应、社会融合、学习经历满意度、学业压力、学业成就等多维度评估家庭第一代大学生在大学就读期间的学业发展情况[2]，研究者们从家庭经济资本积累不足[3]、文化资本缺失[4]、心理封闭或失衡[5]等因素对第一代大学生的发展劣势现象进行了解释；三是，利用不同计量技术分析某项具体活动（如，学生资助、师生互动、生生互动等）对家庭第一代大学生发展的影响[6][7]。尽管已有研究基于不同国家、地区、高校等层次的数据分析和刻画了家庭第一代大学生的发展状况，但研究指标主要集中于课业成绩或主观性较强的心理状态等，对本科教育期间家庭第一代大学生能力及其发展的研究相对较少，部分已有研究涉及第一代大学生的能力问题（如陆根书和胡文静、熊静等研究），但在评估大学生能力时均采用自我报告法，这种方法存在很大程度上的自我"美化"

---

[1] Bui K. V., "First-Generation College Students at a Four-Year University: Background Characteristics, Reasons for Pursuing Higher Education and First-Year Experiences", *College Student Journal*, Vol. 36, No. 1, Mar 2002；鲍威：《第一代农村大学生的升学选择》，《教育学术月刊》2013年第1期；张华峰、郭菲、史静寰：《促进家庭第一代大学生参与高影响力教育活动的研究》，《教育研究》2017年第6期。

[2] Anonymous, "First-Generation College Students Struggle", *Occupational Outlook Quarterly*, Vol. 42, No. 4, 1999; Pike G. R., Kuh G. D., "First- and Second-Generation College Students: A Comparison of Their Engagement and Intellectual Development", *The Journal of Higher Education*, Vol. 76, No. 3, 2005.

[3] Prospero M., & Vohra-Gupta S., "First-Generation College Students: Motivation, Integration, and Academic Achievement", *Community College Journal of Research and Practice*, Vol. 31, No. 12, 2007.

[4] Shields N., "Stress, Active Coping, and Academic Preparedness among Persisting and Nonpersisting College Students", *Journal of Applied Biobehavioral Research*, Vol. 6, No. 2, 2001.

[5] Rodriguez S., "What Helps Some First-Generation Students Succeed?", *About Campus*, Vol. 8, No. 4, Sep 2003.

[6] 鲍威、陈亚晓：《经济资助方式对农村第一代大学生学业发展的影响》，《北京大学教育评论》2015年第2期。

[7] 陆根书、胡文静：《师生、同伴互动与大学生能力发展——第一代与非第一代大学生的差异分析》，《高等工程教育研究》2015年第5期。

或"黑化"问题,评估结果可能并不准确。未来研究需在标准化客观测试大学生能力的基础上分析第一代大学生能力及其发展问题。

本书聚焦于高等教育期间第一代大学生的客观能力水平及其增值表现,而非大学学习经历或知识层面的学业成绩等,从而丰富第一代大学生学业发展的研究。

关于学生发展的解释路径大致可归纳为三种:一是,从社会分层结构、区位结构、经济或文化资本结构等视角探讨结构化资源差异对学生发展的影响[1];二是,从学生个体的心理素质、学习动机、自我效能感、主观能动性等角度探讨个体行为差异对学生发展的影响[2];三是同时考虑结构化资源差异和个人行为差异的影响,认为学生发展是在特定教育环境下受资源或规则限制、个人主观能动性等影响下的综合作用的结果。于本书而言,家庭第一代大学生能力发展不仅受限于家庭资源,还与本科教育期间的学习投入、自我效能感等密切相关,且两类因素间并非二元对立的,相反,它们是一种彼此融合、互为条件的关系。为此,本书将以第三种解释路径展开研究。

具体而言,"先赋结构性"家庭资源可通过直接授予和间接传递两种方式影响个体行为。直接授予指通过直接资源配置或直接改变机会结构来赋予个体间不平等关系,典型的,如,因城乡差异、经济水平差异、文化结构差异等造成学生个体的学业成就差异。[3] 间接传递指"先赋结构性"资源通过内部特有的"惯习"来传递不平等关系,如,若家庭内部成员接受了高等教育,会在日常生活、为人、处事等人际活动中潜移默化地影响其他家庭内部成员,从而一定程度地渗入于他们自身的人际活动中,形成家庭内部特有的"惯习",由此影响大学生在本科学习期间的

---

[1] 周皓:《家庭社会经济地位、教育期望、亲子交流与儿童发展》,《青年研究》2013年第3期;方长春、风笑天:《家庭背景与学业成就——义务教育中的阶层差异研究》,《浙江社会科学》2008年第8期。

[2] 蔺秀云等:《流动儿童学业表现的影响因素——从教育期望、教育投入和学习投入角度分析》,《北京师范大学学报》(社会科学版)2009年第5期;吴峰、王曦:《大学生情绪智力对学业成就的影响——基于结构方程模型实证研究》,《教育学术月刊》2017年第1期。

[3] 刘精明:《中国基础教育领域中的机会不平等及其变化》,《中国社会科学》2008年第5期。

个体行动。于本书而言，与家庭非第一代大学生相比，家庭第一代大学生（尤其家庭第一代农村大学生）在家庭经济资本结构、文化资本结构以及地理位置结构等形成的可利用资源或"惯习"上处于劣势，致使家庭第一代大学生在刚进入高等教育阶段时批判性思维能力相对较低。另外，因"先赋结构性"资源制约带来的不平等关系并非是一成不变的，家庭第一代大学生可通过提高主观能动性、实践努力程度以及强烈的内在动力等来弥补资源制约。为此，本书提出如下研究假设：

假设1：高等教育入学阶段，家庭第一代大学生的批判性思维能力低于家庭非第一代大学生的批判性思维能力。区分生源差异后，批判性思维能力由大到小依次是：家庭非第一代大学生、家庭第一代城市大学生、家庭第一代农村大学生。

假设2：高等教育期间，家庭第一代大学生的批判性思维能力增值幅度大于家庭非第一代大学生的批判性思维能力增值幅度。区分生源差异后，增值幅度由大到小依次是：家庭第一代农村大学生、家庭第一代城市大学生、家庭非第一代大学生。

二 研究设计

（一）数据处理

本书聚焦于第一代大学生的狭义概念，仅依据学生样本填写的"父母受教育程度"信息来判别学生是否为第一代大学生，并依据"上大学前家庭居住地"信息判断他们是否属于"城市"或"农村"生源，最终，第一代农村大学生5650人、第一代城市大学生3558人、非第一代大学生3923人。

（二）计量模型

1. 大一新生样本中家庭第一代大学生与家庭非第一代大学生间批判性思维能力差异

对于刚进入高等教育阶段的大一新生而言，批判性思维能力水平主要受大学前的个人成长经历、学习状况及家庭背景等因素的影响，如模型（1）所示：

$$y_{i,fr} = \beta_0 + \beta_1 Firstgen_{i,fr} + \beta_2 \overrightarrow{X_{i,fr}} + \varepsilon \quad (1)$$

其中，$y_{i,fr}$ 是大一新生的批判性思维能力测试得分，$Firstgen_{i,fr}$ 是第一代大学生变量，若是家庭第一代大学生则取值为 1，反之则为 0。若系数 β_1 显著为正，表明，在大一新生样本中，相对家庭非第一代大学生而言，家庭第一代大学生的批判性思维能力更高。$\overrightarrow{X_{i,fr}}$ 是控制变量，主要包括大一新生三方面特征：一是人口统计学特征，如性别、民族、政治面貌等；二是成长环境，如户口类型、家庭类型、家庭经济状况、独生子女、流动求学经历、留守经历等；三是高中阶段学业状况，如高中所在地、高中类型、班级类型、班级排名、高考生源类型等。β_0 为截距项，β_2 为各控制变量的拟合系数，ε 为随机误差项。

2. 大四学生样本中家庭第一代大学生与家庭非第一代大学生间批判性思维能力增值幅度差异

模型（2）分析在本科就读期间相对家庭非第一代大学生而言，第一代大学生的批判性思维能力增值幅度是否更大。

$$\Delta_{i,se} = \alpha_{i,se} + \mu_{i,se} Firstgen_{i,se} + \lambda_{i,se} U_{i,se}$$
$$+ \varphi_{i,se} D_{i,se} + \delta_{i,se} \overrightarrow{S_{i,se}} + \gamma_{i,se} \overrightarrow{X_{i,se}} + \varepsilon \tag{2}$$

其中，$\Delta_{i,se}$ 为大四学生在本科就读期间的批判性思维能力增值幅度①，$\overrightarrow{X_{i,se}}$ 是大四学生 i 的特征指标。$Firstgen_{i,se}$ 为大四学生是否为家庭第一代大学生，若系数 $\mu_{i,se}$ 显著为正，表明，相对非第一代大学生而言，第一代大学生的批判性思维能力增值更大。测评高校（$U_{i,se}$）有 4 种类型，分别是"985 工程"大学、"211 工程"大学、四年制大学、四年制学院，以四年制学院为参照组。$\lambda_{i,se}$ 为各学校类型的拟合系数，反映的是相对四年制学院而言，其他类型学校的大学教育对大学生批判性思维能力增值的贡献差异。学科（$D_{i,se}$）含文、理、工和医科 4 大类，以文科为参照组。$\varphi_{i,se}$ 为各学科的拟合系数，反映的是相对文科而言，其他学科的大学教育对大学生批判性思维能力增值的贡献差异。$\overrightarrow{S_{i,se}}$ 为大四学生的学情投入变

---

① 笔者在 2018 年第 6 期《中国高教研究》上发表的文章中详细阐述了如何基于全国性横截面数据、利用反事实测度法来衡量大四学生在本科教育期间的批判性思维能力增值状况，为避免重复，本书不再赘述。张青根、沈红：《中国大学教育能提高本科生批判性思维能力吗——基于"2016 全国本科生能力测评"的实证研究》，《中国高教研究》2018 年第 6 期。

量，包括是否具有第二专业学习、转专业、学生社团活动、实习、科研参与、创业等经历，$\vec{X_{i,se}}$ 为大四学生的特征变量。

（三）相关变量的描述性统计分析

表5-10呈现了不同类型学生在各相关变量上的分布情况。从家庭经济水平上看，55.94%的家庭第一代农村大学生、39.22%的家庭第一代城市大学生、18.6%的家庭非第一代大学生所在家庭的经济水平处于平均水平以下，说明，第一代大学生在经济资本上处于劣势。从父母亲受教育程度上看，家庭第一代农村大学生的父、母亲受教育程度绝大部分处于初中及以下水平，所占比例分别达到了80.60%、90.71%，家庭第一代城市大学生的父、母亲受教育程度也大部分处于初中及以下水平，但所占比例小于家庭第一代农村大学生，分别为59.96%、73.91%，而家庭非第一代大学生中仅4.26%、13.44%的父、母亲受教育程度处于初中及以下水平，由此可知，家庭第一代大学生在文化资本上严重不足。从职业层次[①]上看，在家庭第一代农村大学生、家庭第一代城市大学生、家庭非第一代大学生样本中，父亲职业处于最底层的分别有80.26%、35.87%、8.47%，母亲职业处于最底层的分别有84.21%、42.38%、15.13%，说明，家庭第一代大学生的社会资本相对不足。综上分析，第一代大学生在家庭社会经济地位上处于弱势，所在家庭并不能给他们提供充足的经济资源、良好的家庭"惯习"以及有力的社会资源等，这些"先天性"资源的"结构性"短缺明显影响了他们的成长与发展。从独生子女状况上来看，第一代农村大学生、第一代城市大学生中独生子女比例分别为16.7%、39.23%，远远低于非第一代大学生中独生子女所占比例（73.92%）。由"家庭资源稀缺理论"可推断，由于兄弟姐妹的存在，非独生子女的第一代大学生所拥有的家庭资源会进一步短缺，从而影响他们的学业发展与个人成长。这一点在求学与成长经历上也得到了验证，

[①] 本书参考沈红的研究，将职业层次划分为四类：最高层（国家和社会管理者、经理人员和私营企业主）、次高层（专业技术人员（教师、医生、军人）和个体工商户）、第三层（企事业单位普通员工和商业服务业人员）、最底层（产业工人、农民工、农业劳动者和城乡无业/失业/半失业者）。沈红：《中国大学教师发展状况——基于"2014中国大学教师调查"的分析》，《高等教育研究》2016年第2期。

第一代农村大学生、第一代城市大学生、非第一代大学生中分别有47.5%、66.23%、77.08%的学生在重点（国家、省、市）中学就读高中，分别有46.75%、50.36%、53.13%的学生在重点班上学习。此外，在高等教育之前，第一代农村大学生、第一代城市大学生、非第一代大学生中有流动求学经历的分别有16.71%、16.91%、11.83%，有留守经历的分别有37.28%、24.68%、7.71%。

表 5-10　不同类型学生在各相关变量上的分布情况　　（%）

		第一代农村大学生	第一代城市大学生	非第一代大学生
家庭经济水平	远低于平均水平	10.68	5.04	2.46
	低于平均水平	45.26	34.18	16.14
	平均水平	41.99	54.38	65.93
	高于平均水平	2	6.16	15.08
	远高于平均水平	0.07	0.23	0.39
父亲受教育程度	高中	19.4	40.04	8.06
	初中	52.38	45.3	3.64
	小学	26.17	13.88	0.62
	未接受教育	2.05	0.78	0
母亲受教育程度	高中	9.29	26.09	14.82
	初中	40.7	47.71	10.9
	小学	42.07	23.61	2.23
	未接受教育	7.94	2.59	0.31
父亲职业层次	最高层	2.44	9.8	31.3
	次高层	11.56	34.08	32.59
	第三层	5.73	20.25	27.64
	最底层	80.26	35.87	8.47

续表

		第一代农村大学生	第一代城市大学生	非第一代大学生
母亲职业层次	最高层	1.04	5.07	13.77
	次高层	9.13	29.99	37.37
	第三层	5.63	22.56	33.73
	最底层	84.21	42.38	15.13
学校类型	国家重点	2.58	3.98	7.28
	省重点	19.73	28.99	38.63
	市重点	25.19	33.26	31.17
	普通高中	52.5	33.78	22.93
班级类型	重点班	46.75	50.36	53.13
	普通班	53.25	49.64	46.87
独生子女		16.7	39.23	73.92
有流动求学经历		16.71	16.91	11.83
有留守经历		37.28	24.68	7.71

三 研究结果

(一) 在批判性思维能力得分上，家庭第一代农村大学生最低、家庭第一代城市大学生次之，家庭非第一代大学生最高

如图5-3所示，在大一样本中，家庭第一代农村大学生、家庭第一代城市大学生、家庭非第一代大学生的批判性思维能力得分分别为51.53、54.21、57.51分，三者间得分差异显著（F值为168.71，$P<0.001$）。在大一女性样本中，上述三类学生的批判性思维能力得分分别为51.02、53.9、56.82分，差异显著（F值为83.94，$P<0.001$）；在大一男性样本中，上述三类学生的批判性思维能力得分分别为52.1、54.53、58.23分，差异显著（F值为84.44，$P<0.001$）。从学校类型看，"985工程"大学、"211工程"大学、四年制大学、四年制学院下上述三类学生的批判性思维能力得分差异依然显著（F值分别为18.37、11.84、

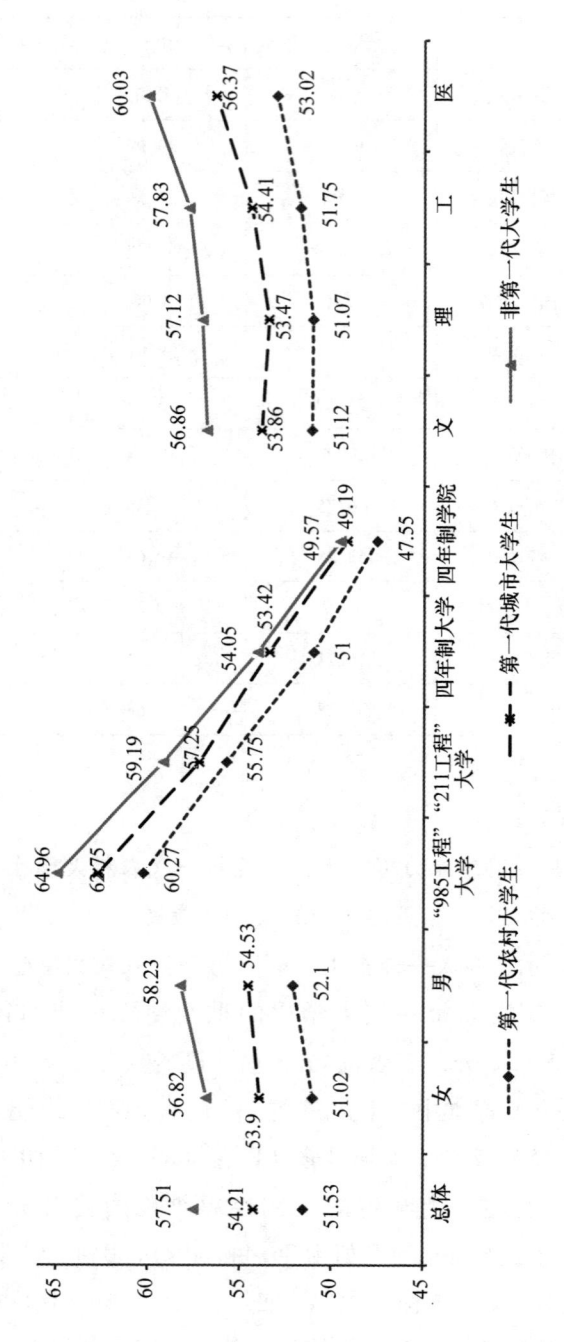

图5-3 不同组别下大一新生的批判性思维能力得分均值

24.77、5.48，P＜0.001），且三者间差异随学校层次降低而逐渐缩小。从学科看，文、理、工、医科下上述三类学生间批判性思维能力得分差异仍旧显著（F值分别为54.97、35.22、58.95、24.36，P＜0.001）。

如图5-4所示，在大四毕业生样本中，家庭第一代农村大学生、家庭第一代城市大学生、家庭非第一代大学生的批判性思维能力得分分别为53.16、55.26、58.69分，三者间得分差异显著（F值为84.15，P＜0.05）。在大四女性样本中，上述三类学生的批判性思维能力得分分别为53.18、55.22、58.44分，差异显著（F值为38.65，P＜0.05）；在大四男性样本中，上述三类学生的批判性思维能力得分分别为53.14、55.3、58.92分，差异显著（F值为45.45，P＜0.05）。除四年制学院外，"985工程"大学、"211工程"大学、四年制大学下上述三类学生的批判性思维能力得分差异依然显著（F值分别为11.19、2.97、5.93，P＜0.1）。从学科看，文、理、工、医科下上述三类学生的批判性思维能力得分差异仍旧显著（F值分别为19.47、24.65、34.55、10.48，P＜0.05）。

综上分析，无论是大一新生样本，还是大四毕业生样本，在批判性思维能力得分上，家庭非第一代大学生最高、家庭第一代城市大学生次之、家庭第一代农村大学生最低，且三者间差异高度显著。

为控制其他变量对大学生批判性思维能力的影响，本书利用模型（1）对大一新生样本进行拟合，进一步分析家庭第一代大学生与家庭非第一代大学生的批判性思维能力差异，结果见表5-11。由表5-11第（1）列可知，相对家庭非第一代大学生而言，家庭第一代农村大学生、家庭第一代城市大学生的批判性思维能力得分分别显著低于3.580、2.581分，表明，在控制其他变量的情况下，在大一新生中，家庭第一代大学生与家庭非第一代大学生的批判性思维能力得分存在显著差异。从性别看，拟合结果见表5-11第（2）、（3）列，上述差值在大一女生样本中分别为3.512、2.134分，在大一男生样本中分别为3.772、2.991分，均是高度显著的。研究结果验证了研究假设1。

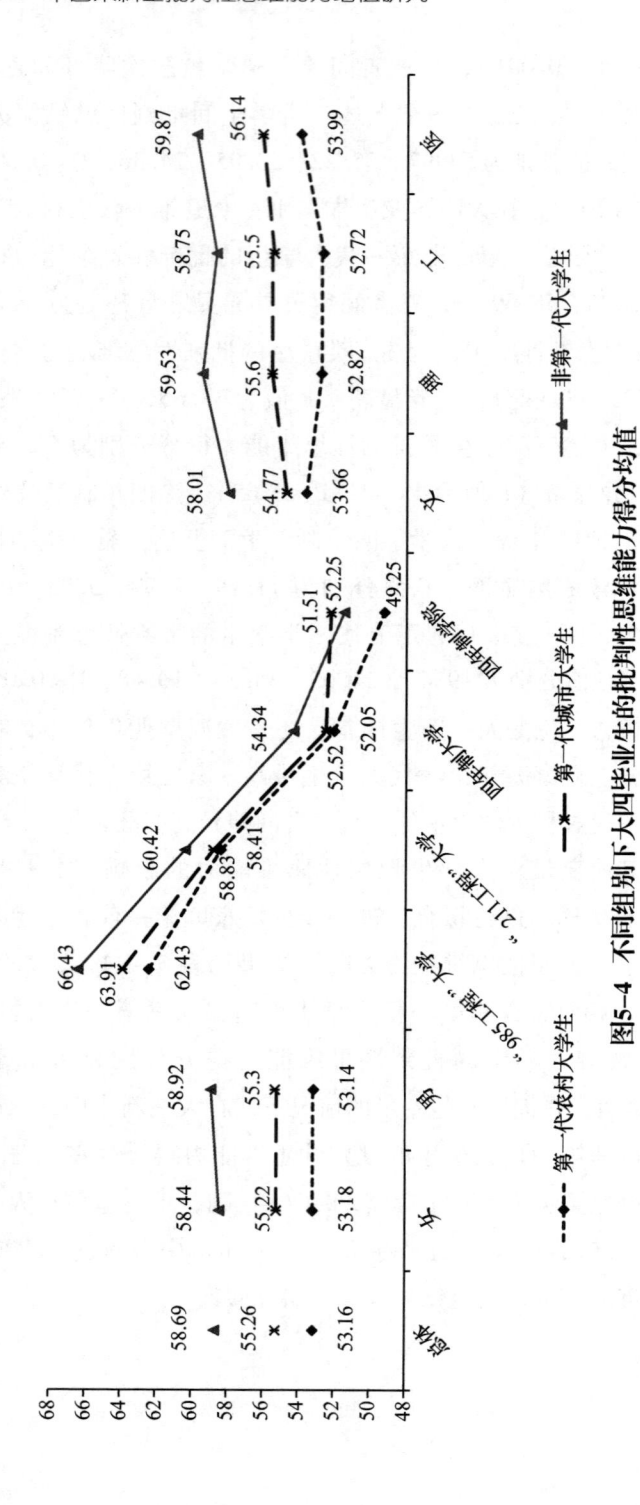

图5-4 不同组别下大四毕业生的批判性思维能力得分均值

表 5-11　大一新生中第一代大学生与非第一代大学生的批判性思维能力差异分析

	(1) 大一总体	(2) 大一女生	(3) 大一男生
第一代农村大学生	-3.580***	-3.512***	-3.772***
	(0.395)	(0.549)	(0.569)
第一代城市大学生	-2.581***	-2.134***	-2.991***
	(0.381)	(0.529)	(0.548)
高中学业相关变量	YES	YES	YES
家庭背景变量	YES	YES	YES
人口统计学变量	YES	YES	YES
Constant	55.71***	55.80***	57.01***
	(1.246)	(1.772)	(1.737)
N	6,937	3,593	3,344
R^2	0.115	0.115	0.129

注：①括号是标准误；②*** $p<0.01$，** $p<0.05$，* $p<0.1$；③受篇幅限制，上表中未呈现其他控制变量的拟合系数，仅以"YES"表示引入了控制变量。(后同)

(二) 大四学生批判性思维能力增值幅度：家庭第一代大学生显著高于家庭非第一代大学生

如图 5-5 所示，家庭第一代农村大学生、家庭第一代城市大学生、家庭非第一代大学生的批判性思维能力增值幅度分别为 1.833、1.532、1.704 分，三者间增值幅度差异并不显著（F 值为 0.19，P = 0.8286 > 0.1）。在大四女生中，上述三类学生的批判性思维能力增值幅度分别为 1.751、1.735、1.43 分，第一代农村大学生的增值幅度略高于非第一代大学生的增值幅度，但差异并不显著（F 值为 0.12，P = 0.8825 > 0.1）；在大四男生中，上述三类学生的批判性思维能力增值幅度分别为 1.911、1.336、1.965 分，增值差异也不显著（F 值为 0.43，P = 0.648 > 0.1）。从学校类型看，除 "985 工程" 大学外，"211 工程" 大学、四年制大学、四年制学院下上述三类学生的批判性思维能力增值幅度差异显著（F 值分别为 4.44、2.41、3.08，P 值均小于 0.1）。特别注意的是，从均值上看，四年制大学中的家庭第一代城市大学生和家庭非第一代大学生以及四年

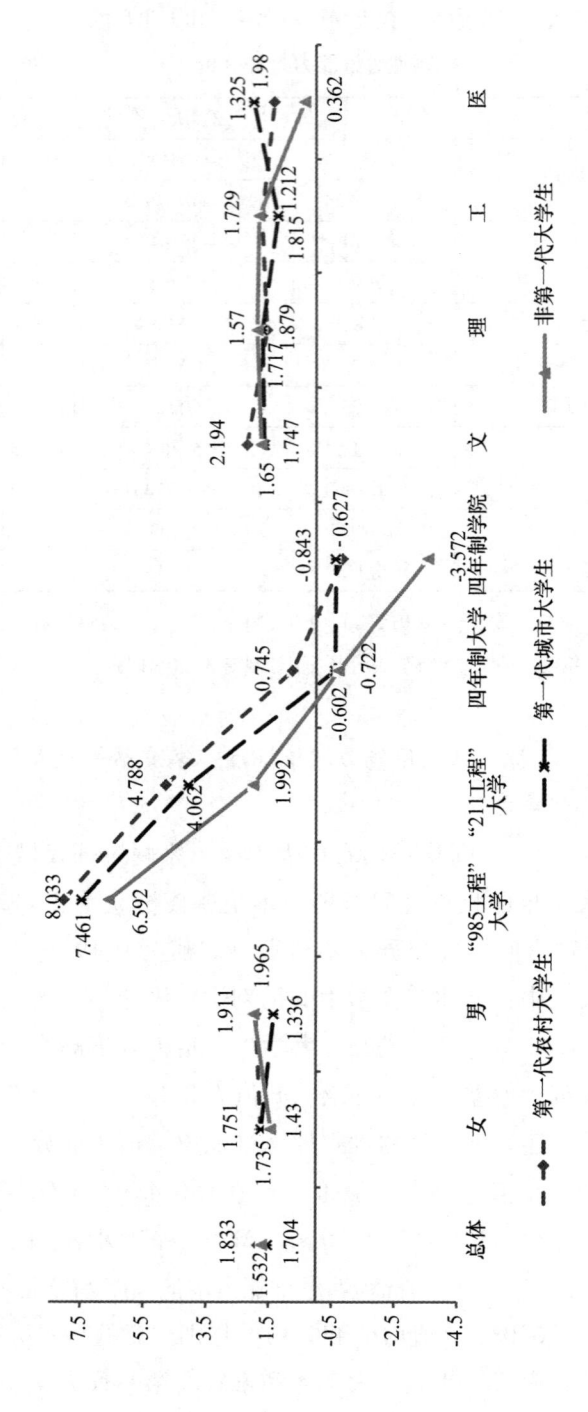

202 ▶▶ 中国本科生批判性思维能力增值研究

图5-5 不同组别下大四毕业生批判性思维能力增值分析

制学院的所有学生的批判性思维能力增值幅度均小于零,表面在高等教育期间未增反降了。从学科看,文、理、工、医科下上述三类学生的批判性思维能力增值幅度差异并不显著(F 值分别为 0.28、0.04、0.25、0.4,P 值均大于 0.1)。上述分析表明,对于经过 3 年高等教育学习的大四学生而言,除了学校类型分组外,其他组别下的家庭第一代大学生与家庭非第一代大学生在批判性思维能力增值幅度上并不存在明显差异。

接下来,本书利用模型(2)控制其他变量的干扰,探讨第一代大学生与非第一代大学生在批判性思维能力增值幅度上是否存在显著差异,拟合结果见表 5-12。从表 5-12 第(1)列结果可知,在控制其他变量的影响下,相比家庭非第一代大学生,家庭第一代农村大学生、家庭第一代城市大学的批判性思维能力增值幅度分别显著高出 1.812、1.205 分。从性别看,结果见表 5-12 第(2)、(3)列。上述差值在大四女生中分别为 1.940、1.529 分,而在大四男生中表现相对较小,分别为 1.438、0.759 分。表明,本科就读期间,不同类型学生的批判性思维能力增值表现由大到小依次是:家庭第一代农村大学生、家庭第一代城市大学生、家庭非第一代大学生,且这种差异在女大学生中表现更明显。研究结果验证了研究假设 2。

表 5-12　大四毕业生中第一代大学生与非第一代大学生的批判性思维增值幅度差异分析

	(1)	(2) 女	(3) 男
第一代农村大学生	1.812***	1.940**	1.438**
	(0.524)	(0.761)	(0.731)
第一代城市大学生	1.205**	1.529*	0.759
	(0.547)	(0.781)	(0.770)
学校类型	YES	YES	YES
学科类型	YES	YES	YES
学情投入	YES	YES	YES
人口统计学	YES	YES	YES
家庭背景变量	YES	YES	YES

续表

	(1)	(2) 女	(3) 男
Constant	-3.177**	-0.765	-5.346***
	(1.430)	(2.083)	(1.978)
N	3,197	1,556	1,641
R^2	0.082	0.066	0.114

第四节　高考发挥失常经历与批判性思维能力增值

高考是我国一项极其重要的高等学校招生考试制度，参加高考是绝大部分学生通往大学的唯一道路。高考在国人心目中不仅仅是一场知识性考试，更是一个具有高利害性的筛选装置，直接决定了千万名考生的未来教育选择、职业方向与发展前景等，背后也关乎着千万个家庭的教育期望以及无法量化的教育成本投入。在父母"望子成龙、望女成凤"的高教育期望下、在"千军万马过独木桥"的高竞争氛围下，参加一年一度高考的考生们面临着巨大的压力，许多考生也难以避免地会出现高考发挥失常现象。据2016至2019年全国本科生能力追踪测评与调查课题组统计，15336名本科生中有45.5%的学生认为自己在高考中并未发挥出真实水平，甚至有19.04%的学生认为自己的高考发挥出现严重失常现象。按此比例推算，2022年高考报名人数达到了1193万，也意味着超过500万的考生可能未能在高考中正常发挥，超过200万的考生甚至会出现高考发挥严重失常现象。然而，在现行的高等学校招生考试制度下，高考发挥失常意味着不能如愿进入自己理想的学校或专业，并由此带着遗憾或不甘的"内心标签"进入高等教育阶段学习。那么，这种因高考发挥失常而妥协的高等教育就读选择是否会影响个人在高等教育期间的学习投入？高考发挥失常的学生是会由此"一蹶不振"而选择"破罐破摔"，还是会直面高考发挥失常事实、充分调动个人主观能动性、通过更为积极有效的学习投入来获取更高的学业成就，从而实现"奋起逆袭"？

国内外关于本科生学习性投入及学业成就的研究浩如烟海，不同学者基于不同形式的测试或调查工具、采集不同样本的定性或定量数据、利用量化或质性研究方法，多维度探讨了大学生的学习性投入与学业收获。如，从不同维度探寻中国本科生学习性投入的基本特征、类型及其影响因素①，通过自评或客观测试方式分析本科生学业收获及其影响因素②。特别地，也有许多研究基于 IEO 模型或院校影响力模型等理论，探讨大学前学习成长经历或家庭特征，如是否是独生子女③、是否为第一代大学生④、是否具有留守或流动求学经历⑤、家庭社会经济地位⑥等，对本科生学习投入及其收获的影响。整体来看，已有研究为未来关注本科生学习与发展相关议题提供了扎实的路径参考，但鲜有研究关注本科生在进入高等教育之前的高考考试经历对其学习投入与学业成就的影响，这也为未来研究留下了充足的探讨空间。此外，深入剖析高考发挥失常的本科生群体的学习投入及其学业成就也是对已有研究的深化与拓展，也将丰富本科生学习与发展相关理论的素材与内涵，这也顺应了当前国内外将本科生学习研究推向"细密化"的发展趋向。正如著名学者麦克

---

① 文雯、初静、史静寰：《"985"高校高影响力教育活动初探》，《高等教育研究》2014 年第 8 期；许丹东、吕林海、傅道麟：《中国研究型大学本科生高影响力教育活动特征探析》，《高等教育研究》2020 年第 2 期；张华峰、郭菲、史静寰：《促进家庭第一代大学生参与高影响力教育活动的研究》，《教育研究》2017 年第 6 期；Kuh G. D., *High - Impact Educational Practices*: *What They are*, *Who Has Access to Them*, *and Why They Matter*, Washington: AAC&U, 2008, pp. 15 - 17.

② 沈红、张青根：《我国大学生的能力水平与高等教育增值——基于"2016 全国本科生能力测评"的分析》，《高等教育研究》2017 年第 11 期；马莉萍、管清天：《院校层次与学生能力增值评价——基于全国 85 所高校学生调查的实证研究》，《教育发展研究》2016 年第 1 期；Loyalka P., et al., "Skill Levels and Gains in University STEM Education in China, India, Russia and the United States", *Nature Human Behaviour*, Vol. 5, No. 7, 2021.

③ 张青根、沈红：《独生子女与非独生子女大学生批判性思维能力的差异性分析》，《复旦教育论坛》2018 年第 4 期。

④ 孙冉、梁文艳：《第一代大学生身份是否会阻碍学生的生涯发展——基于首都大学生成长追踪调查的实证研究》，《中国高教研究》2021 年第 5 期。

⑤ 贾勇宏：《农村留守经历对大学生在校发展成就的影响研究——基于 4596 名在校本科大学生的调查》，《教育发展研究》2020 年第 23 期；张青根、沈红：《早期流动求学经历对大学生批判性思维能力及其增值的影响》，《教育经济评论》2018 年第 1 期。

⑥ 俞光祥、沈红：《家庭收入对本科生批判性思维能力的影响——基于院校层次中介效应的实证研究》，《中国高教研究》2019 年第 2 期；童星：《家庭背景会影响大学生的学业表现吗？——基于国内外 41 项定量研究的元分析》，《南京师大学报》（社会科学版）2020 年第 5 期。

考米克所言,"差异度和精细度是学习参与研究的未来发展方向,那些更加微观的环境、更加微小的群体、更加细小的课程类型、更加独特的教学模式等,都会抽取出崭新的学习参与主体,生成更细节化的研究,产生更有深度的学术成果"[1]。

为此,本书将采用顺序性解释序列的混合研究方法,基于2016—2019年全国本科生能力追踪测评数据,并结合10位高考发挥失常学生的深度访谈资料,试图解释高考发挥失常经历如何影响本科生学习投入及其学业成就。

一 理论解释与研究假设

考试发挥失常是现实教育测试中的常见现象,高考发挥失常也是千万名考生可能面临的现实问题,但高考发挥失常的现实利害性极大,既直接影响到考生的教育就读选择及其未来发展方向,也可能刺激到考生的心理及行为状态,间接影响到未来高等教育期间的学习投入与发展。不同的理论视域下,对这种间接影响的方向及其作用机制的解释存在差异,为此,本书重点阐述两种理论视域下高考发挥失常对本科生学习投入及其学业成就的影响及其作用机制。

(一)"破罐破摔":自我差异理论视域下的消极对待

自我差异理论是关于自我与情绪关系的理论,由 Higgins 在20世纪80年代提出[2],他认为每个自我存在三种状态,即,实际自我(个体或重要他人认为个体当前的实际属性状态)、理想自我(个体或重要他人希望个体达成的属性状态)、应该自我(个体认为自己或重要他人认为个体应该有义务达成的属性状态)。每种自我同时涉及两方观点,即自己的观点与重要他人的观点,由此便形成了自我状态的六种类型,个体实际自

---

[1] McCormick A. C., McClenney K., "Will These Trees Ever Bear Fruit?: A Response to the Special Issue on Student Engagement", *The Review of Higher Education*, Vol. 35, No. 2, 2012.

[2] Higgins E. T., "Self-Discrepancy: A Theory Relating Self and Affect", *Psychological Review*, Vol. 94, No. 3, 1987; Higgins E. T., "Self-Discrepancy Theory: What Patterns of Self-Beliefs Cause People to Suffer?" in: Zanna M. P., eds., *Advances in Experimental Social Psychology*. Academic Press, 1989, pp. 93–136.

我、他人实际自我、个体理想自我、他人理想自我、个体应该自我、他人应该自我。当这些自我类型中两两不匹配之时，个体会出现不同类型的情绪变化。如，托利·希金斯证明了四种不匹配类型及其可能的情绪导向：当实际自我与自我理想自我不匹配时，个体容易失望、不满；当实际自我与他人理想自我不匹配时，个体容易羞愧、沮丧；当实际自我与他人应该自我不匹配时，个体容易恐惧、悲伤；当实际自我与自我应该自我不匹配时，个体容易焦虑、自卑、不安。[①]

该理论一经提出后，便在管理学、心理学、社会学、政治学、教育学等诸多学科中得以应用与检验，充分彰显了该理论的解释力与生命力。在日常学习工作生活中个体为了使自我达到平衡，会努力缩小实际自我与理想自我之间的差距，但在真实客观情境中，个体往往又不得不在实际自我与理想自我中产生妥协，以管理学研究中的职业妥协为例，个体进行职业选择时经常会受到各种主客观条件的限制，导致个体无法进入理想职业，只能及时调整或妥协，并接受他们不太想要的职业。[②] 然而，个体的妥协并没有弥合现实自我与理想自我的差距，根据自我差异理论，个体将依旧产生失望、不满、焦虑或沮丧等消极情绪，并影响到个体的职业态度、行为及其发展。这也在诸多实证研究中得到了验证，如，西奥多·曹塞德斯和拉雷·乔姆以自我差异理论为基础，采用模拟试验法进行研究后发现，个体职业妥协程度显著影响工作满意度，当职业妥协度上升，其工作满意度显著下降。[③] 赫斯克特·贝里尔和卡特琳娜·麦克拉克兰将银行雇员按照"当前工作是否为妥协后的工作"分为两组，研究发现，认为"当前工作是妥协后的工作"的一组雇员的职业态度更加

[①] Hardin E. E., Lakin J. L., "The Integrated Self-Discrepancy Index: A Reliable and Valid Measure of Self-Discrepancies", *Journal of Personality Assessment*, Vol. 91, No. 3, 2009.

[②] Gottfredson L. S., "Using Gottfredson's Theory of Cir-Cumscription and Compromise in Career Guidance and Counseling", In: Brown, S. D. and Lent, R. W., eds., *Career De-Velopment and Counseling: Putting Theory and Research to Work*, New York: Wiley, 2005, pp. 71-100.

[③] Tsaousides T., Jome L. R., "Perceived Career Compromise, Affect and Work-Related Satisfaction in College Students", *Journal of Vocational Behavior*, Vol. 73, No. 2, 2008.

消极、工作满意度也更低。[1]

高等教育就读选择对于高考发挥失常的学生来说也是学习行为中的一种妥协选择，受限于因高考发挥失常而取得的不太理想的高考分数，无法报考或就读理想中的大学或专业，只能就着高考分数及以往录取分数线尽可能选择相对稳妥的大学或专业。从自我差异理论上看，这种妥协的高等教育就读选择必然隐藏着诸多实际自我与理想自我或应该自我的差距，如，高考发挥失常的实际自我必然小于个体或重要他人应该自我，也必然小于个体或重要他人理想自我，如此现实差距也会致使高考发挥失常的学生产生失落、不满、沮丧、惭愧甚至自卑等情绪，且高考发挥失常程度越大，上述失落或不满等情绪可能越深。这种个人情绪将会随着高等教育入学而带入日常学习生活之中，持续影响着个人对所读高等学校及专业的满意度、对专业课程学习或其他课外活动的参与度[2]，由此出现厌学、随波逐流甚至是自暴自弃或破罐破摔的态度及行为表现，进而影响到个人高等教育期间的学业成就。为此，本书提出以下研究假设：

假设 H1：相比高考正常或超常发挥的本科生，高考发挥失常的本科生在大学期间的学习投入更低，取得的学业成就也更低。

假设 H2：学习投入在高考发挥失常与学业成就之间发挥着中介作用。

(二)"奋起逆袭"：大鱼小池塘效应下的积极应对

在教育学、社会学、心理学等学科领域研究中，特别关注自我概念对个体各种行为、心理、态度及其社会表现等的影响，并认为自我概念在个体与其各种心理或行为表现之间扮演着中枢中介作用。[3] 有关个体自我概念的研究特别重视参照系的作用，相同的客观特征可能导致个体不

---

[1] Hesketh B., Mclachlan K., "Career Compromise and Adjustment Among Graduates in the Banking Industry", *British Journal of Guidance & Counselling*, Vol. 19, No. 2, 1991.

[2] 刘选会、钟定国、行金玲：《大学生专业满意度、学习投入度与学习效果的关系研究》,《高教探索》2017 年第 2 期。

[3] Möller J., Zitzmann S., Helm F., et al., "A Meta-Analysis of Relations Between Achievement and Self-Concept", *Review of Educational Research*, Vol. 90, No. 3, 2020.

同的自我概念，这取决于个体用来评价自己的参照框架与标准。[1] 从参照角度上看，存在社会比较、时间比较、维度比较三种生成自我概念的观点，分别认为个体自我概念来自于个体对自己与他人的比较、对不同时间自我的比较、对自己在某一领域的表现与自己在其他领域的表现进行的比较。[2]

学业自我概念是自我概念的重要组成部分，是指学生在特定学科或一般学术领域中的自我感知[3]，对学生学习具有关键作用[4]。有研究发现，上述三种比较观点对个体学业自我概念的生成均会产生影响但彼此独立，从程度上看，社会比较的影响最大，时间比较与维度比较的影响较小。[5] 为此，赫伯特·马什将学业自我概念生成的社会比较观点引入教育领域，提出了大鱼小池塘效应。该效应是关于学生学业自我概念生成的最具影响力的理论之一，是指同等能力的学生在平均能力水平较高的学校就读时，他们的学业自我概念较低，而在平均能力较低的学校就读时，他们的学业自我概念较高。该效应提出之后，许多研究从不同角度、利用不同群体样本数据、使用不同方法等对此进行了有效性验证。如，通过实验等方式探讨大鱼小池塘效应是在所有学习成绩群体中普遍存在还是仅

---

[1] Marsh H. W., Hau K. T., "Big‑Fish‑Little‑Pond Effect on Academic Self‑Concept: A Cross‑Cultural (26‑Country) Test of the Negative Effects of Academically Selective Schools", *American Psychologist*, Vol. 58, No. 5, 2003.

[2] Müller‑Kalthoff H., Helm F., Möller J., "The Big Three of Comparative Judgment: on the Effects of Social, Temporal, and Dimensional Comparisons on Academic Self‑Concept", *Social Psychology of Education*, Vol. 20, No. 4, 2017.

[3] Marsh H. W., Seaton M., Trautwein U., et al., "The Big‑Fish‑Little‑Pond‑Effect Stands Up to Critical Scrutiny: Implications for Theory, Methodology, and Future Research", *Educational Psychology Review*, Vol. 20, No. 3, 2008.

[4] Marsh H. W., & O'Mara A., "Reciprocal Effects between Academic Self‑Concept, Self‑Esteem, Achievement, and Attainment Over Seven Adolescent Years: Unidimensional and Multidimensional Perspectives of Self‑Concept", *Personality and Social Psychology Bulletin*, Vol. 34, No. 4, 2008.

[5] Müller‑Kalthoff H., Helm F., Möller J., "The Big Three of Comparative Judgment: on the Effects of Social, Temporal, and Dimensional Comparisons on Academic Self‑Concept", *Social Psychology of Education*, Vol. 20, No. 4, 2017.

适用于高水平层次中成绩相对较低的学生等[1];通过国际比较等方式探讨在强调个人或集体主义文化价值观等不同的文化群体或环境中是否存在大鱼小池塘效应[2];通过元分析等方式探讨大鱼小池塘效应在不同年龄或就学阶段群体中是否显著存在,如方俊彦等通过元分析发现,该效应对从小学到大学所有群体都显著,其效力在高中阶段最强,初中与本科阶段中等,小学期间较弱。[3] 也有通过质性研究的方式探讨大鱼小池塘效应的时间持续性及其程度变化等。[4]

个体学业自我概念具有动机性质[5],会进一步影响学生的学习投入,亨克和梅尔尼克在对学生阅读学习自我概念的研究中发现,学业自我概念的动机体现在决定学生是努力阅读还是逃避阅读,并决定着学生在阅读中付出的努力与坚持程度。[6] 叶晓力等运用结构方程模型分析发现,师范生的学业自我概念与职业自我概念均能显著正向预测他们的学习投入,

---

[1] Coleman J. M., Betty Ann F., "Special – Class Placement, Level of Intelligence, and the Self – Concepts of Gifted Children: a Social Comparison Perspective", *Remedial and Special Education*, Vol. 6, No. 1, 1985; Marsh H. W., Chessor D., Craven R., et al., "The Effects of Gifted and Talented Programs on Academic Self – Concept: the Big Fish Strikes Again", *American Educational Research Journal*, Vol. 32, No. 2, 1995; Marsh H. W., Rowe K. J., "The Negative Effects of School – Average Ability on Academic Self – Concept: an Application of Multilevel Modelling", *Australian Journal of Education*, Vol. 40, No. 1, 1996.

[2] Marsh H. W., Kong C. K., Hau K. T., "Longitudinal Multilevel Models of the Big – Fish – Little – Pond Effect on Academic Self – Concept: Counterbalancing Contrast and Reflected – Glory Effects in Hong Kong Schools", *Journal of Personality and Social Psychology*, Vol. 78, No. 2, 2000; Marsh H. W., Köller O., Baumert J., "Reunification of East and West German School Systems: Longitudinal Multilevel Modeling Study of the Big – Fish – Little – Pond Effect on Academic Self – Concept", *American Educational Research Journal*, Vol. 38, No. 2, 2001.

[3] Fang J., Huang X., Zhang M., et al., "The Big – Fish – Little – Pond Effect on Academic Self – Concept: a Meta – Analysis", *Frontiers in Psychology*, No. 9, 2018.

[4] Marsh H. W., Hau K. T., "Big – Fish – – Little – Pond Effect on Academic Self – Concept: a Cross – Cultural (26 – Country) Test of the Negative Effects of Academically Selective Schools", *American Psychologist*, Vol. 58, No. 5, 2003.

[5] Byrne B. M., "The General/Academic Self – Concept Nomological Network: a Review of Construct Validation Research", *Review of Educational Research*, Vol. 54, No. 3, 1984.

[6] Henk W. A., Melnick S. A., "The Initial Development of a Scale to Measure Perception of Self as Reader", *Literacy Research, Theory, and Practice: Views from Many Perspectives*, 1992, pp. 111 – 117.

学生自我概念越清晰，越愿意加大自己的学习投入，特别是在情感投入、课业投入与深层学习投入方面。① 郭建鹏等的研究结果也证明了该观点，大学生学业自我概念可通过学习投入的中介效应影响学习结果，学生对自己的能力越有信心，越愿意在学习中投入更多的时间和精力，从而取得更好的学习结果。②

高考发挥失常的本科生因未取得理想的高考成绩而只能进入层次相对较低的学校或竞争难度较低的专业，但他们的真实学业能力水平可能高于所就读高校或专业学生的平均学业能力水平。从社会比较观点上看，在我国普遍重视学业成绩、鼓励竞争的学习氛围中，这些高考发挥失常的本科生因为具有相比周围同学更高的学业能力，会产生更高的学业自我概念，在积极自我概念之下他们更乐于也勇于进行更多的学习投入。当然，这种学习动机也不排除受其他心理因素的影响，如，可能是为了以后能够有机会脱离这种同伴学习环境，以追求更高层次就读机会、更具有挑战性的学习任务等，甚至是为了弥补因高考发挥失常所带来的遗憾与不甘，通过曲线救国的方式寻求未来更能匹配他真实学业能力水平的学习或发展环境。在这些动机的综合作用下，高考发挥失常的本科生会更积极地投入课内外学习及相关活动中，如，会将更多的时间及精力、更积极的心态或情绪等分配至专业学习或科学研究实践中，以期通过发挥主观能动性及个人努力来获取较好的学业成就，并最终实现逆袭。为此，本书提出以下研究假设：

假设 H3：相比高考正常或超常发挥的本科生，高考发挥失常本科生的大学期间的学习投入更高，且取得的学业成就更高。

二 混合研究设计

本书采用混合研究方法中常用的顺序性解释序列设计，先收集量化数据来建构研究主题的整体框架，后收集质性数据以帮助解释量化数据

---

① 叶晓力、欧阳光华、曾双：《师范生自我概念与教师职业认同的关系：学习性投入的中介作用》，《教师教育研究》2021 年第 3 期。

② 郭建鹏、刘公园、杨凌燕：《大学生学习投入的影响机制与模型——基于 311 所本科高等学校的学情调查》，《教育研究》2021 年第 8 期。

的结果。① 具体而言，本书采用"大量小质"的思路，主要分为两个步骤，第一，通过 OLS 回归与中介效应模型分析高考发挥失常对学生学习投入及学业成就的影响，并探讨学习投入在高考发挥失常与学业成就之间的中介作用。第二，抽取部分高考发挥失常学生进行深度访谈，通过深描他们的本科学习生活与心路历程，对量化结果进行阐释，即高考发挥失常为何能够影响学生学习投入，不同类型的学习投入为何对其最终学业成就产生不同影响。

（一）定量研究

1. 数据来源

本书数据来源于本团队于 2016 年 12 月至 2019 年 10 月期间开展的前后两次、跨度三年的全国本科生能力测评与追踪调查。该调查同时覆盖了学生人口统计学、家庭背景、高中就学经历、高考经历、大学学习与发展等维度层面的变量信息，是一项兼具主观填写与客观测评的追踪设计。从样本分布上看，2016 年 12 月进行基线调查时，对全国四年制本科院校进行 10% 的抽样调查，学生样本覆盖了全国 16 省（直辖市、自治区）83 所高校，有效样本为 15336 人，其中大一学生 8245 人。2019 年 10 月启动追踪调查时，专门针对参加了 2016 年基线调查的大一学生进行抽样追踪，共抽取了其中涉及 12 省市 5926 名的大一学生（在追踪调查时为大四），最终有效追踪样本为 1409 人，有效追踪率为 23.8%。② 本书将基于追踪样本数据展开分析。

2. 变量选择及其处理

因变量。本书关注的核心问题是高考发挥失常是否会影响本科生学习投入及学业成就，为此，主要存在两类因变量：一是学习投入。学习投入的概念与范畴极其广泛，本书主要聚焦于狭义层面的学习投入，选择课程学习投入、生生互动频率、师生互频率、师生互动质量、科研参与五个层面的学习投入变量。具体地说，课程学习投入由过去三年在校

---

① 高潇怡、刘俊娉：《论混合方法在高等教育研究中的具体应用——以顺序性设计为例》，《比较教育研究》2009 年第 3 期。

② 张青根、沈红：《中国本科生批判性思维能力增值再检验——兼议高等教育增值评价的实践困境》，《中国高教研究》2022 年第 1 期。

期间"每学年总阅读量达到了课程要求""每学年总写作量达到了课程要求""课程上经常得到老师的肯定""有同学向自己请教课堂相关内容""总体来说，我在课堂上保持积极的学习态度""我已经付出了最大的努力去学习"六个题项构成，均为"1 非常不符合、2 不符合、3 符合、4 非常符合"四点计分式题目，通过计算六个题项的平均值的方式衡量每个学生在这个维度上的投入情况。生生互动频率由过去三年在校期间"与本专业同学合作完成课程作业或任务""就课程内容与本专业同学讨论""与其他专业同学开展学习交流"三个题项构成，均为"1 从不、2 有时、3 频繁、4 非常频繁"四点计分式题目，以三个题项的平均值的方式衡量学生的生生互动频率情况。师生互动频率由过去三年在校期间"课后和任课教师讨论课程相关内容""和任课教师讨论学业表现"两个题项构成，均为"1 从不、2 有时、3 频繁、4 非常频繁"四点计分式题目，以平均值的方式进行测度。师生互动质量由过去三年在校期间"与任课教师的交流帮助我了解了学习情况""与任课教师的交流提高了对本学科的热情"两个题项构成，均为"1 非常不符合、2 不符合、3 符合、4 非常符合"四点计分式题目，以平均值方式进行测度。

  学业成就。衡量本科生学业成就的方式极为丰富，本书选择其中最具有代表性的两项指标进行衡量。第一，本科三年学习期间的学业成绩，以百分制计。为避免其他极端因素的影响，剔除极少数的 60 分以下的样本，仅考虑分数处于 60 – 100 分之间的学生样本。第二，批判性思维能力增值。能力发展是本科生在高等教育学习期间的重要目标，更是衡量本科生学业成就的重要维度。本书聚焦于国际高等教育普遍认可且在培养实践中极其强调的批判性思维能力作为核心高阶认知能力的代表进行分析。批判性思维能力的测试采用 18 道客观选择题、封闭式、独立式、限时 25 分钟作答的方式进行，满分 100 分。本书作者所在团队基于经典测试理论和项目反应理论分别对测试工具进行了质量分析。以经典测试理论为例，通过率在 0.11—0.3（偏难）、0.31—0.7（适中）、0.71—0.9（偏易）的题项数分别为 2、6、10；区分度指数在 0.1—0.19（较差）、0.2—0.29（尚可）、0.3—0.39（较好）、0.4—0.49（很好）的题目数分别为 3、5、6、4；克伦巴赫信度系数为 0.73，信度良好；与学生学业成绩、高考成绩、批判性思维能力自评得分、创造力倾向自评得分、问题解决能力自评得分等均高度显著相关，效标效度较高。更多关于批判性思维能力测试工具的质量分析的内容可向作者索取。通过"2019年测试得分－2016年测试得分"的方式计算每个学生在高等教育期间的批判性思维能力增值情况。

核心自变量。本书的核心自变量是高考发挥情况，采用自评方式，具体题项为"请判断你的高考发挥情况：1发挥严重失常、2发挥失常、3正常发挥、4发挥高于正常、5超常发挥"。将选择前两个选项的学生定义为高考发挥失常学生，取值为1，将选择后三个选项的学生定义为非高考发挥失常学生，也称高考正常发挥或超常发挥学生，取值为0，作为参照组进行分析。在本次追踪调查样本中有1378人填写这道题目，其中，有653人认为自己在高考中并未发挥出真实水平，属于高考发挥失常群体，占比52.61%，超过半数；有725人认为自己属于高考正常发挥或超常发挥群体，占比47.39%。

控制变量。根据已有研究，本书选择性别（参照组为女性）、户口（参照组为农业户口）、是否家庭第一代大学生（参照组为非第一代大学生）、学校类型（四年制学院为参照组）、学科（文科为参照组）、高考总分、高考语文分、高考数学分、高考英语分、进入高等教育阶段时的批判性思维能力初始水平等变量作为控制变量。各变量的描述性统计分析结果如表5-13所示。

表5-13　　　　　　　各变量的描述性统计分析

变量	N	均值	标准差	最小值	最大值
高考发挥失常	1378	0.474	0.499	0	1
课程学习投入	1407	2.7	0.458	1	4
生生互动频率	1407	2.563	0.589	1	4
师生互动频率	1407	1.902	0.648	1	4
师生互动质量	1407	2.734	0.695	1	4
科研参与	1407	0.362	0.481	0	1

续表

变量	N	均值	标准差	最小值	最大值
大学三年的学业成绩	1100	81.47	6.488	60	100
批判性思维能力增值	1386	9.716	14.466	-38.889	55.556
进入高等教育阶段时的批判性思维能力初始水平	1407	58.209	15.055	11.111	100
性别	1400	0.489	0.5	0	1
户口	1391	0.452	0.498	0	1
是否家庭第一代大学生	1384	0.572	0.495	0	1
学校类型	1409	2.588	1.055	1	4
学科	1409	2.147	1.011	1	4
高考总分	1349	537.637	63.493	329	670
高考语文分	1258	106.525	9.659	80	135
高考数学分	1259	108.845	17	50	149
高考英语分	1250	115.008	16.831	53	141

3. 计量分析策略

本书的计量分析主要分两步：第一步，利用多元线性回归模型探讨高考发挥失常是否显著影响本科生学习投入及其学业成就：

$$Y_{ij} = \beta_0 + \beta_1 Testperformance_{ij} + \beta_2 \overrightarrow{X_{ij}} + \varepsilon_{ij} \tag{1}$$

其中，因变量 Y_{ij} 为学校 j 学生 i 的学习投入或学业成就情况，$Testperformance_{ij}$ 为学校 j 学生 i 参加高考时的发挥情况，$\overrightarrow{X_{ij}}$ 为控制变量。

第二步，利用中介效应模型检验学习投入在高考发挥失常与学业成就之间是否发挥中介效应。① 中介效应分为完全和非完全中介效应两种类型，前者是指解释变量只有通过中介变量才能对被解释变量起作用。后者表示解释变量既能直接影响被解释变量，也能通过中介变量对被解释变量产生影响。具体模型如下：

$$P_{ij} = \beta_3 + \beta_4 Testperformance_{ij} + \beta_5 \overrightarrow{X_{ij}} + \varepsilon_{ij} \tag{2}$$

---

① 温忠麟、叶宝娟：《中介效应分析：方法和模型发展》，《心理科学进展》2014 年第 5 期。

$$E_{ij} = \beta_6 + \beta_7 \, Testperformance_{ij} + \beta_8 \overrightarrow{X_{ij}} + \varepsilon_{ij} \quad (3)$$

$$P_{ij} = \beta_9 + \beta_{10} \, Testperformance_{ij} + \beta_{11} E_{ij} + \beta_{12} \overrightarrow{X_{ij}} + \varepsilon_{ij} \quad (4)$$

其中，P_{ij} 为学业成就，E_{ij} 为学习投入。通过上述三式可判断是否存在中介效应：首先，看系数 β_4 是否显著，如不显著可直接判断不存在中介效应，如显著，进入下一步；其次，看系数 β_7、β_{11} 是否显著，如均显著说明存在中介效应，如至少有一个不显著，需通过 Sobel 检验进一步确认；最后，看系数 β_{10}，如不显著，则是完全中介效应，如显著，则是非完全中介效应。

（二）质性研究

该部分采用半结构化访谈，本着信息饱和的原则，对10位高考发挥失常学生分别进行线上或线下访谈，并在征求受访者同意后录音。受访者基本情况见表5-14。访谈内容主要围绕以下四个问题展开：（1）感知到高考发挥失常后的情绪状态以及持续时间是怎样的？（2）高考发挥失常这一经历是否对你本科阶段的学习有影响，如何影响？（3）本科期间的学习投入与周围同学相比是怎样的？（4）不同类型的学习投入带给你的实质性成长如何？访谈后将录音逐字逐句转录，共获得十万余字的访谈资料，最后借用 NVivo 软件对访谈资料进行编码分析。

表5-14　　　　　　　　　受访者基本情况介绍

受访者	本科院校及学科	高考前预期与结果	访谈形式及时间
GKSC1	普通四年制学院，工科	稳上一本——二本院校	线上，43分钟
GKSC2	普通四年制大学，文科	稳上211冲985——普通一本	线上，51分钟
GKSC3	普通四年制大学，医科	总分相差20-30分	线上，31分钟
GKSC4	"211工程"大学，工科	上游211/985——普通211	线上，45分钟
GKSC5	"211工程"大学，工科	省排名相差一万名	线上，39分钟
GKSC6	普通四年制学院，工科	上游211/985——二本院校	线上，48分钟
GKSC7	"211工程"大学，文科	班级前十名——班级三十多名	线上，31分钟
GKSC8	普通四年制学院，文科	总分相差30多分	线上，50分钟
GKSC9	"211工程"大学，工科	总分相差30多分	线上，34分钟
GKSC10	"985工程"大学，工科	华东五校——末流985	线下，62分钟

三 研究结果

（一）高考发挥失常与本科生学业成绩

首先，本书分析高考发挥失常是否会影响本科生三年学习期间的学业成绩，回归分析结果如表5-15所示，从结果上看，总体而言，高考发挥失常的本科生学业成绩更高，在控制其他变量影响下，相对高考发挥正常或超常的本科生来说，高考发挥失常的本科生的学业成绩显著高出1.905分，该结果说明，高考发挥失利并不代表学生个体进入高等教育阶段学习后会呈现出负面结果，相反，高考发挥失利会促使本科生更努力地追求学业，获得更高的学业绩点。从区别高考发挥失常程度来看，分析结果如表5-15第（2）列所示，在控制其他变量影响下，相对高考发挥正常或超常的本科生来说，"高考发挥较为失常""高考发挥极度失常"的本科生的学业成绩分别显著高出1.723、2.147分，说明，高考发挥失常的程度越大，本科生学业成绩表现得越好。

从不同群体的异质性分析结果上看，如表5-15第（3）、（4）列所示，高考发挥失常对男性和女性本科生学业成绩的影响均为显著，从影响效应大小上看，前者为1.859分，后者为1.970分，相对而言，对男性本科生学业成绩的影响效应更大。从户口类型上看，结果如表5-15第（5）、（6）列所示，不管是农业户口还是非农户口，高考发挥失常均会影响本科生学业成绩，影响效应分别为1.794和2.174分，相对而言，对非农户口的本科生的学业成绩影响更大。从是否是家庭第一代大学生上看，结果如表5-15第（7）、（8）列所示，无论是非第一代大学生还是第一代大学生，高考发挥失常均会影响本科生学业成绩，影响效应分别为1.917和1.878分，相对而言，对非第一代大学生的学业成绩影响更大。但特别说明的是，上述不同群体的影响效应之间尽管存在差异但并不显著。

表 5-15 高考发挥失常影响本科生学业成绩的回归分析

学业成绩	(1) 总体	(2) 总体	(3) 女	(4) 男	(5) 农业	(6) 非农	(7) 非第一代	(8) 第一代
高考发挥失常	1.905***		1.859***	1.970***	1.794***	2.174***	1.917***	1.878***
	(0.401)		(0.550)	(0.594)	(0.561)	(0.585)	(0.589)	(0.553)
高考发挥较为失常		1.723***						
		(0.468)						
高考发挥极度失常		2.147***						
		(0.512)						
男	−2.313***	−2.320***			−2.530***	−2.030***	−1.996***	−2.605***
	(0.449)	(0.450)			(0.633)	(0.646)	(0.649)	(0.624)
非农户口	−0.726	−0.733	−0.917	−0.579		0.182	−0.454	−0.753
	(0.460)	(0.460)	(0.644)	(0.664)		(0.644)	(0.671)	(0.637)
第一代大学生	0.211	0.195	0.656	−0.406	0.189			
	(0.458)	(0.459)	(0.632)	(0.667)	(0.661)			
其他控制变量	YES	YES	YES	YES	YES	YES	YES	YES
Constant	72.68***	72.65***	76.83***	62.29***	70.21***	74.82***	77.27***	70.95***
	(2.988)	(2.989)	(3.887)	(4.916)	(4.271)	(4.242)	(4.351)	(4.112)
N	884	884	455	429	481	403	391	493
R-squared	0.182	0.182	0.160	0.165	0.155	0.237	0.228	0.173

注：①括号内为标准误差；②*** $p<0.01$，** $p<0.05$，* $p<0.1$；③限于篇幅，用 YES 表示纳入相应变量。(后同)

（二）高考发挥失常与本科生批判性思维能力增值

其次，本书分析高考发挥失常是否会影响本科生批判性思维能力增值，回归分析结果如表 5-16 所示，从结果上看，总体而言，高考发挥失常的本科生批判性思维能力增值更高，在控制其他变量影响下，相对高考发挥正常或超常的本科生来说，高考发挥失常的本科生的批判性思维能力增值显著高出 1.707 分，该结果再次说明，高考发挥失利并不代表高等教育期间就会表现更差，相反，从最终结果上看，高考发挥失常的本科生群体在能力发展上获得了更大的提升。从区别高考发挥失常程度来看，分析结果如表 5-16 第（2）列所示，在控制其他变量影响下，相对高考发挥正常或超常的本科生来说，"高考发挥较为失常""高考发挥极度失常"的本科生的批判性思维能力增值分别显著高出 1.665、1.764 分，说明，高考发挥失常的程度越大，本科生批判性思维能力提升程度越高。

从异质性分析结果上看，如表 5-16 第（3）、（4）列所示，对于女性本科生而言，高考发挥失常并不会显著影响她们的批判性思维能力增值，但对于男性本科生而言，高考发挥失常会显著提升他们的批判性思维能力增值，影响效应为 1.755 分。从户口类型上看，结果如表 5-16 第（5）、（6）列所示，对于非农户口的本科生而言，高考发挥失常并不会影响他们的批判性思维能力增值，但对于农业户口的本科生而言，高考发挥失常会显著提升他们的批判性思维能力增值，影响效应为 2.249 分。从是否家庭第一代大学生上看，结果如表 5-16 第（7）、（8）列所示，对于非第一代大学生而言，高考发挥失常并不会影响他们的批判性思维能力增值，但对于第一代大学生而言，高考发挥失常会显著提升他们的批判性思维能力增值，影响效应为 2.167 分。整体上看，高考发挥失常对本科生批判性思维能力增值的影响存在明显异质性。

（三）高考发挥失常与本科生学习投入

再次，本书试图探究高考发挥失常是否会影响本科生在高等教育期间的学习投入，回归分析结果如表 5-17 第（1）至（5）列所示。从结果上看，在课程学习投入、生生互动频率、师生互动频率、师生互动质量、科研参与等维度层面上，相对高考发挥正常或超常的本科生而言，高考发挥失常的本科生群体在高等教育期间的投入更高，分别显著高出0.097、0.0866、0.197、0.0776、0.126分，也就是说，高考发挥失常的本科生尽管没有进入理想的学校或专业，但在进入高等教育阶段学习后并不会由此自暴自弃或一蹶不振，相反，这些学生会充分调动主观能动性，并更加积极、高强度、全面地投入学习之中，试图获取更好的学业成就。为此，本书尝试去检验学习投入是否在高考发挥失常与学业成就之间发挥了中介作用，分析结果如表5-17和表5-18所示。

从本科生学业成绩上看，如表5-17第（6）至（10）列所示，课程学习投入、生生互动频率、师生互动频率、师生互动质量、科研参与等学习投入活动均显著正向影响本科生的学业成绩，且在这五次回归分析中高考发挥失常依然显著影响本科生学业成绩，结合中介效应分析的三步法判断规则可知，上述五种学习投入在高考发挥失常与本科生学业成绩之间发挥着显著的非完全中介效应，由此带来的间接效应分别为0.487、0.147、0.377、0.119、0.252分，分别占高考发挥失常对本科生学业成绩影响总效应的24.8%、7.5%、19.1%、6%、12.8%。

从本科生批判性思维能力增值上看，如表5-18第（2）至（4）列所示，生生互动频率、师生互动频率、师生互动质量等学习投入活动并未显著影响本科生的批判性思维能力增值，经过 $Sobel$ 检验后发现，这三类学习投入活动在高考发挥失常与本科生批判性思维能力增值之间并不存在明显的中介效应。

从表5-18第（1）列结果上看，课程学习投入显著负向影响本科生批判性思维能力增值，课程学习投入程度越大，本科生批判性思维能力增值越小，影响效应为-1.414分，该结果说明，课程学习投入在高考发挥失常与本科生批判性思维能力增值之间发挥了显著的非完全中介效应，这种因中介效应而带来的间接影响为-0.141分，占高考发挥失常对本科生批判性思维能力增值影响总效应的-8.3%。这也表明，在追踪样本的真实学习情境中，对于高考发挥失常的本科生的能力发展而言，过多的课程学习投入并不会带来能力提升，相反，甚至会起到显著的负向作用。

表 5 - 16　高考发挥失常影响本科生批判性思维能力增值的回归分析

批判性思维能力增值	(1) 总体	(2) 总体	(3) 女	(4) 男	(5) 农业	(6) 非农	(7) 非第一代	(8) 第一代
高考发挥失常	1.707**		1.677	1.755*	2.249**	0.789	1.123	2.167**
	(0.728)		(1.091)	(0.986)	(1.004)	(1.070)	(1.084)	(0.996)
高考发挥较为失常		1.665**						
		(0.849)						
高考发挥极度失常		1.764*						
		(0.949)						
男	-0.0411	-0.0439			-0.00538	0.166	0.105	-0.236
	(0.825)	(0.826)			(1.133)	(1.213)	(1.214)	(1.134)
非农户口	1.726**	1.725**	2.157*	1.278			2.007	1.547
	(0.843)	(0.843)	(1.270)	(1.131)			(1.243)	(1.165)
第一代大学生	0.0761	0.0739	0.857	-0.592	0.531	-0.550		
	(0.834)	(0.835)	(1.233)	(1.132)	(1.204)	(1.166)		
其他控制变量	YES	YES	YES	YES	YES	YES	YES	YES
Constant	8.408	8.402	9.722	8.566	4.036	17.13**	18.14**	1.094
	(5.540)	(5.543)	(7.877)	(8.274)	(7.810)	(7.954)	(8.237)	(7.561)
N	1,110	1,110	556	554	615	495	476	634
R-squared	0.328	0.328	0.334	0.333	0.332	0.343	0.268	0.372

表 5-17　学习投入在高考发挥失常与学业成绩之间的中介效应分析

	(1) 课程学习投入	(2) 生生互动频率	(3) 师生互动频率	(4) 师生互动质量	(5) 科研参与	(6) 学业成绩	(7) 学业成绩	(8) 学业成绩	(9) 学业成绩	(10) 学业成绩
高考发挥失常	0.0970***	0.0866**	0.197***	0.0776*	0.126***	1.423***	1.754***	1.529***	1.779***	1.586***
	(0.0286)	(0.0356)	(0.0396)	(0.0427)	(0.0275)	(0.383)	(0.400)	(0.397)	(0.399)	(0.398)
课程学习投入						4.016***				
						(0.402)				
生生互动频率							1.307***			
							(0.333)			
师生互动频率								1.832***		
								(0.289)		
师生互动质量									1.157***	
									(0.286)	
科研参与										2.503***
										(0.433)

续表

	(1) 课程学习投入	(2) 生生互动频率	(3) 师生互动频率	(4) 师生互动质量	(5) 科研参与	(6)	(7)	(8)	(9)	(10)
						学业成绩				
控制变量	YES	YES	YES	YES	YES	YES	YES	YES	YES	YES
Constant	2.564***	2.524***	1.224***	2.497***	−0.689***	62.40***	69.43***	70.57***	69.79***	74.45***
	(0.217)	(0.270)	(0.300)	(0.324)	(0.209)	(3.012)	(3.078)	(2.942)	(3.047)	(2.950)
N	1,122	1,122	1,122	1,122	1,122	884	884	884	884	884
R-squared	0.018	0.031	0.045	0.028	0.121	0.266	0.196	0.218	0.197	0.212
间接效应						0.487***	0.147**	0.377***	0.119*	0.252***
RID（间接效应占比）						0.248	0.075	0.191	0.060	0.128
RIT（间接效应与直接效应比值）						0.329	0.081	0.237	0.064	0.147
RTD（总效应与直接效应比值）						1.329	1.081	1.237	1.064	1.147

表 5-18　学习投入在高考发挥失常与批判性思维能力增值之间的中介效应分析

	批判性思维能力增值				
	(1)	(2)	(3)	(4)	(5)
高考发挥失常	1.834**	1.719**	1.762**	1.654**	1.572**
	(0.731)	(0.731)	(0.737)	(0.729)	(0.735)
课程学习投入	-1.414*				
	(0.764)				
生生互动频率		-0.292			
		(0.619)			
师生互动频率			-0.346		
			(0.557)		
师生互动质量				0.505	
				(0.512)	
科研参与					0.964*
					(0.795)
控制变量	YES	YES	YES	YES	YES
Constant	12.12**	9.289	8.970	7.288	9.237*
	(5.860)	(5.756)	(5.581)	(5.687)	(5.567)
N	1,108	1,108	1,108	1,108	1,108
R-squared	0.332	0.330	0.330	0.330	0.330
间接效应	-0.141*	-0.026	-0.069	0.039	0.122*
RIT（间接效应占比）	-0.083	-0.015	-0.041	0.023	0.072
RID（间接效应与直接效应比值）	-0.077	-0.015	-0.039	0.023	0.077
RTD（总效应与直接效应比值）	0.923	0.985	0.961	1.023	1.077

从表 5-18 第（5）列结果上看，科研参与显著正向影响本科生批判性思维能力增值，影响效应为 0.964 分，该结果说明，科研参与在高考发挥失常与本科生批判性思维能力增值之间发挥了显著的非完全中介效应，这种因中介效应而带来的间接影响为 0.122 分，占高考发挥失常对本科生批判性思维能力增值影响总效应的 7.2%。

四 结论与讨论

最后,本书基于 2016—2019 年全国本科生能力追踪测评与调查数据,采用混合研究方法,探讨了高考发挥失常经历如何对本科生高等教育期间学习投入及其学业成就的影响,主要得出以下结论:

第一,高考发挥失常的本科生在高等教育期间具有更高的学习投入,且取得的学业成就更高。

高考发挥失利的客观事实并没有击倒未进入理想大学或专业学习的本科生群体,他们没有选择"破罐破摔",而是勇于"奋起逆袭",充分发挥主观能动性。在这一过程中,"大鱼小池塘"效应发挥着重要作用,当高考发挥失常的学生进入较低于自己水平的学校或专业时,可以明显地感觉出自己与身边人的不同,特别是在思维方式、表达能力、学习习惯、学习方法等方面与周围同学相比存在明显优势,"我自己感觉可能会比其他的同学更优秀一点……就是从他们中间拔出来的那种。"(GKSC1)

在随之而来的课堂发言、专业考试、学生工作中他们逐步崭露头角,他们游刃有余或者踮踮脚就可以胜任那些处于他们最近发展区内的课业要求,这更让他们维持着强烈的自信心,能力出众与优异学业带来的"偶像包袱"在积极的自我概念的伴随下,让他们越战越勇地进行持续不断的高水平投入。"后面我还跟我妈妈说,如果我当时去一个更好的学校,那我可能很多东西都跟人家争不上……我是不是因为上了一个比较差的学校,大家动力都不太足,然后我动力是足的,我就选上了。"(GK-SC1)

即便在倦怠之时,"偶像包袱"也成为了甜蜜的负担,能够激励他们乐于不断前进或者以面子为凭借推着他们只进不退,使其最终在四年的学习中斩获优异的成绩。"比如说大二的时候,我当时想懈怠,我就会想如果这个时候不好好去复习,期末考的话就可能会变差…就是感觉有点太丢脸了。前期的光环在,然后后面就是一直想要努力。"(GKSC6)

"因为你成绩很好,别的同学可能多多少少都认识你,或者说听过你,之后你就没有办法说摆烂、破罐破摔,还是必须要学好……就一直持续到大三,反正就是觉得很累,但是又得很努力地去学……"

（GKSC8）

上述研究结果支持了研究假设 H3，拒绝了研究假设 H1，证明了中国本科教育中存在着"大鱼小池塘"效应。该研究结果也从相反方向呼应了包志梅的研究发现，她认为部分高考发挥较好的学生在进入相对高层次高等教育学习后，因身边的参照群体发生变化，周边都是高能力同伴群体，致使个人的学业自我概念显著降低[1]，从而影响个人的学习态度、行为及情绪等，甚至有可能转变成为学困生。

第二，高考发挥失利带来的"不甘心"是学生努力投入的初始动力，学习过程中存在的"大鱼小池塘"效应维持甚至强化了这种学习动力，且存在明显的群体异质性。

研究发现，高考发挥失常的学生妥协性进入较低层次大学或不太喜欢的专业后，必然会对比所在大学或专业与理想大学或专业之间的差距，并自始至终对所读大学或专业存在不满意情绪，研究数据显示，这些学生对所学专业的满意程度显著更低（四点计分制，均值差 = -0.182，t = 3.271，P < 0.01）、对学校总体满意度更低（四点计分制，均值差 = -1.258，t = 3.759，P < 0.01）、对所在学校的推荐程度更低（四点计分制，均值差 = -0.1，t = 2.339，P < 0.05）。通过访谈也了解到，尽管受访者会反思是否是更低的平台让他们的本科学习更加积极自信、获得了更多的资源倾斜，但这并不意味着高考失利带来的院校层级下降或专业喜好不吻合不再是困扰，事实上，妥协性就读选择客观限制了这些学生本科期间的视野、平台以及后期深造与就业的机会，从教学内容老旧化、学校或专业师资水平到周围学生的学习态度等无不提醒着他们所就读大学或专业的局限，"因为**大学基本上在世界排名都要到 900 多名了……就是说我可能在**大学不能选择一个特别高层次的一个学校（读研）……我觉得我们那边的本科生教育过于传统，这个也是让我耿耿于怀的，课程设置过老，我们用的教材都是九几年的。"（GKSC10）

这种困扰会让高考发挥失常的学生产生"不甘心""不满""遗憾"

---

[1] 包志梅：《我国高水平大学学困生的形成过程与边缘化轨迹研究》，《中国青年研究》2022 年第 4 期。

等心态，并试图通过跨校或跨专业考研的"曲线救国"方式来缓解"不甘心"，弥补"不满"与"遗憾"。为此，"努力让自己在本科期间更加优秀，在研究生阶段弥补遗憾"成为了他们努力学习的初始动力。"我比较喜欢把失落的这种情绪转化为动力的感觉……我总觉得（发挥失常）是一个耻辱，我就想我一定要通过后面的努力来弥补之前的这个事情。"（GKSC6）

然而，这种初始动力在进入大学初期最明显，随着时间的推移会慢慢淡化，而"大鱼小池塘"效应带来的积极影响逐渐占据了主导地位，成为推动学生努力学习投入的持久动力。"我认为在前期是我自身动力更强，就是在第一年的时候……在我成绩稳定了之后，我自身的这个（成绩）在学校整体水平里更突出，这一点（更自信）可能是占据了主导。"（GKSC2）

此外，要特别关注本书的两点异质性发现：一是，高考发挥失常程度越大，本科生学习投入及学业成就表现越好，关键原因在于，他们进入大学后在学业能力上与周围同学相比具有更大的优势，生成更强的学业自我概念。二是，在高考发挥失常的本科生群体中，农业户口出身、属于家庭第一代大学生的本科生在高等教育学习期间受"大鱼小池塘"效应的影响更大，限于相对贫瘠的家庭经济社会资本，这些弱势本科生群体有且仅有"努力读好书"这一种渠道来弥补高考发挥失利带来的竞争劣势。为此，他们在较高学业自我概念的驱动下，主观能动性更强，更能奋发投入学习，尤其在提升自身批判性思维能力程度上明显表现更好。这也为未来高校如何提升不同群体学生的学习行为与态度等提供了现实参考。

第三，学习投入在高考发挥失常与本科生学业成绩之间发挥着显著的非完全中介作用。

在高考发挥失常对本科生学业成绩的总影响效应中，课程学习投入、生生互动频率、师生互动频率、师生互动质量、科研参与均作为学习投入对其最终学业成绩有着显著的非完全中介作用，这充分说明，在高等教育期间，高考发挥失常的本科生完全可以通过自主调节自己的学习行为选择来获取更优异的课业成绩，这与他们投入学习中的时间或效率有关。高考发挥失常学生作为"小池塘"中的"好学生",与周围的同学相比,会把更多的空闲时间投入学习之中,这也是他们长期以来在基础教育阶段养成的好学品质的延伸。

"反正大一的时候基本上学的每一科我都比较认真,然后也是把很多精力都花在学习上,一直都是这样,然后后面就保研了。""从大一到大三,……我就是要拿到很好的成绩,经常去图书馆把学的东西再看看,但是可能身边的同学就在宿舍里面睡觉。"(GKSC7)

"会更投入一点。因为心里有一点想法,就是说我这个专业可能是没有比我学习好的人,然后可能努力的话就可以比他们厉害一点。"(GKSC3)

除此之外,作为"大鱼"的他们,拥有着与所就读本科院校大多数学生相比更有效的学习方法、学习习惯或学习能力,能更加充分地利用学习时间,最大效率地转化为学习成绩。"我都是考试之前,会把所有公式推一遍,我不是那种记公式的…我觉得我可能学习起来效率更高。"(GKSC2)

第四,并非所有类型的学习投入在高考发挥失常与本科生批判性思维能力增值之间均能发挥显著的中介作用。

具体而言,科研参与、课程学习投入在高考发挥失常与本科生批判性思维能力增值之间发挥着显著的非完全中介作用,但后者带来的间接影响效应却是负向的。生生互动频率、师生互动频率与质量等变量并未发挥中介效应。研究结果部分验证了研究假设 H2。该结果也在质性研究中得到了印证,为了获得对于奖学金、荣誉称号、保研资格等评选具有决定性作用的成绩,本科生都会倾向于追逐成绩的最优化,但课程学习、生生或师生互动等带给学生的成长有限,课程考试套路化与应试化也让学生难以在专业课学习中获得实质性成长。

"我觉得大学这种学习比较割裂,就是你想要把这个东西学好,并不代表你能考好,因为它有些东西就比较陈旧,但还是要考,所以就要花很多时间在考试上面,然后也要花时间在真的去学这门课上,因为你想把它学好。我觉得是有点矛盾的,因为确实这个考试成绩并不一定代表学的好。"(GKSC7)

"我觉得平时的这些所谓的专业课考试就是完全应试的一个东西,……然后哪怕你考得很高,过了半个学期甚至过了半个月你就忘得差不多了,根本用不到这些知识,……包括我那些去就业的同学,他们也会反映,其实本科学的东西找工作根本用不上,太浅显了,太基础了,而且太杂乱了,就是学得不深不精。"(GKSC9)

"像那种专业课……都是一些原题和一些比较简单的知识点……老师画了个大纲,那个大纲只要能背下来,就能考80分左右。"(GKSC4)

但在优绩主义影响下,学生们即便意识到了这个问题,也会出于现实考虑而屈从于绩点制度下的游戏规则,导致学生们因为过分追求绩点,反而耗费了本可以投入其他方面的精力,尤其可能挤占了本应该用来对所学知识进行深度思考的时间和精力,从而无法有效地将所学知识融入自己的思维,转化为自身的思想,甚至产生思维迟钝、僵化、混乱等现象,无法有效提升自身的批判性思维能力。这也验证了斯滕伯格和陆伯特的观点,过于追求过高的学习成绩不仅不能带来个人能力的成长,反而遏制了学生思维能力的发展。[1] 如此而言,他们既是这场绩点竞争场域中的优胜者,也是受害者。

然而,研究发现,科研活动能带给学生全方位的成长,尤其是综合素质与高阶能力的提升。学生们在参与科研的过程中自学能力的培养、阅读大量前沿文献带来的成长与简单的试卷式考试带来的提升判若云泥。尤其在以落地为原则的科研竞赛中,对学科知识的深入理解与运用更是课程或书本知识学习难以企及的。

"一些查文献的方法、发现问题的敏锐度都有培养到,当时带我们的老师特别好……会一步一步教我们该怎么做,这个对我能力的提升确实很多……一开始我是作为参与者,但是后来是领导整个团队往前走……"(GKSC10)

"(科研)很多东西是要你自己去学的。包括专业领域可能不同,或者你要去调研一个东西,它的创新性,你要去查很多的文献,包括中英

---

[1] [美]罗伯特·斯腾伯格、陶德·陆伯特:《创意心理学》,曾盼盼译,中国人民大学出版社2009年版,第5页。

文的……主要还是锻炼自主学习能力,然后就是动手能力,因为专业课学习它毕竟比较偏理论……你在做真正的实验时,你才能对这些知识有更进一步的理解,就是我到底怎么去运用这些知识……"(GKSC9)

整体而言,上述研究表明,并非所有的学习性投入都会促进批判性思维能力发展。这也时刻提醒学生们,方式不太正确的"忘我学业投入"可能是把双刃剑,在追求绩点目标时要审视前进的路,努力做到知识增长与能力发展齐头并进。该研究结果也应促使高校教师及管理者反思目前高等教育阶段课程学习的评价方式方法、学生课程学习投入行为及其思维体现性等,在设计相关评价制度时要注意避免本科教育"高中化",帮助学生摆脱高中惯习,尤其要切实关注过程性评价,突出项目式或探究式学习,引导学生学会学习比让学生学到具体知识更重要,真正做到从应试教育模式向探究式教育模式转变。

特别指出的是,本书也存在着诸多不足:第一,本书采用学生自主评价高考发挥情况的测度方式相对主观,未来需结合学生自主评价、高考志愿录取满意度、高考模拟考试与高考表现差异等指标进行综合判断;第二,本书对高考发挥失常本科生群体的心理特质缺乏关注,而诸如抗压能力、韧性、焦虑情绪等心理特质因素可能既影响高考发挥情况又影响高等教育期间的学习投入,从而造成内生性问题,并对研究结论的稳定性产生干扰;第三,本书仅聚焦于以 GPA 和批判性思维能力增值为代表的学业成就,未来可能需结合本科生继续深造、就业质量、非认知能力发展等多维变量来综合评估高考发挥失常经历的全面影响及其持续性。

第五节　本章小结

利用本土化批判性思维能力测评工具及全国本科生能力测评数据,本章主要探讨本科生早期成长特征对批判性思维能力发展的影响,主要从早期流动求学经历、是否独生子女、是否家庭第一代大学生、高考发挥经历等角度展开分析,主要得出以下结论:

第一,早期流动求学经历显著影响大学生在本科教育阶段的批判性思维能力增值。首先,在传统 OLS 估计下,早期流动求学经历会显著影响学生的批判性思维能力,在高等教育入学时,有早期流动求学经历的大学生批判性思维能力比没有早期流动求学经历的大学生批判性思维能力显著高出 1.028 分,早期流动求学经历存在显著的积极效用。其次,在 PSM 估计下,早期流动求学经历能将学生批判性思维能力得分显著提高 2.162 分,高于 OLS 估计结果,表明拟合模型中存在明显的内生性问题,使用 PSM 法进行早期流动求学经历的因果效应推断是有意义的。在处理了内生性问题后,早期流动求学经历的积极效用依然是显著的。此外,早期流动求学经历对大学生批判性思维能力的积极效用存在明显的户口异质性,对农业户口出身的学生的效用更为突出。这可能是因为农业户口出身的儿童在早期流动求学过程中更有可能经历向上的流动,使得流动后的学习和生活环境比原先的环境有较大改善。该研究结果与吴琼的研究结论是一致的。再次,早期流动求学经历对大学生批判性思维能力的影响存在显著的持续性,会显著影响大学生在高等教育阶段的批判性思维能力增长,相比没有早期流动求学经历的大学生而言,有早期流动求学经历的大学生批判性思维能力增值幅度高出 3.094 分。最后,早期流动求学经历的积极效用的持续性存在明显的户口异质性。早期流动求学经历能显著提高农业户口出身的学生批判性思维能力增值幅度 4.230 分,但对非农业户口出身的学生的影响并不显著。早期流动求学经历对毕业生批判性思维能力增值的影响在不同学校类型中差异并不明显。

第二,独生子女大学生的批判性思维能力增值低于非独生子女的批判性思维能力增值。基于家庭资源稀缺理论和"消磨—趋同"理论,本书从定量角度分析了独生子女与非独生子女大学生的批判性思维能力差异及其变化趋势,发现,首先,从不同组别的均值比较上看,独生子女与非独生子女大学生批判性思维能力得分差异都是显著的,但这种差异随着时间的推移逐渐下降,呈收敛趋势。其次,从回归分析结果上看,在大一新生样本中,独生子女大学生的批判性思维能力得分比非独生子女批判性思维能力得分显著高出 1.660 分,研究结果支持了家庭资源稀缺理论。最后,在高等教育期间,相对独生子女而言,非独生子女大学生的批判性思维能力增长幅度更大,研究结果也支持了"消磨-趋同"理论。非独生子女大学生通过更为积极有效的学情投入来更好地融入社会化发展，弥补先赋性家庭因素的不足，快速地提高自身批判性思维能力。这也间接证明，独生子女与非独生子女大学生的批判性思维能力差异走向收敛。

第三，家庭第一代大学生与非第一代大学生在批判性思维能力增值上存在显著差异。本书比较分析了第一代大学生与非第一代大学生的批判性思维能力差异及其在高等教育期间的增值幅度差异，发现，一方面，在大一新生样本中，家庭第一代大学生与家庭非第一代大学生间的批判性思维能力存在显著差异，非第一代大学生最高、第一代城市大学生次之、第一代农村大学生最低。"先赋结构性"家庭资源性短缺影响了第一代大学生批判性思维能力的发展。另一方面，从本科期间批判性思维能力增值幅度上看，在大四学生样本中，家庭第一代大学生与家庭非第一代大学生间存在显著差异，家庭第一代农村大学生最高、家庭第一代城市大学生次之、家庭非第一代大学生最低。研究结果证明，大学生通过主动调整自身行动策略来改变先赋性结构带来的不平等关系，优化可利用资源、激励自身主观能动性、强化内在动力，最终突破资源制约，实现更大程度的能力发展。

第四，高考是一项极其重要的高利害性考试，高考发挥失常也是一种较为常见的现象。基于2016—2019年全国本科生能力追踪测评数据，本章采用顺序性解释序列的混合研究设计，探讨了高考发挥失常经历如何影响本科生在高等教育期间的学习投入及其学业成就，发现：相比高考正常或超常发挥的本科生，高考发挥失常的本科生在大学期间具有更高的学习投入与学业成就，中国本科教育中存在显著的"大鱼小池塘"效应；高考发挥失常程度越大的学生、农业户口生源、家庭第一代大学生受"大鱼小池塘"效应的影响更显著；课程学习投入、生生互动频率、师生互动频率、师生互动质量、科研参与等学习性投入在高考发挥失常与本科生学业成绩之间发挥着显著的非完全中介作用；仅科研参与在高考发挥失常与本科生批判性思维能力增值之间发挥着显著正向的非完全中介作用。研究结论为未来高等教育人才培养实践及高考发挥失常学生群体优化学习投入等提供了现实参考。

第 六 章

本科生批判性思维能力增值的基本表征

至此，本书利用多种计量经济学技术、基于2016年和2019年全国本科生批判性思维能力调查数据，从多个维度探讨了本科生批判性思维能力增值水平及其影响因素，研究结果揭示出本科生批判性思维能力增值的外在表现特征及其内在影响机制。本章在前面研究发现的基础上探讨本科生批判性思维能力增值的基本表征，并分析中国本科生批判性思维能力发展的理论空间。

第一节 本科生批判性思维能力增值的三重属性

人力资本理论的诞生和发展经过了一个漫长的历史过程，"能力"一直是人力资本理论研究进程中潜在的一条主线，其中认知能力和非认知能力共同构成了人力资本理论中"能力"的概念范畴。认知能力是指通过教育、知识积累、培训等方式形成的包括逻辑推理、书面或口头表达、批判性思维等能力的总和，动机、自控力、偏好等个人潜在特质构成了非认知能力的内容。从人力资本起源到20世纪90年代，人力资本理论大多从教育、知识为核心的认知能力角度研究人力资本对宏观经济、微观个人的价值。随着人们对非认知能力认识的深入，新人力资本理论完善了传统人力资本只关注单维能力的缺陷，对能力构成、能力与人力资本的关系有了全新的认识。在人力资本理论发展的进程中，存在两个代表性的讨论，一是，能力是否是先天形成的，后期可否改变。这种争论来源于人力资本理论与筛选理论的历史论战，持续了50年之久，人们尝试用各种经验数据进行验证。二是，能力的形成具有多阶段性、敏感期、关键期。这种讨论在最近十几年讨论越发热烈，研究结果非常丰硕。本书关注的批判性思维能力是一种核心认知能力，前文研究结果也正好回应了上述有关讨论。

第一，批判性思维能力具有可塑性。研究结果证实了史密斯·佛兰克的论断，批判性思维是教育和培训的产物，可被传授，并非天生注定。[1] 换言之，批判性思维能力是可以提升的，这一结论直接支持了人力资本理论的核心观点，也相应地拒绝了筛选理论的有关假设。同时本书也发现，部分本科生的批判性思维能力增值呈现负数，表明，他们的批判性思维能力不增反减，这也从侧面印证了批判性思维能力发展并不是单向度向上发展的，如果个人在成长过程中并不付出努力、不注重训练和提升自己的批判性思维能力，结果很有可能是负面。

第二，批判性思维能力能够在本科教育期间得以提升。在当期批判性思维研究与实践中，有不少学者认为在本科教育期间再注重批判性思维能力培养已经为时已晚，成效不会太大、甚至没有成效。本书基于经验数据正面回应了这种论断，批判性思维能力的发展是一个长期的过程，需要一定的周期和跨度[2]，并非一蹴而就，在本科教育期间，本科生的批判性思维能力仍存在提升空间，结合新人力资本理论的观点可知，批判性思维能力的发展具有多阶段性，18—22岁仍处于个人批判性思维能力发展的重要时期，但是否是关键期和敏感期则有待后续深入研究和检验。

第三，批判性思维能力增值存在边际递减效应。边际递减效应是经济学领域的专业术语，是指在其他条件不变的情况下，如果一种投入要素（或消费物品）连续地等量增加，到一定产值后，所提供的产品的增量（或获得的满足感）就会下降，即可变要素的边际产量（效应）会递减。本书发现，这种现象在本科生批判性思维能力发展过程中也存在，随着个人知识、技能、阅历、见识等增长，个人批判性思维能力会逐渐

---

[1] Smith F., *To Think in Language, Learning and Education*, London: Routledge, 1992, p. 92.

[2] Howie D., *Teaching Students Thinking Skills and Strategies*, London: Jessica Kingsley Publishers, 2011, p. 97.

发展（可能是加速发展或匀速发展），到达一定阶段后，在其他条件不变的情况下，个人知识、技能、阅历、见识等的增长依然会带来批判性思维能力发展，但是这种发展幅度会越来越小。该研究发现进一步细化了新人力资本理论关于能力形成的相关讨论，丰富了经验素材。

第二节　本科教育经历对批判性思维能力增值影响的四类差异

第一，学校类型差异。研究发现，从整体上看，学校层次越高，其对本科生批判性思维能力的增长效应越大。但具体到院校个体层面，不同院校对本科生批判性思维能力的增长效应呈现出无序状态：部分"985工程"大学和"211工程"大学的学生的批判性思维能力的增值效应与其拥有的优质高等教育资源不匹配，相反，部分弱势的普通四年制学院却表现很好，其学生的批判性思维能力增值效应超过了不少学术声望高的大学。

在区分是否"一流大学"建设高校后，上述研究结论依然成立。具体而言，在本科生批判性思维能力增值上，在控制其他变量后，与非"一流大学"建设高校相比，"一流大学"建设高校对本科生批判性思维能力增值的影响更大。可能的原因是，相对而言，这些建设高校有着更强的学术性、辩论式、批判性的学校氛围，为本科生提供了适宜的成长环境；也有着国际化程度更高的教学模式、更高水平的师资队伍、综合能力更强的学生同辈团体等，为高质量的师生、生生互动提供了可能，拓展了学生批判性思维能力增值的空间。

在进一步区分A、B类"一流大学"建设高校后发现，A、B类"一流大学"建设高校提高本科生批判性思维能力的影响效应呈层次性，A类比B类更胜一筹。此结果，一方面体现出这些高校存在着内部差异，与不同层次的"一流大学"建设高校对本科生批判性思维能力培养的重视程度、物质资源的丰富程度、高水平师资的拥有程度和配置结构等方面密切相关；另一方面也善意警示B类"一流大学"建设高校，在获得"双一流"遴选中有关"或者国家急需、具有重大的行业或区域影响、学科优势突出、具有不可替代性"① 政策倾斜的同时，亟须提高本校的本科生培养质量。

第二，学科差异。大学生批判性思维能力的培养在学科方面存在着明显的异质性。造成这种异质性的原因可能与不同学科的教学实践、专业要求等有关。典型的，不同学科类别的大学教育强调的培养目标存在差异，人才培养方式、课程体系设置、师资队伍配置等千差万别，大学生有效参与相关学习的时间和精力等也可能参差不齐，导致大学生批判性思维能力发展水平存在差异。

第三，学习成绩差异。整体上看，学生成绩与本科生批判性思维能力增值之间呈正相关关系，且存在显著的学校类型异质性，该结果与不同类型学校的人才培养计划及其目标制定、教师教学重视程度、课程体系设计、校园支撑性环境建设等密切相关。该结果也善意地提醒那些高层次学校应回归教学与人才培养之道，尤其是在当前"一流大学"建设运动背景下更应重视一流本科教育。更为细致地看，学生成绩与本科生批判性思维能力增值之间并非简单同步正比的线性关系，而呈现为开口向下的抛物线型关系。研究发现一方面证实了知识增长对批判性思维能力发展具有累积性，微小的知识增长集聚后能够对批判性思维能力发展产生巨大的促进效应，另一方面也验证了斯滕伯格的观点，过于追求过高的学习成绩不仅不能带来个人能力的成长，还可能挤占了本应该用来对所学知识进行深度思考的时间和精力，从而无法有效地将所学知识融入自己的思维，转化为自身的思想，甚至产生思维迟钝、僵化、混乱等现象，无法有效提升自身的批判性思维能力。

上述研究发现部分印证了钱颖一教授提出的"知识增长但思维未发展"现象，这种现象主要集中于那些过于追求高分的样本群体之中，中国本科教育在授予这些本科生群体高深知识的同时并未有效提高他们的批判性思维能力，"高分低增"成为中国本科教育的标签和特征。出现该

---

① 教育部、财政部、国家发展改革委：《统筹推进世界一流大学和一流学科建设实施办法（暂行）（教研〔2017〕2号）》（http：//www.gov.cn/xinwen/2017 - 01/27/content_5163903.htm#1）。

现象的可能原因至少有四点：一是，以知识为中心的中国应试教育过于强调学生分数，"唯分数论"成为评价学生学业表现的核心理念，典型的如，奖学金评定、保研资格评选、出国留学申请、拔尖创新人才计划或创新实验班培养对象选拔、甚至是劳动力市场中的大学生就业等无不与学习成绩挂钩，甚至相当程度上决定了最终结果；二是，课程教学目标、内容、手段或方式等过于强调知识传授，但相对忽视思维能力培养，"满堂灌""一言堂""照本宣科""填鸭式教学"等传统方式依旧大量存在，缺乏引导学生积极主动、有效参与教学，本科生学习过程中只能接受到"是什么""怎么样"，对于其背后的"为什么""又如何"等缺乏有效思考；三是，考试评价方式强调知识点考察，忽视评估知识学习过程中的能力提升，更有甚者，考前划出知识重点、原题或练习题重复再考等现象比比皆是，促使学生进入"死记硬背""刷题""只顾重点忽视细节""考前临时突击重点题集"等方式以寻求获取高分，如此状态下获取的高分无法刺激学习者有效思考，分数高低甚至不能代表知识水平的高低，更无法企及个人能力的提升；四是，更深层次的，现行教育教学评价及教师绩效考核机制下，不乏高校管理者及教师未从根本上重视教学工作，始于任务、流于形式、自主积极性不高、时间精力投入不多、外在考核压力不大等成为部分高校教学工作者的常态，如此态度下必然无法促进本科生知识增长与能力发展。

第四，科研参与差异。科研参与常被誉为一种高影响力教育实践活动，在高校人才培养实践中越发得到重视，并通过开设科研训练课程、组织科研实践活动、提供科研专项基金等方式推动了我国本科生科研参与程度。本书研究发现，科研参与能显著提升批判性思维能力，且存在数量突变效应以及参与质量效应。这也让我们深入反思现实中诸多的学生科研参与行为。许多本科生在分享科研参与经历时，经常侧重强调参与科研课题的类型，如，从国家社科或教育部重大课题、社科或自科课题、省部级课题，再到地市厅局项目、校级自主创新基金项目、大学生创新创业项目等，琳琅满目、令人眼花缭乱。然而，当问及学生们如何评价"科研参与"的收获时，他们的回答要么充满了"规训化"套路或"百度百科"式标准，要么是细枝末节的"流水账"或模糊片段化的

"内容回忆",甚至是答非所问或"巧妙"地回避过去,鲜有涉及批判性思维能力提升的反思。未来在推动高等教育阶段学生科研参与实践时亟须在以下方面进行矫正。

首先,高标准定义科研参与:从体验式观察、被动式执行到主动反思与创新

走马观花似地跟随课题组从项目申请、开题汇报、中期考核到结题答辩等流程中走一遍,"打印报销跑腿送材料""会场服务 PPT 制作与产品演示""机械式搜集录入核对数据""洗器具搬耗材计实验时间""跟着方案走,到哪算哪""听老板话,让做啥做啥""不推不动、一推一动"等,将这些体验式观察或被动式执行行为称之为科研参与经历本身无可非议,也确属科研进展过程中不可缺少的组成部分。但这些经历更多属于科研活动的外围,没有触及科研活动的核心,尤其对于那些有志于学习和提升的本科生而言,没有接触到专业知识的理解、运用及其反思,没有深入将书本理论知识与社会实践情境相结合的互动过程,更没有涉及批判性反思或创造性更新已有知识的生产过程。

高标准科研参与至少应体现三个基本特征:一是"真兴趣",选择加入课题组或研究团队,应是源于个人知识进步与能力提升的内生动力。然而,现实中本科生科研参与选择背后的动机并非如此,学生往往只是为了拿到选修学分、获得保研加分、丰富简历内容、提升就业竞争力等,甚至有些学生只是被周边同学"卷"进科研活动,参与科研只是避免掉队心理下的盲从行为。

二是"真探究",本科生应通过深入的科研参与,学习具体的科研技术、掌握一定的研究技能、形成特定的科研思维习惯等,使自身从"合法的边缘参与者"("新手")向"践行专业身份者"("熟手")转变,甚至一定程度上成为"创新性知识生产者"("高手");而不是简单地"点个卯""值个班""跑个腿""打个杂""跑个数据"等。

三是"真成长",科研参与经历带给本科生的收获决不能只是"获得证书""尾号作者""致谢人员""认识了学长学姐、跟着了学界大佬、熟悉了流程、知悉了方法、开阔了视野"等,而更应该回归知识增长与能力提升上,有没有真正掌握好专业知识,做到"知其然并知其所以然"?有没有切实提升自己的科研思维,系统把握某项研究或子研究的来

龙去脉或课题研究中的关键科学性问题？等等。

其次，高规格评价科研参与成效：将"批判性思维能力提升"设为黄金标准

我们都知道，作为促进学生发展的活动载体，本科生科研是一项受就读院校和学科环境影响、聚焦专业知识习得与应用、注重师生团队交流与互动的综合性实践活动。但在实践中如何评价本科生科研参与成效却缺乏统一的标准，甚至是没有标准。

许多招聘本科生科研志愿者的课题组的初衷并不在于人才培养，而是秉着"完成上级交待任务""帮忙做点机械性费时费力工作"或"本科生做不了啥，还容易误事，只能让他们做点杂事跑跑腿，甚至是招而不用"的心态，也不会真的去考核与评价本科生科研参与的具体行为与收获，最后碍于情面或作为程序化鼓励方式，为他们开具科研参与证明。

也有不少课题组通过量化的方式来反映本科生科研参与的成效，如，写了几份报告、发了几篇论文、参编了几本著作、申请了几项专利、获得了几个重要赛事奖项、拿到了几所学校的保研 offer、最终去了什么级别的学校深造等，并以此作为宣传材料来吸引本科生参与科研。这些外显的量化指标或许在一定程度上能反映科研参与的成效，但依然未能体现本科生科研参与的真正价值。

事实上，在具体的科研参与过程中，本科生需利用所学的专业知识和既有的学习与理解能力，发现有价值的研究选题、构建缜密科学的研究设计、寻找有效且可靠的论证依据、批判性分析研究结果、整合或更新甚至是颠覆已有知识、以及反思研究存在的问题与不足等，这些过程都需本科生在科研过程中习得并运用理解、分析、论证、解释等认知技能，这些正是批判性思维能力的核心技能。

换言之，本科生参与科研是在探究问题和增进知识的过程中提升自身批判性思维能力。科学研究是对未知知识领域深入探究的过程，兼具不确定性、探索性与科学性，研究者需要在未知且复杂的知识海洋里梳理可能的逻辑链条，抽丝剥茧般找寻潜在的知识生长点，并通过各种技能或技术手段来操作化概念、甄别证据、论证假设，并不断反复检验、更新和发展知识之间可能存在的内在规律。正是在这种科研训练的过程

中，本科生批判性思维能力得到有效提升。为此，在真实的科学研究过程中，可考虑将"批判性思维能力提升"作为本科生科研参与成效的核心评价指标。但如何在实践中落地将会是一个崭新的难题。

最后，高质量推进科研参与：让真正有科研兴趣的本科生发挥最大潜能

兴趣是最好的老师。在科学研究领域尤其如此。本科生要坚决摒弃功利化倾向，回归探究问题与知识进步的初衷，并在参与过程中提升自身批判性思维能力。"保研加分""论文产出""获奖证书"等应只是科研参与的附属品或衍生品，而不是核心目标。应特别引导本科生从现实功利逻辑转向知识生产逻辑，在知识场域内营造"求真、探索、容错、敢于质疑、谨慎求证"的科研氛围，促进本科生高质量参与科研实践活动。

分段配置、梯次推进。本科生的专业基础知识、学术理论体系、逻辑思维能力等均存在一个循序增长的过程。批判性思维能力也不能脱离知识基础而凭空产生，需结合具体现实情境和专业知识储备不断应用常规的思维技能或方法等来提升。课题组或培养机构在配置科研参与机会时应充分遵循自然过程，对低年级学生提供体验式观察学习机会，对高年级学生开放自主探寻空间，"多引导、压担子、重探索"。实证研究也发现，自主申请项目、参与国家或省部级项目、担任"主持人"或"核心成员"角色对本科生批判性思维能力的提升作用更大。

科研参与课程化。鼓励高校将科研参与纳入人才培养课程与学分体系之中，设置专门化的科研能力提升课程，培养本科生参与科研的自主意识、积极性和基础方法与能力。但也要特别注意避免两种隐忧：一是与实践脱节，尤其是社会科学领域，课程中的科研训练与真实情境中的问题探究有诸多差异。二是机械的程序化思维，科研活动是一种探究未知世界的旅程，没有既定的程序与界限，甚至不知前进的方向，需要利用批判性思维不断自主找寻。

完善产教融合人才培养体系建设。高校应积极与科研院所、企业产业研发平台等建立合作机制，充分利用各界优质资源，贯通学术训练的渠道与方式，让本科生真正有机会参与实践中的科学探究活动，最大程度地发挥本科生的认知潜能，提高科研参与活动的效能。

第三节　早期成长特征与批判性思维能力
　　　　增值之间的四种效应

　　家庭是中国经济社会的基本单元和细胞组织，受传统文化及血缘关系等根深蒂固的影响，家庭在个人整个发展过程中都有着极其重要的作用和影响，家庭资源是个人拥有并随时能够拿来运用以达到特定行动目的的一种有效、可持续的资源。有大量研究关注家庭资源的代际传递机制引起的教育机会分配问题，如，李春玲在结合中国社会政治变迁的历史背景下，利用1940—2001年的家庭调查数据，分析家庭背景如何对个人的教育机会和教育年限产生影响，发现教育机会平等在不同年代间存在巨大差异，1940—1978年是从极端的不平等状态演化到极端的平等状态，1978年之后，教育机会不平等问题加重。[1] 同样从历史角度出发，李煜认为教育不平等的产生与制度变迁密切相关，恢复高考之后家庭资本（主要是教育背景，以父母受教育水平衡量）对后代教育程度有重要影响，呈现出一种文化再生产模式，而随着经济市场化的推动，家庭阶层背景对教育获得的影响开始显现，此时呈现的是资源转换与文化再生产双重模式。[2] 另外，也有大量研究关注家庭资本如何影响子女的教育表现，如卢德格尔·沃蓓曼认为父母受教育程度显著影响子女的学业成绩[3]、而杨和康利则认为家庭经济资本对子女学业成绩影响较弱且与外界经济发展水平及社会文化环境等有关[4]、杨宝琰和万明钢则利用甘肃省某县初中毕业生数据将家庭资本对子女学业成绩的影响区分为中介效应和调节效应后发现，父亲受教育程度对子女学业成绩的影响表现为直接作

---

[1] 李春玲：《社会政治变迁与教育机会不平等——家庭背景及制度因素对教育获得的影响（1940—2001）》，《中国社会科学》2003年第3期。

[2] 李煜：《制度变迁与教育不平等的产生机制——中国城市子女的教育获得（1966 – 2003）》，《中国社会科学》2006年第4期。

[3] Wößmann L., "Educational Production in East Asia: The Impact of Family Background and Schooling Policies on Student Performance", *German Economic Review*, Vol. 6, No. 3, 2005.

[4] Yeung W. J., Conley D., "Black – White Achievement Gap and Family Wealth", *Child Development*, Vol. 79, No. 2, 2008.

用，而经济资本则是通过中介作用产生影响。[①] 本书尝试在两方面寻求蹊径，一是，不同于以往研究直接对家庭资源进行操作化，本书通过选择是否存在早期流动求学经历、是否独生子女、是否家庭第一代大学生高考发挥情况等具有中国特殊元素特征的学生群体进行分析，从而间接反映家庭资源对个人发展的作用；二是，不同于以往研究关注教育机会获取、学业成绩等，本书选择更为客观的批判性思维能力状况作为分析变量，以此反映这类特殊群体的能力发展情况。研究发现：

第一，持续效应。从中国现实上看，流动求学是家庭进行教育投资的理性和自主选择，是否允许子女流动求学取决于在家庭预算约束限制下流动求学能否给子女更好的教育机会、更高的教育质量以及更可期望的未来发展等。如果家庭决定让子女流动求学，则在一定程度上说明流动求学能够给子女成长带来更加积极的影响。本书证明，这种早期的教育投资选择具有持续效应，会显著影响后期高等教育阶段个人批判性思维能力的发展。研究结果再一次支持了基于能力的新人力资本理论，为该理论的发展提供了经验证据。早期流动求学经历作为干预措施影响了孩子的学习和生活环境，进而影响到实施阶段孩子的认知或非认知能力的发展。当后期再进行高等教育投资时，前期形成的能力因动态补充特性而发挥乘数效应，提升高等教育投资生产率，致使该阶段学生的批判性思维能力增值更大。整个影响过程也说明能力的形成是多阶段的。研究结果也证实，早期流动求学经历的积极效用及其持续性存在明显的户口异质性，表明，于不同群体而言，早期干预手段的后期效用存在差异，能力的形成并非简单的单因素线性发展，而是在基因、环境、干预等因素交互作用下的综合结果。

第二，收敛效应。受家庭资源稀缺性影响，在初入高等教育时，独生子女大学生的批判性思维能力得分显著高于非独生子女批判性思维能力，但在高等教育期间，相对独生子女而言，非独生子女大学生的批判性思维能力增长幅度更大。非独生子女大学生通过更为积极有效的学情

[①] 杨宝琰、万明钢：《父亲受教育程度和经济资本如何影响学业成绩——基于中介效应和调节效应的分析》，《北京大学教育评论》2015 年第 2 期。

投入来更好地融入社会化发展，弥补先赋性家庭因素的不足，快速地提高自身批判性思维能力。综合来看，随着时间的推移，独生子女与非独生子女大学生的批判性思维能力差异逐渐收敛。

第三，反传递效应。尽管在初入高等教育时，家庭第一代大学生在批判性思维能力上比家庭非第一代大学生表现差，"先赋结构性"家庭资源性短缺影响了第一代大学生批判性思维能力的发展，但这种结构性资源差异并非是一成不变的，大学生通过优化可利用资源、激励自身主观能动性、强化内在动力等，可以突破资源制约，实现个人能力的更大发展，研究结果证实，从本科期间批判性思维能力增值幅度上来看，家庭第一代农村大学生最高、家庭第一代城市大学生次之、家庭非第一代大学生最低。

第四，逆袭效应。高考制度是一种极具中国特色的考试招生制度，涉及千千万万个人的未来高等教育就读选择。在这种高利害性制度设计下，学生在高考中出现发挥失常现象较为普遍。但高考发挥失常所带来的"不甘心"却是学生努力投入的初始动力，而学习过程中存在的"大鱼小池塘"效应维持甚至强化了这种学习动力，尽管这种影响存在明显的群体异质性：高考发挥失常程度越大，本科生学习投入及学业成就表现越好，关键原因在于，他们进入大学后在学业能力上与周围同学相比具有更大的优势，会生成更强的学业自我概念。同时，在高考发挥失常的本科生群体中，农业户口出身、属于家庭第一代大学生的本科生在高等教育学习期间受"大鱼小池塘"效应的影响更大，限于相对贫瘠的家庭经济社会资本，这些弱势本科生群体有且仅有"努力读好书"这一种渠道来弥补高考发挥失利带来的竞争劣势。因此，他们在较强学业自我概念的驱动下，主观能动性更强，更能奋发投入学习，尤其在提升自身批判性思维能力程度上明显表现更好。

第四节　中国本科生批判性思维能力发展的理论空间

一　走出认识误区，以塑造批判性思维精神气质为追求："把一切送上理智的法庭"

准确认识批判性思维内涵是起点。现实中至少有两类认识误区影响了人们批判性思维的培育和发展。

第一类认识误区是"否定论",认为批判性思维就是直接否定或吹毛求疵地寻找证据来否定判断,这种观点的持有者不乏很多"在位"决策者或中层管理者,看到"批判"就望文生义成"对自我权威的质疑""对已有决策的否定"等,甚至谈"批判"色变,从而在实践中压制或拒绝批判性思维。这类观点忽略了批判性思维的理性思考过程,把批判性思维等价于纯粹的"盲目否定"。

第二类认识误区是"技巧唯一论",认为批判性思维只是熟练掌握了构造、分析和评价替代假说、理论、论证等的技巧。这种观点的持有者极大地窄化、技能化了批判性思维的内涵,忽略了批判性思维者进行批判性思考时所需的内在精神气质。简单的"技巧唯一论"者在没有求真、公正和反思的精神气质支撑下,不可能拥有理智美德(如理智的诚实、全面、开放、明晰、细致、谨慎、自省反思、力求理解、相信理性等)[1],无法真正做到"熟练地掌握批判性思维技巧",更遑论合格的批判性思维者。

然而,批判性思维是一种合理的、反思性的思维,其目的在于决定我们的信念和行动。正如范西昂所言,批判性思维是大胆质疑而非愤世嫉俗,是思想开放而非举棋不定,是分析批判而非吹毛求疵。批判性的思考果断但不固执,评价但不苛责,有力但不武断。[2] 批判性思维的主要原则是大胆质疑和谨慎断言,两者缺一不可。"大胆质疑"强调的是批判性思维的态度和习性(要求批判性思维者能够在特定条件环境下作出相应反应、行动的习惯性、内在意愿或倾向),彰显的是求真、公正和反思的精神气质。"谨慎断言"强调的是在批判性思维过程中必须全面、细致、深入地合理思考与探究,注重理性的思维过程,而不是否定(或肯定)的推断结果。两者只有结合才能不偏不倚地促进知识或信念的诞生和发展。

---

[1] 董毓:《批判性思维三大误解辨析》,《高等教育研究》2012 年第 11 期。

[2] [美]彼得·范西昂:《批判性思维:它是什么,为何重要?》,都建颖、李琼译,《工业和信息化教育》2015 年第 7 期。

二 深刻理解批判性思维重要性，加强顶层设计，优化人才培养环节，完善配套制度体系，创设批判性思维发展环境

真正意识到批判性思维重要性是加速其发展的催化剂。当今时代经济社会发展取决于思想、科技、人文等的创新，而其关键在于批判性思维的发展。从国际经验上看，越来越多的社会专业组织和高等教育机构越发意识到批判性思维的重要性，并付诸教育教学实践之中。如，美国大学联合会将大学生批判性思维能力认定为 21 世纪学生必须具备的学习成果之一[1]，该协会的"雇主调查"显示，81% 的美国雇主最关注大学生的批判性思维能力[2]；美国管理协会经调查后发现，97.2% 的企业管理者认为批判性思维技能最重要[3]；美国 21 世纪技能合作组织更是将批判性思维能力作为全球知识经济时代最迫切需求的核心能力，并将其纳入《21 世纪技能框架》中[4]。美国《国家教育目标报告》就明确要求各类学校"应培养大量的具有较高批判性思维能力的学生"[5]。哈佛大学更是在涵括美学与诠释、文化和信仰、经验推理、伦理推理、生命系统科学、物理世界科学、世界各国社会、世界中的美国八大领域的通识教育核心课程中充分强调批判性思维能力培养[6]。

反观中国当前的人才培养实践，则是极度缺乏培育批判性思维的土壤和气候。美国耶鲁大学前校长理查德·莱文曾指出，中国大学本科教育缺乏对批判性思维的培养。[7] 从教育目标制订上来看，并未将批判性思

---

[1] AACU, *Essential Learning Outcomes*, 2005, http://aacu.org/leap/essential-learning-outcomes.

[2] AACU, *Falling Short? College Learning and Career Success*, 2015, http://www.aacu.org/stes/default/files/files/leap/2015employerstudentsurvey.pdf.

[3] 彭正梅、邓莉：《迈向教育改革的核心：培养作为 21 世纪技能核心的批判性思维技能》，《教育发展研究》2017 年第 24 期。

[4] Partnership for 21st Century Skills, *Framework for 21st Century Learning*, 2015, http://www.p21.org/storage/documents/p21_framework_0515.pdf.

[5] National Education Goals Panel, *The National Education Goals Report*, Washington: U.S. Government Printing Office, 1991, pp. 4–10.

[6] Faculty of Arts and Science, *Report of the Task Force on General Education*, 2007, http://www.fas.harvard.edu/~secfas/General_Education_Final_Report.pdf.

[7] [美] 理查德·莱文：《以批判眼光看中国本科教育》，《国际人才交流》2011 年第 3 期。

维的培养和发展纳入国家教育规划,在顶层设计上并未得到应有的重视,在高等教育各学科或专业课程教学目标中也鲜见批判性思维字眼。从课程体系设计上看,批判性思维相关课程寥寥可数,截至 2013 年,开设了批判性思维课程的高校不超过 50 所[①],截至 2018 年也不足 100 所。大学生批判性思维能力发展俨然成为大学本科教育"可有可无"的自然衍生品(或称之为副产品)。从师资队伍建设上看,没有一流的批判性思维授课教师就不可能有一流的批判性思维课程,更不可能培养具备批判性思维能力的高素质人才。批判性思维授课教师除了必须深谙批判性思维专业知识和实践技能外,还必须掌握培养大学生批判性思维能力的教学方式(如,发现式、探究式、沉浸式、辩证式等),而现实中真正满足上述条件的教师极度缺乏。即使存在少部分批判性思维教学能力突出、专业素养过硬的教师也可能因为职务评聘、绩效考核和津贴分配等配套的教师分类管理与评价体系缺位而滋生"不作为"或"无法作为"现象。

中国教育实践中培养土壤与气候的缺失极大地阻碍了本科生批判性思维能力的形成与发展,未来中国教育实践亟须在以下方面付诸努力:

首先,在顶层设计上,将批判性思维能力培养从大学教育目标的"自由选项"转向为"必选项"且以其为"核心选项",由此达到纲举目张的效果。

其次,大力研发本科生批判性思维课程体系,至少包含三类,一是,独立式课程(以批判性思维的知识、方法、原则等为核心内容),如,《批判性思维》《批判性思维导论》《批判性思维与道德推理》等;二是,嵌入式课程(在具体学科教学过程中明确将批判性思维的知识、方法、原则等纳入教学和考核目标),如,明确融入批判性思维任务的《中文写作》《学术英文写作》《经济学原理》等;三是,混合式课程(独立式课程+嵌入式课程),即,同时开设上述两类课程。尽管近年来以华中科技大学、北京大学、清华大学、中国人民大学、汕头大学等为代表的知名高校逐渐开设了批判性思维相关课程,也有部分教师尝试

[①] 董毓、武宏志、王文方、熊明辉:《批判性思维笔谈》,《华中科技大学学报》(社会科学版)2014 年第 4 期。

在专业课教学中渗透批判性思维能力培养，课程建设已经迈出了坚实步伐，但在课程覆盖面、课程形式、教材编写、课程标准分层分类等方面依然大有可为。

最后，完善配套制度体系建设，如，学生评价体系、师资队伍建设、教师分类管理与评价政策等，为"学生愿意且必须学习批判性思维""教师有能力且全力传授批判性思维""管理者认可且支持培养批判性思维"等创设良好的条件和环境。同时，引入第三方评价、建立高校自愿问责系统是趋势。面向社会公众，引入用人单位、社会公益组织、专业化测评机构等第三方评价，实时动态监测大学生知识学习状况与批判性思维能力发展水平，逐渐形成一个公开透明、自发联盟、多元化评价、合作竞争、无关乎财政性资源配置与领导绩效考核的高校自愿问责系统，给"社会监督"与"高校调整"的互动循环营造良好的生态环境。

三　将教育模式从"以知识传输为主"向"以能力培养为主"变革：培育"探究分子"

当今世界处于科学技术迅猛发展、知识信息爆炸性增长的时代，经济发展、社会结构、人们生活方式等发生飞速变化。信息化时代对传统的本科教育带来了冲击，对人才培养模式及质量提出了新要求。大学的根本任务是面向未来世界培养社会需求的人才，而未来世界是无法想象和预测的。为此，如何激发学生的潜能，提高他们处理复杂资讯的能力，启发他们探索未知世界的勇气和好奇心，培养出能够批判性思考、理性地判断和决策、富有创造性的"探究分子"，使他们能从容面对、有效解决未来未知世界面临的难题等是当前中国本科教育面临的巨大挑战。

第一，变革本科教育模式首当其冲。中国传统本科教育模式以知识传输为主，注重传授具体的知识和技能，只能让本科生了解和掌握当前的知识信息，成为"知道分子"，无法应对未来瞬息万变的世界。未来中国本科教育亟须向注重探究、学习和思考的过程本身、以能力培养为主的模式转变。该教育模式旨在培养的核心能力之一便是批判性思维能力，这一点也可从国际教育经验中得以验证。从 20 世纪 70 年代开始，在以美国为代表的诸多欧美国家教育领域兴起了一场轰轰烈烈的"批判性思维运动",引发了一系列针对批判性思维培养的教育教学改革。哈佛大学在涵括美学与诠释、文化和信仰、经验推理、伦理推理、生命系统科学、物理世界科学、世界各国社会、世界中的美国八大领域的通识教育核心课程中充分强调了批判性思维能力培养[1]。颠覆性的,2013年斯坦福大学启动了具有开创性的《斯坦福大学2025计划》,旨在探索未来本科教育教学模式,其核心理念之一是"轴翻转"。轴翻转理念改变了传统大学教育之"先知识后能力"的人才培养逻辑,反转为"先能力后知识",即强调批判性思维等能力的培养是大学本科学习的基础。[2] 为了让能力优先教育教学理念具有可操作性,斯坦福大学在本科教学模式上做出一些"伤筋动骨"的教学组织及教学制度的改革,如,改变传统大学中按照知识来划分不同院系归属的方法,按照学生的不同能力进行划分重新建构院系,并推出十个建立在本科生能力之上的教学中心,包括科学分析、定量推理、社会调查、道德推理、审美解读、创造力自信,沟通有效性等。

第二,变革学业评价方式、促进个体学习方式转变是导向。长期以来,受传统本科教育模式影响,大学生学业评价方式更多停留在对知识获取程度的考试上,强调对基础课、专业课、公共课等关键"知识点"的掌握情况。知识增长是本科教育的重要目标,这一考察方式本身无可厚非,但考试成绩体现的主要是记忆力、模仿力而非创造力[3],过于注重浓缩式、拆解式的"知识点"的记忆和应试,缺乏有效的、针对性的、反思性的思考和整合,无法提升大学生的批判性思维能力,更无法将暂时获取或记忆的知识真正内化为自身思想。为此,未来学业评价方式应坚决从单纯的"知识点"考试转向"知识点"考试与能力发展评估兼顾且以批判性思维能力等核心能力的发展评估为主转变,由此带动大学生个体学习方式由知识学习为主转向知识学习与能力提升兼顾且以批判性思维能力等核心能力提升为主转变。让大学生个体能够摆脱应试教育的枷锁,自觉、自主、积极地学习、探究、反思、论证和整合知识,追求

---

[1] Faculty of Arts and Science, *Report of the Task Force on General Education*, 2007, http://www.fas.harvard.edu/~secfas/General_Education_Final_Report.pdf.

[2] Stanford University, *Learning & Living at Stanford*, 2013, http://www.stanford2025.com/.

[3] 郑也夫:《吾国教育病理》,中信出版社2013年版,第195页。

做到"知其然"且"知其所以然"。

第三，拓宽学习渠道、加强跨学科交叉培养是方向。批判性思维能力发展的程度受限于个体知识储备的广度与深度，而这很大程度上又取决于大学生个体触及的学习渠道及其内容设计。未来可尝试在两个维度上下功夫：一是存量调整，在现有课程基础上拓宽知识范围、强化探究式深度学习、注重将碎片化知识批判性整合成结构化知识体系等；二是增量改革，进一步推进跨学科交叉课程设计、引导和推动产学研合作、建立和完善跨学科、跨学校、跨界间的人才交流合作机制等，拓宽学习渠道与知识口径，促进不同学科背景知识的碰撞与融合。

第七章

批判性讨论

第一节 创新与不足

本书从人力资本理论、新人力资本理论、院校影响力理论等出发，构建了理论分析框架，利用本土化批判性思维能力测试工具，基于2016—2019年全国本科生批判性思维能力追踪测试数据，采用多种计量经济学技术，测度了本科生批判性思维能力增值状况，并重点探讨了本科教育经历、早期成长特征等因素对本科生批判性思维能力增值的影响。

一 可能的研究创新

第一，基于中国经验素材，从多维度检验了新人力资本理论。新人力资本理论强调能力是理论的核心，教育、外部环境、遗传等会影响能力的形成，且能力的形成具有多阶段性、关键期、敏感期等特征。本书基于中国本科生批判性思维测试数据发现：其一，批判性思维能力可以被提升，且能够在本科教育期间得以提升；其二，教育、早期成长特征等能够显著影响批判性思维能力的发展；其三，批判性思维能力的发展存在边际递减效应。研究结果从多角度验证与支持了新人力资本理论。

第二，为西方院校影响力理论的本土化提供实证依据。本书在西方院校影响力理论之上构建了具有中国特殊元素的理论分析框架，如，融入了是否独生子女、是否第一代大学生、是否存在早期流动求学经历等因素。在此基础上，利用中国经验数据来探究本科生批判性思维能力发展的多维影响因素，为已有研究提供了来自发展中国家的素材，在检验院校影响力理论的同时，也为未来该理论的本土化提供了实证依据。

第三，国内批判性思维能力研究的新视角：增值测度与分析。不同于以往国内研究集中了概念阐述、理念辨析、教育模式探讨、课程引进与经验分享等方面，本书利用客观的测试与调查数据，采用多种计量经济学方法（基于 HLM 模型的残差差异分析、反向测度法等），测度了本科生批判性思维能力增值，并探讨了本科生批判性思维能力增值的内在机制。本书在研究内容、研究方法、研究技术等方面都是对已有国内批判性思维研究的突破与创新。

第四，测试工具的本土化与标准化。不同于以往研究通过自我报告、或通过引进和汉化西方国家的大学生批判性思维能力测评工具，本书使用的是由华人学者领衔的国际化团队开发、已经过信效度、区分度等检验的本土化批判性思维能力测评工具，研究结果更能真实反映中国本科生的批判性思维能力水平。

第五，基于增值效应数据检验本科高校人才培养质量。如何检验本科人才培养质量是一个经典的难题，既有研究从"投入"或"产出"等多角度进行了尝试，但缺乏从增值视角进行检验的研究。本书基于本科生客观数据，通过技术手段衡量出本科高校对本科生批判性思维能力的增值效应，从而从"增值"视角评价不同本科高校的人才培养质量，弥补了已有研究的不足。特别是在当前越来越强调建设"一流本科教育"的背景下，基于中国"一流大学"建设高校的本科生能力增值抽样测评数据来检验这些高校的人才培养质量是一条尤为客观、重要且创新的路径。

二 研究不足

第一，本书理论分析框架的论证分析可进一步加强。尽管本书基于人力资本理论、院校影响力理论等构建了分析框架，涵括了本科教育经历、早期成长特征、人口学特征、高中阶段求学经历、学习参与状况、其他成长经历等多维度因素，以此来分析本科生批判性思维能力增值的影响机制，但由于限于数据可用性、文献丰富度等因素，本书仅侧重分析了本科教育经历、早期成长特征对本科生批判性思维能力增值的影响，其他因素仅作为控制变量，未进行深入分析（其原因是，一方面，已有文献较为丰富，结论差异不大，研究空间不大；另一方面是，团队其他成员已经进行了相应分析，为避免重复）。如此便存在两大缺陷，一是，未能深入剖析本科生批判性思维能力增值的内在机制，仅仅探讨了部分因素的影响，研究内容不够充分、全面；二是，尽管本书大篇幅探讨了本科教育经历、早期成长特征对本科生批判性思维能力增值的影响，但是在对这两类变量进行操作化时缺乏足够依据，如，早期成长特征具有极为丰富的内涵，本书选择了"独生子女""流动求学经历""第一代大学生""高考发挥经历"来进行操作化，虽然这四个变量在一定程度上具有中国特色因素且已有研究相对不足，但远不足以代表"早期成长特征"内涵。同理，"本科教育经历"变量的操作化也存在类似缺陷。

第二，本书利用基线调查数据开展的分析较多，对追踪调查数据的利用相对较少。主要原因在于，基线调查数据样本及问卷信息更为丰富，而追踪调查的有效样本较少，在分析过程中受到限制。但特别注意的是，利用基线调查数据进行增值测度结果存在统计风险。横截面调查只能获取本科生在某个时间点的真实批判性思维能力，尽管通过"反向测度法"计算出他们在入学时的"预测"批判性思维能力，但这种预测的统计效力只有20%，预测水平与真实水平之间可能存在很大误差，如此增值测度结果下的后续研究分析可能会致使结论偏差，研究结果可推广性不强。

第三，访谈资料相对不足，研究深度有待加强。本书通过实证方法探讨了本科教育经历、早期成长特征等对本科生批判性思维能力增值的影响，尽管部分研究尝试做了一些深入的质性研究，试图对研究结果进行深度解读，剖析研究结果背后潜藏的内在机制。但在大部分研究中缺乏足够的深度挖掘，如，本书数据分析发现，相对非第一代大学生，第一代大学生在本科教育期间的批判性思维能力增值更大，且农村第一代大学生的增值优势更明显。尽管本书尝试结合结构化理论进行讨论，但真实原因究竟是什么、现实作用机理是怎样等依然停留在理论探讨层面，未获得实质性资料的支持。

考虑到这些不足的存在，笔者在后续研究中将尝试通过多种方式去弥补，具体如下：

一是，补充文献梳理工作，结合已有理论、已有实证文献、中国特色元素等，优化本书的理论分析框架，以此指导未来研究搜集更加结构化、适切性的数据。

二是，进一步挖掘2019年本科生追踪测试与调查数据，以此来检验基于横截面调查数据的分析结论，从而多方印证，以期得到更稳健的研究结果。

三是，未来可尝试利用实验或准实验方法来科学评估本科教育、某门课程、某种经历等对本科生批判性思维能力增值的影响，进一步通过多种因果推断方法来检验本书的部分结论。

四是，追加学生、教师、管理者的访谈资料。未来须对部分学生、课程教师、高校教务管理者等进行深度访谈，从学生的学习经历、体会与反思，从教师的课程设计、授课方式、考核要求等，从学校的学习环境、学风等角度收集质性资料。

第二节　增值性评价与本科教育质量：质量诉求与现实困境

增值性评价同时关注大学生学习的起点、过程与结果，体现的是过程性、发展性评价理念，通过将大学对学生发展的影响从其他诸多因素中分离出来，评估大学之于学生的影响力，从而最终考量高等教育机构的内部效率和效力。增值评价的结果有助于深入解释高等学校对学生发展的影响机制，为改进高等教育质量提供依据。然而，如何将增值评价应用到高等教育管理实践中尚存诸多值得商榷之处。众所周知，增值性评价并不是一个新鲜概念，作为一种发展性评价方法，被广泛应用于基础教育阶段的学校效能评估、学生学业成绩测评等方面。相对于基础教育阶段，高等教育属于专业教育，大学生的身心发展也更加多元、复杂，增值评价在高等教育领域内的应用目前还比较有限，相关的实证研究也处于零星状态。受增值评价体系设计困难、测试工具研发难度过大、数据获取渠道太少、度量技术局限性较大、增值结果解读与应用存在困境等因素的影响，增值性评价在目前高等教育实践中也是举步维艰。

一 质量诉求：增值评价彰显的公平与效率

2018年高等教育毛入学率达到了48.1%，即将由高等教育大众化阶段迈入普及化阶段，各种形式的高等教育在学规模达到了3833万人①，大学升学群体的个人特质、家庭背景、成长经历、升学方式、学习行为、学业发展等日趋多元化。这些群体进入大学阶段后将不可避免地朝着异质性学习经历发展，他们在学习投入、学业偏好、个人发展规划、社交融入等方面必将呈现多样化发展趋势。如此现实下，高等教育的教学成效、大学生的成长发展等成为社会各界普遍关注的问题。

此外，国家每年在高等教育阶段投入巨大资金，希冀高等教育能够培养出服务新时代经济社会发展的人才，但现实情况却不容乐观。以全国75所教育部直属高校公布的2019年财务预算为例，8所高校预算超100亿，最高的达到了297.21亿②，高等教育财政投入不可谓不大。然而，从人才培养成效上看，高等教育管理者、研究者、社会团体、企事业用人单位等似乎对高等教育质量并不满意，并在以下议题上质疑高等教育：本科教育目标不够明确，缺乏时代性、先进性；重科研轻教学；师生关系淡化；大学沦为职业训练营、文凭发放所、散漫青年放养所、平庸化群体制造地等。日益增长的高等教育财政投入与无法满足社会需求的高等教育人才之间形成强烈反差，社会各界呼吁高等教育回归人才培养的根本之道，并对高等学校施加问责。

在学生群体多元化、学生发展需求多样化、高等教育问责压力逐渐增大、高等教育质量保障的普遍诉求等背景下，增值评价成为考察高等教育机构效率的有力抓手，也被认为是一种更为公平和准确的大学教育质量评价方法。以往教育质量评价模式主要存在两类，一是"输入"评价模式，如，高等学校财政资源投入、师生比、图书藏量、校舍面积等，呈现出典型的资源依赖特征，但资源投入并不能保证教育质量。二是

---

① 教育部：《2018年全国教育事业发展基本情况年度发布》（http://www.moe.gov.cn/fbh/live/2019/50340/sfcl/201902/t20190226_371173.html）。

② 央广网：《75所教育部直属高校公布2019年预算》（http://www.cnr.cn/chanjing/jiaoyu/20190429/t20190429_524594990.shtml）。

"输出"评价模式,如,每年大学生的毕业率、就业率、高等教育满意度等,这种评价存在内生性问题,具有生源优势、过去声望较高、地理位置优越的高校在这些方面具有先天优势,评价结果并不能体现出高等学校的真实作用。增值性评价改变了以往以"输入"或"输出"为依据的评价模式,建构了以学生为中心、以可显现证据为基础、以教育过程、成果和绩效为核心的教育质量评价体系,认为大学生在知识、技能和能力上取得的"增量"性进步才是教育教学质量的体现。这种方法避免了学生基础性学业水平及家庭背景等因素的干扰,直接测度了大学教育对学生增值的"净贡献",可用来准确评价学校教育教学质量,"净贡献"越大,学校教育教学质量越高。增值性评价关注的是大学生知识、技能与能力在本科教育期间的变化,能反映出高等教育的真实作用,用此评价高等教育质量最能体现公平。此外,结合高等学校在人才培养中投入的人、财、物等资源,可以衡量出高等学校在促进大学生知识、技能和能力等增值的"投入—产出"比,体现出高等学校人才培养的效率。

二 工具壁垒:增值评价体系及其工具研发的艰难

从理论上看,20世纪60年代以来兴起于美国心理学界的大学生发展理论体系为增值评价在高等教育领域中的应用奠定了坚实的理论基础,其基本目标是解释大学生在四年的学习生活中怎样发展成为了解自我、他人及世界的成熟个体的过程。在大学生发展理论体系中,最具代表性的流派包括个体与环境互动理论、认知结构理论、社会心理与认同发展理论、类型理论、整合性理论[1],这些理论分别论述了大学生在四年的学习生活中,个体与校园环境的关系,个体所经历的认知、情感、能力与认同等方面的发展,学生群体间的人格类型差异,大学在学生发展过程中的介入作用等问题。尽管这些理论为增值性评价在实践中的应用提供了参考框架,但并未具体到微观的评价体系。大学生发展是极其广义的词汇,在高等教育情境中更多关注大学生的学习成果,但如何界定和度

---

[1] Nancy J. Evans, et al., *Student Development in College: Theory, Research and Practice*, San Francisco: Josse-Bass, 1988, p.132.

量学习成果也是一个理论和实践难题。

广义上讲，大学生学习成果是指学生参与一系列学习体验后，在知识、技能、能力等方面的收获，根据不同的标准，可将学生学习成果分为认知、非认知的，心理、行为的等。从国际经验来看，高等教育机构或国际组织更多的是利用学习成果的狭义概念，并且主要集中于"核心认知能力"或"一般技能"，如，书面交流能力、人际交往能力、创造潜力、批判性思维能力等，其目的不仅在于考察大学四年就读期间核心能力的发展状况及其增值幅度，还在于增值评价的结果可以进行跨校、跨地区、跨文化的比较。然而，即使是只关注这些核心认知能力，也存在能力细类划分及其选择的问题。以本书关注的批判性思维能力为例，在教育评价实践中，大学生批判性思维能力是否应该作为考核学校人才培养质量的指标纳入增值评价指标体系，这涉及多维度因素的考量，如，批判性思维能力是否重要、能否在本科教育期间得以提高、可否进行校际比较等；高校人才培养计划、专业培养目标以及社会需求等是否强调批判性思维能力。

在确定增值评价指标体系后如何科学、准确、便捷地度量出相应的指标水平是另一个实践难题。一般而言，存在两种信息度量方式：自我评估、标准化测试。自我评估主要通过自我报告型问卷调查，由学生自陈课内外学习、活动的参与情况，以及自我感受到的个体发展和收获情况，是一种间接性的增值评价，施测较为简单，但受社会称许性影响，这种信息收集方式存在较大的测量效度问题。标准化测试能直接反映大学生的核心认知能力及其增值，数据易于统计，具有较高的信度和效度，但在工具开发成本、施测难度、测度内容等方面存在劣势，且易受测试组织形式、学生参加测试的动机等影响。

三　技术困境：增值测度方法选择的理想与现实

增值测度方法的选择取决于高等教育质量评价实践中获取的数据结构。本书前文中已经梳理了不同数据构成情况下理想的增值测度模型。但在具体实践中存在着诸多困境，在此仅重点讨论利用基于 HLM 的残差差异分析法进行增值评价时存在的局限性。

首先，从理论上看，尽管大量研究从微观层面关注了高等教育如何影响学生的发展，但并未精细到具体模型层面的结构或量化关系。典型的，学生发展与个体特征、学校特征等是否呈线性关系便是个进退两难的困境。若它们之间并非线性关系，则该方法下的研究结果必然存在偏差。但倘若它们之间呈现非常高度的线性关系，则该方法估计下的第二层次的随机截距的可靠性将被大打折扣。[1] 如此困境让研究者们"束手无策"，只能被动假定它们之间的线性关系处在合理水平，进行模糊化处理。

其次，利用基于 HLM 的残差差异分析法进行高等教育增值评价时还存在一个核心假定：假定学生集聚群体特征或随机性偏误等在不同组别中对学生学业和能力发展的影响是一致的，从而在对随机截距进行倍差法处理时可相互抵消。这种假定存在一定的风险，倍差法无法解决随机截距中因地理位置、时间、班级类型、课程类别等未知因素产生的异质性问题，如此便会造成偏差。可能的解决办法有两种，一是在第二层模型中尽可能纳入一些外生的、与高等教育增值效应无关的组别特征变量，尽可能消除部分可观测的异质性因素的影响。但如何选择或排除组别特征变量缺乏理论指导。尽管西方大学生发展理论日益发展，但落实到具体研究中的操作化指标依然是不确定或模糊的，需要更多的实证检验来完善。如，有研究者在评价高等教育增值时将大学生入学成绩的平均值、大学生社会经济地位的平均值等纳入第二层模型中，剔除学校总体平均初始水平或家庭经济地位的影响。[2] 这种做法的潜在假设是这些因学生集聚而产生的高等教育群体特征对大学生学习和能力发展的影响不能纳入高等教育增值效应之中。然而，这种假设是值得商榷的，一方面，学生集聚特征是学生群体的外在表现，体现出学校给在读学生创造的整体学术水平、学习风气、氛围等，也间接反映出学生间交流学习效果的差异

---

[1] Traub R. E., "A Note on the Reliability of Residual Change Scores", *Journal of Educational Measurement*, Vol. 4, No. 4, 1967; Banta T. W., & Pike G. R., "Revisiting the Blind Alley of Value Added", *Assessment Update*, Vol. 19, No. 1, 2007.

[2] Steedle J. T., "Selecting Value-Added Models for Postsecondary Institutional Assessment", *Assessment & Evaluation in Higher Education*, Vol. 37, No. 6, April 2011.

性和层次性等。另一方面，学生集聚特征在很大程度上受学校声誉、学科实力、学习风气、地理位置等因素影响，并不是完全外生的。因此，学生集聚特征所引致的学习和能力发展不能完全撇离高等学校的作用。第二种办法是尽可能缩短数据的时间、校际、课程间跨度，尽可能避免因跨度太大造成的异质性风险。这种办法的负面后果是，只能研究短期跨度的增值效应，研究结果的有效性、代表性和可推广性被大打折扣，且与高等教育增值的历时性、积累性和滞后性等是相违背的。

最后，从技术上看，基于多层线性模型的残差差异分析法只能落实到高等教育增值评价中的组间效应，仅聚焦于"上大学能否提高批判性思维能力"，将"上大学"视为一个黑箱，并未回答"怎样上大学"可以更好地提高批判性思维能力，因此无法深入探究学生个体在高等教育阶段产生的增值情况，无法分析个人或家庭背景特征、学习投入或参与、人际或社会交往等如何影响学生个体的增值。而这对未来个人教育选择及高等教育机构人才培养方案完善等更有政策意义。未来研究需通过更完善的研究设计、数据采集及分析方法等来打开黑箱，探究大学生批判性思维能力增长的内在机制。

综上分析，利用基于 HLM 的残差差异分析法来评价高等教育增值是一项系统工程，需要将成熟的理论基础、完善的指标体系、严格的研究设计和高质量数据等有机结合起来。

四 应用陷阱：增值评价结果的解读、应用及其负外部性

在准确利用相关技术测度出增值结果后，如何结合实际情况进行解读与应用同样是现实难题，存在着应用陷阱。同样，以大学生批判性思维能力增值评价结果为例进行讨论：

第一，如何解释大学生批判性思维能力的增值评价结果。本书发现，超过半数的高校能够提升大学生批判性思维能力，但并非学校层次越高，大学生批判性思维能力提升越大，部分低层次院校的增值作用甚至远大于高层次院校的增值作用，形成该结果的可能原因至少有三种：一是，不可否认，在现实高等教育环境中，客观存在着部分顶尖层次院校并未重视学生批判性思维能力培养，相反，部分较低层次院校在人才培养模

式中注重培养学生的批判性思维能力；二是，存在"边际递减效应"，学生批判性思维能力的增长并不呈直线方式，可能初始能力较高的学生在后期批判性思维能力增长会比较缓慢，呈现出边际递减现象。而"985工程"大学的学生初始能力相对较高，这样的话便会致使学生后期增长并不明显；三是，存在"天花板效应"，学生的批判性思维能力在一定阶段具有相应的"天花板"，对于那些批判性思维能力基础本来就不错的学生而言，即使进入顶尖的"985工程"大学就读，其批判性思维能力增长可能因触及阶段性的"天花板"而不再增长。

在高等教育质量评价实践中使用增值性评价的目的在于评价人才培养成效并进行院校间比较，对于上述第一种情况而言，增值评价结果能够直接指出哪些院校需要改进教育教学、提升人才培养质量。但对于后两种情况而言，使用增值评价结果考察高校教育教学质量则需慎重，对于部分顶尖大学本科生来说，初始进入高等教育时，个人的批判性思维能力已经较高，留给他们的增长空间并不大，或者说，需要他们破除特定阶段的天花板之后才能取得明显变化，也可以说，在相同的批判性思维能力增长幅度下，他们需要付出更多的努力才能达到，高等学校也需要付出更高的资源。在不考虑院校间学生能力的起点差异、学校资源投入差异、学生学习投入精力等因素下，通过简单比较增值幅度的院校间差异来评价高等教育质量，可能会得出错误结论。

第二，如何在实践中应用大学生批判性思维能力增值结果。更为具体的，大学生批判性思维能力的增值评价结果是否应该与学校绩效表现、财政拨款、高校排名、学科评估等相关联；增值评价结果是否应该成为大学生的学业绩点及评奖评优、高校教师绩效考核及职称晋升等中的关键指标。若采用自上而下的制度性增值评价，要求所有学校参与测评，并进行相关绩效考核和学校财政资源奖励或惩罚的话，高校很有可能受此指挥棒的影响，沦为大学生批判性思维能力考试的培训机构，大学生也会因外部强制性压力、参与动机等影响，侧重于批判性思维技巧性训练，而忽视了培养批判性思维的习性、态度或心智模式等，最后很有可能培养的只是大学生应试技能而非真正的批判性思维能力。倘若借鉴西方国家的第三方机构评价方式，由高校自主参与批判性思维能力测评，形成自愿问责系统，评价结果不进入绩效考核及财政资源分配等指标体系中，仅面向社会开放，帮助利益相关者了解、评价和监督高校教育质量。如此方式下也可能面临着高校参与意识不强、学生敷衍了事、第三方评价机构成熟度不高、社会利益相关者专业性不强等问题。在这两种模式之间如何权衡选择是未来高等教育管理与研究实践亟须回应和解答的难题。

探索增值评价是未来高等教育理论与实践界的重要议题，也是响应《深化新时代教育评价改革总体方案》的重要举措。未来应在以下方面上寻求突破：首先，遵循建构主义原则，结合中国特色化教育教学情境，构建本土化大学生发展理论，并基于中国本土化数据进行源源不断地实证检验和完善，深入剖析和理解大学生学习与成长过程，从而为高等教育增值评价提供适切的、具有本土情景的理论支撑。其次，在本土化大学生发展理论的构建和发展过程中，逐步补充和完善相应的大学生发展评价指标体系及其对应的操作化指标，辅助设计和完善蕴涵本土色彩的大学生学习与发展评测工具。再次，夯实研究设计、保障数据质量。在人工智能快速发展、大数据技术更迭出新的新时代背景下，未来可尝试在成本可控的情况下进行持续的纵向追踪调查，逐步建立全面、丰富、动态更新的大学生学习与发展数据库，提升增值评价结果的科学性和有效性。最后，增值评价是手段，不是目的，本质要义是评估大学生学习与发展情况，并侧面反映高等学校人才培养质量。未来教育评价实践中要适度利用增值评价结果，把握自上而下的制度性问责与公开性自愿问责系统之间的尺度，让增值评价成为教育评价中的一种切实有效杠杆，撬动高等学校教育教学改革实践，为新时代德智体美劳全面发展的创新型人才培养提供助力。

参考文献

英文文献

AACU, *Essential Learning Outcomes*, 2005, http://aacu.org/leap/essential-learning-outcomes.

AACU, *Falling Short? College Learning and Career Success*, 2015, http://www.aacu.org/stes/default/files/files/LEAP/2015employerstudentsurvey.pdf.

ACT, *CAAP*, 2017, http://www.act.org/content/act/en/products-and-services/act-collegiate-assessment-of-academic-proficiency.html.

Adedokun O. A., et al., "Effect of Time on Perceived Gains from an Undergraduate Research Program", *Cbe-Life Sciences Education*, Vol. 13, No. 1, March 2014.

Adele B. & Sam H., "*Graduate Skills Assessment: What Are the Results Indicating*", 2002, http://aair.org.au/app/webroot/media/pdf/AAIR%20Fora/Forum2002/Butler.pdf.

Alexander W. Astin, *Achieving Educational Excellence: A Critical Assessment of Priorities and Practices in Higher Education*, San Francisco: Jossey-Bass, 1985, p. 23, 60, 61.

Angeli C., & Valanides N., "Instructional Effects on Critical Thinking: Performance on Ill-Defined Issues", *Learning and Instruction*, Vol. 19, No. 4, 2009.

Anonymous, "First-Generation College Students Struggle", *Occupational Outlook Quarterly*, Vol. 42, No. 4, 1999.

Arrow K. J. , "Higher Educationas a Filter", *Journal of Public Economics*, Vol. 2, No. 1, 1973.

Arum R. , & Roksa J. , *Academically Adrift: Limited Learning on College Campuses*, Chicago: University of Chicago Press, 2011, p. 7, 272.

Astin A. W. , "Student Involvement: A Developmental Theory for Higher Education", *Journal of College Student Personnel*, Vol. 40, No. 5, 1999.

Astin A. W. , "The Methodology of Research on College Impact (Ⅰ)", *Sociology of Education*, Vol. 43, No. 3, 1970.

Astin A. W. , *Achieving Educational Excellence: A Critical Assessment of Priorities and Practices in Higher Education*, San Francisco: Jossey Bass, 1985, p. 23.

Astin A. W. , *Assessment for Excellence: The Philosophy and Practice of Assessment and Evaluation in Higher Education*, New York: Macmillan, 1991, p. 109.

Astin A. W. , *Four Critical Year: Effects of College on Beliefs, Attitudes, and Knowledge*, San Francisco: Jossey – Bass, 1977, p. 190.

Astin A. W. , *What Matters in College? Four Critical Years Revisited*, San Francisco: Jossey – Bass, 1993, p. 7, 191, 103.

Banta T. W. , & Pike G. R. , "Revisitingthe Blind Alley of Value Added", *Assessment Update*, Vol. 19, No. 1, 2007.

Barnet J. E. , & Francis A. L. , "Using Higher Order Thinking Questions to Foster Critical Thinking: A Classroom Study", *Educational Psychology: An International Journal of Personality and Social Psychology*, Vol. 51, No. 6, 2012.

Bauer K. , & Liang Q. , "The Effectof Personality and Precollege Characteristics on First – Year Activities and Academic Performance", *Journal of College Student Development*, Vol. 44, No. 3, 2003.

Bauer K. , Bennett J. , "Alumni Perception Used to Assess Undergraduate Research Experience", *Journal of Higher Education*, Vol. 74, No. 2, March 2003.

Blake J., "Family Sizeand the Quality of Children", *Demography*, Vol. 18, No. 4, 1981.

Bowman N. A., "Can First - Year College Students Accurately Report Their Learningand Development?", *American Educational Research Journal*, Vol. 47, No. 2, 2010.

Bowman N. A., "College Diversity Courseand Cognitive Development among Students from Privileged and Marginalized Groups", *Journal of Diversity in Higher Education*, Vol. 2, No. 3, 2009.

Brint S., Cantwell A. M., & Saxena P., "Disciplinary Categories, Majors, and Undergraduate Academic Experiences: Rethinking Bok's 'Underachieving College' Thesis", *Research in Higher Education*, Vol. 53, No. 1, 2012.

Buckley J. A., et al., *The Disciplinary Effects of Undergraduate Research Experiences with Faculty on Selected Student Self - Reported Gains*, Annual Meeting of the Association for the Student of Higher Education, Jacksonville, FL, 2008, pp. 1 - 38.

Bui K. V., "First - Generation College Students at a Four - Year University: Background Characteristics, Reasons for Pursuing Higher Education and First - Year Experiences", *College Student Journal*, Vol. 36, No. 1, Mar 2002.

Butchart S., Forster D., Gold I., Bigelow J., Korb K., Oppy G., & Serrenti A., "Improving Critical Thinking Using Web - Based Argument Mapping Exercises with Automated Feedback", *Australian Journal of Educational Technology*, Vol. 26, No. 2, 2009.

Byrne B. M., "The General/Academic Self - Concept Nomological Network: A Review of Construct Validation Research", *Review of Educational Research*, Vol. 54, No. 3, 1984.

Cabrera A. F., Nora A., Crissman J. L., Terenzini P. T., Bernal E. M., & Pascarella E. T., "Collaborative Learning: Its Impact on College Students' Development and Diversity", *Journal of College Student Development*, Vol. 43, No. 1, January 2002.

Cabrera A. F., Nora A., Crissman J. L., Terenzini P. T., Bernal E. M., & Pascarella E. T., "Collaborative Learning: Its Impact on College Students' Development and Diversity", *Journal of College Student Development*, Vol. 43, No. 1, January 2002.

CAE, "*CLA +: Measuring Critical Thinking for Higher Education*", 2017, http://cae.org/flagship-assessments-cla-cwra/cla/.

Carini R. M., Kuh G. D., & Klein S. P., "Student Engagement and Student Learning", *Research in Higher Education*, Vol. 47, No. 1, 2006.

Chang M. J., Denson N., Saenz V. B., & Misa K. "The Educational Benefits of Sustaining Cross-Racial Interaction among Undergraduates", *Journal of Higher Education*, Vol. 77, No. 3, 2006.

Chatterji M., Seaman P. T., & Singell L. D., "A Test of the Signaling Hypothesis", *Oxford Economic Papers*, Vol. 55, No. 2, April 2003.

Clark P., Crawford C., Steele F., &Vignoles A., *The Choice Between Fixed and Random Effects Models: Some Considerations for Educational Research*, Working Papers of Department of Quantitative Social Science - Institute of Education, University of London, 2010, p. 10.

Coates H., *Australasian Survey of Student Engagement: Institution Report*, 2008, http://research.acer.edu.au/ausse/17.

Cohen J., *Statistical Power Analysis for the Behavioral Sciences*, Hillsdale: Lawrence Erlbaum Associates, 1988, p. 109.

Coleman J. M., Betty Ann F., "Special-Class Placement, Levelof Intelligence, and the Self-Concepts of Gifted Children: A Social Comparison Perspective", *Remedial and Special Education*, Vol. 6, No. 1, 1985.

Complete Dissertation™, *Watson-Glaser Critical Thinking Appraisal (WGCTA)*, 2018, http://www.statisticssolutions.com/watson-glaser-critical-thinking-appraisal-wgcta/.

Cruce T. M., Wolniak G. C., Seifert T. A., & Pascarella E. T., "Impacts of Good Practices on Cognitive Development, Learning Orientations, and Graduate Degree Plans During the First Year of College", *Journal of College*

Student Development, Vol. 47, No. 4, 2006.

Cunha, et al., "Estimatingthe Technology of Cognitive and Non‐Cognitive Skill Formation", *Econometrica*, Vol. 78, No. 3, 2010.

Curran P. J., & Muthén B. O., "The Application of Latent Curve Analysis to Testing Developmental Theories in Intervention Research", *American Journal of Community Psychology*, Vol. 27, No. 4, 1999.

Cutting A. L., Dunn J., "Conversations with Siblings and with Friends: Links between Relationship Quality and Social Understanding", *British Journal of Developmental Psychology*, Vol. 24, No. 1, 2006.

Daniels H., et al., "Factors Influencing Student Gainsfrom Undergraduate Research Experiences at a Hispanic‐Serving Institution", *Cbe‐Life Sciences Education*, Vol. 15, No. 3, August 2016.

David J. H., "Undergraduate Research Experience as Preparation for Graduate School", *The American Sociologist*, Vol. 21, No. 2, 1990.

Dewey John, *How We Think*, Boston, New York and Chicago: D. C Heath, 1910, pp. 6 – 13.

Doyle S., Edison M., & Pascarella E., "The 'Seven Principles of Good Practice in Undergraduate Education' as Process Indicators of Cognitive Development in College: A Longitudinal Study", Paper Presented at the Meeting of the Association for the Study of Higher Education, Miami, 1998.

Ennis R., "A Concept of Critical Thinking: A Proposed Basis for Research in the Teaching and Evaluation of Critical Thinking Ability", *Harvard Educational Review*, Vol. 32, No. 1, 1962.

Ennis R., "Critical Thinking: A Streamlined Conception", *Teaching Philosophy*, Vol. 14, No. 1, 1991.

Ennis Robert H., *A Taxonomy of Critical Thinking Skills and Dispositions*, In Joan Boyloff Baron and Robert J. Sternberg (eds.), *Teaching Thinking Skills: Theory and Practice*, New York: Freeman, 1987, pp. 9 – 26.

Ennis, Robert H., "Investigatingand Assessing Multiple‐Choice Critical Thinking Tests", In J. Sobocan and L. Groarke Eds., *Critical Thinking Ed-*

ucation and Assessment: Can Higher Order Thinking Be Tested? London, Ontario: The Althouse Press, 2009, pp. 75 – 97.

Eric I. Knudsen, et al. , "Economic, Neurobiological, and Behavioral Perspectives on Building America's Future Workforce", Proceedings of the National Academy of Sciences, Vol. 103, No. 27, June 2006.

ETS, ETS Proficiency Profile, 2017, http://www.ets.org/proficiencyprofile/about.html.

Evans N. J. , Forney D. S. , Guido – Dibrito F. , Student Development in College: Theory, Research, and Practice, San Francisco: Jossey – Bass Publishers, 1998, p. 11.

Facione P. A. , Cctdi Test Manual, Millbrace: the California Academic Press, 2000, p. 8.

Facione P. , "Critical Thinking: A Statement of Expert Consensus for Purposes of Educational Assessment and Instruction", Research Findings and Recommendations Prepared for the Committee on Pre – College Philosophy of the American Philosophical Association, Eric Document ed. , 1990, pp. 315 – 423.

Facultyof Arts and Science, Report of the Task Force on General Education, 2007, http://www.fas.harvard.edu/~secfas/general_education_final_report.pdf.

Fang J. , Huang X. , Zhang M. , et al. , "The Big – Fish – Little – Pond Effect on Academic Self – Concept: a Meta – Analysis", Frontiers in Psychology, No. 9, 2018.

Feldman A. , et al. , "Research Education of New Scientists: Implications for Science Teacher Education", Journal of Research in Science Teaching, Vol. 46, No. 4, March 2010.

Fisher A. , Scriven M. , Critical Thinking: Its Definition and Assessment, Point Reyes: Edgepress, 1997, p. 20.

Flowers L. A. , & Pascarella E. T. , "Cognitive Effectsof College: Differences between African American and Caucasian Students", Research in Higher Education, Vol. 44, No. 1, 2003.

Gellin A., "The Effect of Undergraduate Student Involvement on Critical Thinking: A Meta-Analysis of the Literature, 1991-2000", *Journal of College Student Development*, Vol. 44, No. 6, 2003.

Gilmore J., et al., "The Relationship between Undergraduate Research Participation and Subsequent Research Performance of Early Career Stem Graduate Students", *Journal of Higher Education*, Vol. 86, No. 6, 2015.

Goldschmidt P., Choi K., & Martinez F., "Using Hierarchical Growth Models to Monitor School Performance Over Time: Comparing Nce to Scale Score Results", *US Department of Education*, Vol. 130, No. 4, 2004.

Gottfredson L. S., "Using Gottfredson's Theory of Cir-Cumscription and Compromise in Career Guidance and Counseling", In: Brown, S. D. and Lent, R. W., eds., *Career DeVelopment and Counseling: Putting Theory and Research to Work*, New York: Wiley, 2005, pp. 71-100.

Greenwald D., *The Mcgraw-Hill Dictionary of Modern Economics: A Handbook of Terms and Organizations*, New York: Mcgraw-Hill, 1983, p. 57.

Gujarati D. N., & Porter D. C., *Basic Econometrics* (5th Ed.), Boston: Mcgraw-Hill, 2009, p. 19.

Hardin E. E., Lakin J. L., "The Integrated Self-Discrepancy Index: A Reliable and Valid Measure of Self-Discrepancies", *Journal of Personality Assessment*, Vol. 91, No. 3, 2009.

Hayes K. D., & Devitt A. A., "Classroom Discussions with Student-Led Feedback: A Useful Activity to Enhance Development of Critical Thinking Skills", *Journal of Food Science Education*, Vol. 7, No. 4, September 2008.

Heckman James J., "Skill Formation and the Economics of Investing in Disadvantage Children", *Science*, Vol. 312, No. 5782, June 2006.

Hefce, *Higher Education Funding Council for England*, 2017, http://www.thestudentsurvey.com/.

Henk W. A., Melnick S. A., "The Initial Developmentof a Scale to Measure Perception of Self as Reader", *Literacy Research, Theory, and Practice:*

Views from Many Perspectives, 1992, pp. 111 – 117.

Hesketh B., Mclachlan K., "Career Compromise and Adjustment among Graduates in the Banking Industry", British Journal of Guidance & Counselling, Vol. 19, No. 2, 1991.

Higgins E. T., "Self – Discrepancy Theory: What Patternsof Self – Beliefs Cause People to Suffer?", In: Zanna M. P., eds., *Advances in Experimental Social Psychology*, Academic Press, 1989, pp. 93 – 136.

Higgins E. T., "Self – Discrepancy: A Theory Relating Self and Affect", *Psychological Review*, Vol. 94, No. 3, 1987.

Hitchcock D., "The Effectivenessof Computer – Assisted Instruction in Critical Thinking", *Informal Logic*, Vol. 24, No. 3, 2004.

Howie D., *Teaching Students Thinking Skills and Strategies*, London: Jessica Kingsley Publishers, 2011, p. 97.

Hunt E., *Will We Be Smart Enough?*, New York: Russell Sage Foundation, 1995, p. 23.

Hunter David A., *A Practical Guide to Critical Thinking: Deciding What to Do and Believe*, Hoboken NJ: John Wiley & Sons, Inc, 2009, p. 92.

Jakubowski M., *Implementing Value – Added Models of School Assessment*, European University Institute Working Papers Rscas, 2008.

Janicke Lisa, et al., *Environments for Student Growth and Development: Libraries and Student Affairs in Collaboration*, Chicago: Association of College & Research Libraries, 2012, pp. 41 – 55.

Javier C. Hernandez, *Chinese Students Excel in Critical Thinking — Until University*, 2016, https://www.nytimes.com/2016/07/31/world/asia/china – college – education – quality.html.

Jenicek M., Hitchcock D., *Evidence – Based Practice: Logic and Critical Thinking in Medicine*, Chicago: Ama Press, 2005, p. 85.

Jesse M. Cunha, Trey Miller, "Measuring Value – Added in Higher Education: Possibilities and Limitations in the Use of Administrative Data", *Economics of Education Review*, Vol. 42, No. 1, October 2014.

Jessup – Anger J. E. , "Examining How Residential College Environments Inspire the Life of The Mind", *Review of Higher Education*, Vol. 35, No. 3, 2012.

John Ishiyama, "Does Early Participation in Undergraduate Research Benefit Social Science and Humanities Students?", *College Student Journal*, Vol. 36, No. 3, January 2002.

Jones K. , "Undergraduate Research Experiences Improve Critical Thinking Ability of Animal Science Students", *Journal of Animal Science*, Vol. 97, No. 2, July 2019.

Joni M. Lakin, Diane Cardenas Elliott & Ou Lydia Liu, "Investigating Esl Students' Performance on Outcomes Assessments in Higher Education", *Educational and Psychological Measurement*, Vol. 72, No. 5, 2012.

Keeley S. , Browne M. , & Kreutzer J. , "A Comparison of Freshmen and Seniors on General and Specific Essay Tests of Critical Thinking", *Research in Higher Education*, Vol. 17, No. 1, 1982.

Keen C. , "A Studyof Changes in Intellectual Development from Freshman to Senior Year at a Cooperative Education College", *Journal of Cooperative Education*, Vol. 36, No. 3, 2001.

Kim Y. K. , & Sax L. J. , "Arethe Effects of Student – Faculty Interaction Dependent on Academic Major? An Examination Using Multilevel Modeling", *Research in Higher Education*, Vol. 52, No. 6, January 2011.

Kim Y. K. , & Sax L. J. , "Student – Faculty Interaction in Research Universities: Differences by Student Gender, Race, Social Class, and First – Generation Status", *Research in Higher Education*, Vol. 50, No. 5, 2009.

Klein S. , Benjamin R. , Shavelson R. , & Bolus R. , "The Collegiate Learning Assessment: Facts and Fantasies", *Evaluation Review*, Vol. 31, No. 5, October 2007.

Kremer F. , Bringle G. , "The Effects of an Intensive Research Experience on the Careers of Talented Undergraduates", *Journal of Research and Development in Education*, Vol. 24, No. 1, 1990.

Kugelmass H., & Ready D. D., "Racial/Ethnic Disparities in Collegiate Cognitive Gains: A Multilevel Analysis of Institutional Influences on Learning and Its Equitable Distribution", *Research in Higher Education*, Vol. 52, No. 4, 2010.

Kuh G. D., *High – Impact Educational Practices: What They Are, Who Has Access to Them, and Why They Matter*, Washington, DC: Association of American Colleges and Universities, 2008, p. 18.

Kuh G. D., *High – Impact Educational Practices: What They Are, Who Has Access to Them, and Why They Matter*, Washington: AAC&U, 2008, pp. 15 – 17.

Kuh G. D., Hu S., "The Effects of Student – Faculty Interaction in the 1990s", *Review of Higher Education*, Vol. 24, No. 3, 2001.

Ladd H. F., & Walsh R. P., "Implementing Value – Added Measures of School Effectiveness: Getting the Incentives Right", *Economics of Education Review*, Vol. 21, No. 1, 2002.

Lance C. E., Butts M. M., &Michels L. C., "The Sources of Four Commonly Reported Cutoff Criteria: What Did They Really Say?", *Organizational Research Methods*, Vol. 9, No. 2, April 2006.

Lawson T. J., "Assessing Psychological Critical Thinking as a Learning Outcome for Psychology Majors", *Teaching of Psychology*, Vol. 26, No. 3, 1999.

Lewis – Beck M., Bryman A., & Liao T. F., *The Sage Encyclopedia of Social Science Research Methods*, Thousand Oaks: Sage, 2004, pp. 35 – 38.

Liu L. O., Shaw A., Gu L., et al., "Assessing College Critical Thinking: Preliminary Results from the Chinese Heighten© Critical Thinking Assessment", *Higher Education Research & Development*, Vol. 37, No. 5, July 2018.

Liu O. L., "Measuring Learning Outcomes in Higher Education Using the Measure of Academic Proficiency and Progress (MAPP)", *ETS Research Report Series*, Vol. 2008, No. 2, 2008.

Liu O. L., "Value – Added Assessmentin Higher Education: A Comparison of Two Methods", *Higher Education*, Vol. 61, No. 4, 2011.

Loes C. , Pascarella E. , & Umbach P. , "Effects of Diversity Experiences on Critical Thinking Skills: Who Benefits?", *Journal of Higher Education*, Vol. 83, No. 1, January 2012.

London H. B. , "Breaking Away: A Study of First – Generation College Students and Their Families", *American Journal of Education*, Vol. 89, No. 1, 1989.

Lopatto D. , *Short – Term Impact of the Undergraduate Research Experience: Results of the First Summer Survey*, 2001, http://web.grinnell.edu/science/role/short – termimpactur.pdf.

Lopatto D. , "Survey of Undergraduate Research Experiences (Sure): First Findings", *Cell Biology Education*, Vol. 3, No. 4, 2004.

Lopatto D. , "Undergraduate Research as a Catalyst for Liberal Learning", *Peer Review*, Vol. 8, No. 1, January 2006.

Loyalka P. , et al. , "Skill Levels and Gains in University Stem Education in China, India, Russia and the United States", *Nature Human Behaviour*, Vol. 5, No. 7, 2021.

Mabrouk A. , Peters K. , "Student Perspectiveson Undergraduate Research Education in Chemistry and Biology", *Council on Undergraduate Research*, Vol. 21, No. 1, 2000.

Markus Keith A. , "Principles and Practice of Structural Equation Modeling", *Structural Equation Modeling*, Vol. 19, No. 3, 2012.

Marsh H. W. , & O'Mara A. , "Reciprocal Effectsbetween Academic Self – Concept, Self – Esteem, Achievement, and Attainment over Seven Adolescent Years: Unidimensional and Multidimensional Perspectives of Self – Concept", *Personality and Social Psychology Bulletin*, Vol. 34, No. 4, 2008.

Marsh H. W. , Chessor D. , Craven R. , et al. , "The Effects of Gifted and Talented Programs on Academic Self – Concept: the Big Fish Strikes Again", *American Educational Research Journal*, Vol. 32, No. 2, 1995.

Marsh H. W. , Hau K. T. , "Big – Fish – Little – Pond Effect on Academic Self – Concept: a Cross – Cultural (26 – Country) Test of the Negative Effects of Academically Selective Schools", *American Psychologist*, Vol. 58, No. 5, 2003.

Marsh H. W., Köller O., Baumert J., "Reunification of East and West German School Systems: Longitudinal Multilevel Modeling Study of the Big – Fish – Little – Pond Effect on Academic Self – Concept", *American Educational Research Journal*, Vol. 38, No. 2, 2001.

Marsh H. W., Kong C. K., Hau K. T., "Longitudinal Multilevel Models of the Big – Fish – Little – Pond Effect on Academic Self – Concept: Counterbalancing Contrast and Reflected – Glory Effects in Hong Kong Schools", *Journal of Personality and Social Psychology*, Vol. 78, No. 2, 2000.

Marsh H. W., Rowe K. J., "The Negative Effectsof School – Average Ability on Academic Self – Concept: an Application of Multilevel Modelling", *Australian Journal of Education*, Vol. 40, No. 1, 1996.

Marsh H. W., Seaton M., Trautwein U., et al., "The Big – Fish – Little – Pond – Effect Stands Up to Critical Scrutiny: Implications for Theory, Methodology, and Future Research", *Educational Psychology Review*, Vol. 20, No. 3, 2008.

Mccaffrey D. F., Lockwood J. R., Koretz D. M., & Hamilton L. S., *Evaluating Value – Added Models for Teacher Accountability*, Santa Monica, CA: Rand Corporation, 2003, p. 76.

Mccormick A. C., Mcclenney K., "Will These Trees Ever Bear Fruit? A Response to the Special Issue on Student Engagement", *The Review of Higher Education*, Vol. 35, No. 2, 2012.

Mclnnis C., Griffin P., James R., Coates H., *Development of the Course Experience Questionnaire (CEQ)*, Melbourne: Higher Education Division, Department of Education, Training and Youth Affairs, 2001, p. 1.

Mentkowski M., & Strait M., *A Longitudinal Study of Student Change in Cognitive Development, Learning Styles, and Generic Abilities in an Outcome – Centered Liberal Arts Curriculum (Final Report to the National Institute of Education, Research Report No. 6)*, Milwaukee: Alverno College, office of Research and Evaluation, 1983, p. 394.

Mines R., King P., Hood A., & Wood P., "Stages of Intellectual Development and Associated Critical Thinking Skills in College Students", *Journal of College Student Development*, Vol. 31, No. 1, 1990.

Möller J., Zitzmann S., Helm F., et al., "A Meta-Analysis of Relations between Achievement and Self-Concept", *Review of Educational Research*, Vol. 90, No. 3, 2020.

Müller-Kalthoff H., Helm F., Möller J., "The Big Three of Comparative Judgment: on the Effects of Social, Temporal, and Dimensional Comparisons on Academic Self-Concept", *Social Psychology of Education*, Vol. 20, No. 4, 2017.

Murphey, et al., "Frequent Residential Mobilityand Young Children's Well-Being", *Child Trends*, Vol. 2, No. 1, January 2012.

Nancy J. E., et al., *Student Development in College: Theory, Research, and Practice*, San Francisco: Jossey-Bass, 1998, pp. 13 – 17, 132.

National Education Goals Panel, *The National Education Goals Report*, Washington: U. S. Government Printing office, 1991, pp. 4 – 10.

Nelson Laird T. F., "College Students' Experiences with Diversity and Their Effects on Academic Self-Confidence, Social Agency, and Disposition toward Critical Thinking", *Research in Higher Education*, Vol. 46, No. 4, June 2005.

Nelson Laird T. F., Engberg M. E., & Hurtado S., "Modeling Accentuation Effects: Enrolling in a Diversity Course and the Importance of Social Action Engagement", *Journal of Higher Education*, Vol. 76, No. 4, 2005.

Nelson Laird T. F., Shoup R., Kuh G. D., & Schwarz M. J., "The Effects of Discipline on Deep Approaches to Student Learning and College Outcomes", *Research in Higher Education*, Vol. 49, No. 6, February 2008.

Norris S., Ennis R., *Evaluating Critical Thinking*, Pacific Grove: Midwest Publications, 1989, p. 3.

Nsse, *National Survey of Student Engagement*, 2017, http://www.nsse.indiana.edu/.

OECD, *Measuring Improvements in Learning Outcomes: Best Practices to Assess the Value – Added of Schools*, Paris: OECD, 2008, p. 13.

Ou Lydia Liu, "Measuring Value – Added in Higher Education: Conditions and Caveats – Results from Using the Measure of Academic Proficiency and Progress (MAPP™)", *Assessment & Evaluation in Higher Education*, Vol. 36, No. 1, January 2011.

Ou Lydia Liu, Liyang Mao, Lois Frankel & Jun Xu, "Assessing Critical Thinking in Higher Education: The Heighten™ Approach and Preliminary Validity Evidence", *Assessment & Evaluation in Higher Education*, Vol. 41, No. 5, April 2016.

Ou Lydia Liu. "Value – Added Assessment in Higher Education: A Comparison of Two Methods", *Higher Education*, Vol. 61, No. 4, 2011.

P. Romer, "Increasing Returnsand Long – Run Growth", *Journal of Political Economy*, Vol. 94, No. 5, 1986.

Pace C. R., *Achievement and the Quality of Student Effort*, Washington DC: National Commission on Excellence in Education, 1982, p. 67, 83.

Partnership for 21st Century Skills, *Framework for 21st Century Learning*, 2015, http://www.p21.org/storage/documents/p21_framework_0515.pdf.

Pascarella E. T., "Student – Faculty Informal Contact and College Outcomes", *Review of Educational Research*, Vol. 50, No. 4, 1980.

Pascarella E. T., Blaich C., Martin G. L., & Hanson J. M., "How Robust Are the Findings of Academically Adrift?", *Change: The Magazine of Higher Learning*, Vol. 43, No. 3, 2011.

Pascarella E. T., "College Environmental Influences on Learning and Cognitive Development: A Crtical Review and Synthesis", In J. Smart (Ed.), *Higher Education: Handbook of Theory and Research*, New York: Agathon, 1985, pp. 1 – 64.

Pascarella E. T., Terenzini P. T., *How College Affects Students: 21st Century Evidence That Higher Education Works (Vol. 3)*, San Francisco: The Jossey – Bass, an Imprint of Wiley, 2016, p. 827.

Pascarella E. T., Wolniak G. C., Seifert T. A., Cruce T., & Blaich C., *Liberal Arts Colleges and Liberal Arts Education: New Evidence on Impact*, San Francisco: Jossey – Bass/Ashe, 2005, p. 52.

Pascarella E., & Terenzini P., *How College Affects Students Revisited: Research from the Decade of the 1990s*, San Francisco: Jossey – Bass, 2005, p. 812.

Pascarella E., "The Development of Critical Thinking: Does College Make a Difference?", *Journal of College Student Development*, Vol. 30, No. 1, 1989.

Pascarella E., Bohr L., Nora A., & Terenzini P., "Is Differential Exposure to College Linked to the Development of Critical Thinking?", *Research in Higher Education*, Vol. 37, No. 1, 1996.

Pascarella Ernest T., et al., "Institutional Selectivity and Good Practices in Undergraduate Education: How Strong Is the Link?", *Journal of Higher Education*, Vol. 77, No. 2, 2006.

Paul R., "Critical Thinking in North American: A New Theory of Knowledge, Learning and Literacy", *Argumentation*, Vol. 5, No. 3, 1989.

Paul R., "Teaching Critical Thinking in the Strong Sense: A Focus on Self – Deception, Word – Views, and a Dialectical Mode of Analysis", *Informal Logic Newsletter*, Vol. 4, No. 2, 1982.

Perner J., Ruffman T., Leekam S. R., "Theory of Mind Is Contagious: You Catch It from Your Sibs", *Child Development*, Vol. 65, No. 4, 1994.

Pike G. R., & Killian T., "Reported Gainsin Student Learning: Do Academic Disciplines Make a Difference?", *Research in Higher Education*, Vol. 42, No. 4, 2001.

Pike G. R., "Membershipin a Fraternity or Sorority, Student Engagement, and Educational Outcomes at Aau Public Research Universities", *Journal of College Student Development*, Vol. 44, No. 3, 2003.

Pike G. R., Kuh G. D., & Mccormick A. C., "An Investigation of the Contingent Relationships between Learning Community Participation and Student Engagement", *Research in Higher Education*, Vol. 52, No. 3, October 2010.

Pike G. R., Kuh G. D., "First- and Second-Generation College Students: A Comparison of Their Engagement and Intellectual Development", *The Journal of Higher Education*, Vol. 76, No. 3, 2005.

Pike G. R., Kuh G. D., Mccormick A. C., Ethington C. A., & Smart J. C., "If and When Money Matters: The Relationships among Educational Expenditures, Student Engagement and Students' Learning Outcomes", *Research in Higher Education*, Vol. 52, No. 1, September 2011.

Prospero M. & Vohra-Gupta S., "First-Generation College Students: Motivation, Integration, and Academic Achievement", *Community College Journal of Research and Practice*, Vol. 31, No. 12, 2007.

R. Lucas, "On the Mechanics of Economic Development", *Journal of Monetary Economics*, Vol. 22, No. 1, 1988.

Raudenbush S. W., & Bryk A. S., *Hierarchical Linear Models: Applications and Data Analysis Methods (2nd Ed)*, Thousand Oaks: Sage Publications, 2002, p. 103.

Reason R. D., Terenzini P. T., & Domingo R. J., "First Things First: Developing Academic Competence in the First Year of College", Research in Higher Education, Vol. 47, No. 2, 2006.

Reed J. H., & Kromrey J. D., "Teaching Critical Thinking in a Community College History Course: Empirical Evidence from Infusing Paul's Model", *College Student Journal*, Vol. 35, No. 2, 2001.

Reid J. R., & Anderson P. R., "Critical Thinking in the Business Classroom", *Jornal of Education for Business*, Vol. 87, No. 1, 2012.

Renaud R. D., & Murray H. G., "The Validityof Higher-Order Questions as a Process Indicator of Educational Quality", *Research in Higher Education*, Vol. 48, No. 3, 2007.

Rickles M. L., Zimmer Schneider R., Slusser S. R., Williams D. M., & Zipp J. F., "Assessing Changein Student Critical Thinking for Introduction to Sociology Classes", *Teaching Sociology*, Vol. 41, No. 3, 2013.

Riehl R. J., "The Academic Preparation, Aspiration and First-Year Performance of First – Generation Students", *College and University*, Vol. 70, No. 1, 1994.

Robinson W. S. , "Ecological Correlations and the Behavior of Individual", *International Journal of Epidemiology*, Vol. 40, No. 4, August 2011.

Rodriguez S. , "What Helps Some First – Generation Students Succeed?", *About Campus*, Vol. 8, No. 4, September 2003.

Rykiel J. , "The Community College Experience: Is There an Effect on Critical Thinking and Moral Reasoning", *Dissertation Abstracts International*, Vol. 56, No. 1, 1995.

Saavedra A. R. , & Saavedra J. E. , "Do College Cultivate Critical Thinking, Problem Solving, Writing, and Interpersonal Skills?", *Economics of Education Review*, Vol. 30, No. 6, December 2011.

Sam Hambur, Ken Rowe, *Graduate Skills Assessment Stage One Validity Study*, Melbourne Australian: Australian Council for Educational Research Evaluations and Investigations Programme, 2002, p. 25.

Sanders W. L. , & Horn S. P. , "Research Findings from the Tennessee Value – Added Assessment System (Tvaas) Database: Implications for Educational Evaluation and Research", *Journal of Personnel Evaluation in Education*, Vol. 12, No. 3, 1998.

Sanders W. L. , *Comparisons among Various Educational Assessment Value – Added Models*, The Power of Two – National Value – Added Conference, Columbus, Oh, 2006, Retrieved From http://www.sas.com/govedu/edu/services/vaconferencepaper.pdf.

Sax L. J. , Bryant A. N. , & Harper C. E. , "The Differential Effectsof Student – Faculty Interaction on College Outcomes for Women and Men", *Journal of College Student Development*, Vol. 46, No. 6, 2005.

Schmeer K. K. , Teachman J. , "Changing Sibship Size and Educational Progress During Childhood: Evidence from The Philippines", *Journal of Marriage and Family*, Vol. 71, No. 3, 2009.

Schultz T. W. , "Investmentin Human Capital", *American Economic Review*,

Vol. 51, No. 1, 1961.

Seymour E., et al., "Establishing the Benefits of Research Experiences for Undergraduates in the Sciences: First Findings from a Three - Year Study", *Science Education*, Vol. 88, No. 4, April 2004.

Shields N., "Stress, Active Coping, and Academic Preparedness among Persisting and Nonpersisting College Students", *Journal of Applied Biobehavioral Research*, Vol. 6, No. 2, 2001.

Smith B., "The Improvement of Critical Thinking", *Progressive Education*, Vol. 30, No. 1, 1953.

Smith F., *To Think in Language, Learning and Education*, London: Routledge, 1992, p. 92.

Spence A. M., "Job Market Signaling", *Quarterly Journal of Economics*, Vol. 87, No. 3, 1973.

Stanford University, *Learning & Living at Stanford*, 2013, http://www.stanford2025.com/.

Steedle J. T., "Selecting Value - Added Models for Postsecondary Institutional Assessment", *Assessment & Evaluation in Higher Education*, Vol. 37, No. 6, April 2011.

Steedle J. T., *Advancing Institutional Value - Added Score Estimation*, New York: Council for Aid to Education, 2009, p. 104.

Steedle J. T., *Improving the Reliability and Interpretability of Value - Added Scores for Post - Secondary Institutional Assessment Programs*, Paper Presented at the Annual Meeting of the American Educational Research Association, Denver, 2010.

Steedle J. T., *Advancing Institutional Value - Added Score Estimation*, New York: Council for Aid to Education, 2009.

Steele J., *Assessing Reasoning and Communication Skills of Postsecondary Students*, Paper Presented at the Meeting of the American Educational Research Association, San Francisco, 1986.

Sternberg R. J., *Sternberg Triarchic Abilities Test (Modified), Level H.*, New

Haven: Department of Psychology University of Yale, 1993, p. 7.

Stiglitz J., "The Theory of Screening, Education, and the Distribution of Income", *American Economics Review*, Vol. 65, No. 3, 1975.

Strauss L. C., & Volkwein J. F., "Comparing Student Performance and Growth in Two – and Four – Year Institutions", *Research in Higher Education*, Vol. 43, No. 2, 2002.

Taraban R., Rogue E., "Academic Factors That Affect Undergraduate Research Experiences", *Journal of Educational Psychology*, Vol. 104, No. 2, 2012.

The Critical Thinking Co.™, *Cornell Critical Thinking Tests*, 2017, http://www.criticalthinking.com/cornell – critical – thinking – tests.html.

Thiry H., et al., "The Benefits of Multi – Year Research Experiences: Differences in Novice and Experienced Students'Reported Gains from Undergraduate Research", *Cbe—Life Sciences Education*, Vol. 11, No. 3, 2012.

Thiry H., Laursen L., "The Role of Student – Advisor Interactions in Apprenticing Undergraduate Researchers into a Scientific Community of Practice", *Journal of Science Education and Technology*, Vol. 20, No. 6, January 2011.

Tinto V., "Dropoutfrom Higher Education: A Theoretical Synthesis of Recent Research", *Review of Educational Research*, Vol. 45, No. 1, 1975.

Tinto V., *Leaving College: Rethinking the Causes and Cures of Student Attrition*, Chicago: University of Chicago Press, 1987, p. 87.

Tinto V., *Leaving College: Rethinking the Causes and Cures of Student Attrition* (2nd Ed.), Chicago: University of Chicago Press, 1993, p. 87.

Traub R. E., "A Noteon the Reliability of Residual Change Scores", *Journal of Educational Measurement*, Vol. 4, No. 4, 1967.

Tsaousides T., Jome L. R., "Perceived Career Compromise, Affect and Work – Related Satisfaction in College Students", *Journal of Vocational Behavior*, Vol. 73, No. 2, 2008.

Umbach P. D., & Wawrzynski M. R., "Faculty Do Matter: The Role of College Faculty in Student Learning and Engagement", *Research in Higher Edu-*

cation, Vol. 46, No. 2, 2005.

Van Gelder T., "The Rationale for Rationaletm", *Law, Probability and Risk*, Vol. 6, No. 1, 2007.

Wainer, H., "Introduction to the Value - Added Assessment", *Journal of Educational and Behavioral Statistics*, Vol. 29, No. 1, 2004.

Walker A. A., "Learning Communitiesand Their Effect on Students' Cognitive Abilities", *Journal of the First - Year Experience*, Vol. 15, No. 2, September 2003.

Wang W., Du W., Liu P., et al., "Five - Factor Personality Measures in Chinese University Students: Effects of one - Child Policy?", *Psychiatry Research*, Vol. 109, No. 1, 2002.

Watson G., Glaser E. M., *Watson - Glaser Critical Thinking Appraisal Manual*, San Antonio: Psychological Corp, 1994, p. 6.

Weiss A., "Human Capital Vs. Signaling Explanations of Wages", *Journal of Economic Perspectives*, Vol. 9, No. 4, 1995.

Weston T. J., Laursen S. L., "The Undergraduate Research Student Self - Assessment (Urssa): Validation for Use in Program Evaluation", *Cbe - Life Sciences Education*, Vol. 14, No. 3, September 2015.

Wettstein R. B., Wilkins R. L., Gardner D. D., & Restrepo R. D., "Critical Thinking Ability in Respiratory Care Students and Its Correlation with Age, Educational Background, and Performance on National Board Examinations", *Respiratory Care*, Vol. 56, No. 3, 2011.

Whitla D., *Value Added: Measuring the Impact of Undergraduate Education*, Cambridge: Harvard University, office of Instructional Research and Evaluation, 1978, p. 116.

Williams R. L., Oliver R., & Stockdale S., "Psychological Versus Generic Critical Thinkingas Predictors and Outcome Measures in a Large Undergraduate Human Development Course", *Journal of General Education*, Vol. 53, No. 1, 2004.

Winter D., Mcclelland D., "Thematic Analysis: An Empirically Derived

Measure of the Effects of Liberal Arts Education", *Journal of Educational Psychology*, Vol. 70, No. 1, 1978.

Wolniak G. C., Pierson C. T., & Pascarella E. T., "Effects of Intercollegiate Athletic Participation on Male Orientations toward Learning", *Journal of College Student Development*, Vol. 42, No. 6, 2001.

Wößmann L., "Educational Production in East Asia: The Impact of Family Background and Schooling Policies on Student Performance", *German Economic Review*, Vol. 6, No. 3, 2005.

Wright S. P., White J. T., Sanders W. L., & Rivers J. C., *Sas Evaas Statistical Models*, *Sas Evaas Technical Report*, Cary: Sas Institute, Inc, 2010, Retrieved From http://www.sas.com/resources/asset/sas-evaas-statistical-models.pdf.

Yeung W. J., Conley D., "Black – White Achievement Gap and Family Wealth", *Child Development*, Vol. 79, No. 2, 2008.

Zajonc R., Markus B., Gregory B., "Birth Order and Intellectual Development", *Psychological Review*, Vol. 82, No. 1, 1975.

中文文献

[古希腊] 柏拉图：《理想国》，侯皓元译，陕西人民出版社2007年版，第93页。

包志梅：《我国高水平大学学困生的形成过程与边缘化轨迹研究》，《中国青年研究》2022年第4期。

鲍威、陈亚晓：《经济资助方式对农村第一代大学生学业发展的影响》，《北京大学教育评论》2015年第2期。

鲍威：《第一代农村大学生的升学选择》，《教育学术月刊》2013年第1期。

本刊记者：《全国教育学研究会第二届年会讨论全面发展等问题》，《教育研究》1981年第6期。

陈振华：《批判性思维培养的模式之争及其启示》，《高等教育研究》2014年第9期。

［美］达摩达尔·N. 古扎拉蒂：《计量经济学基础（第四版）》，费剑平等译，中国人民大学出版社 2005 年版，第 51—56 页。

［加］戴维·希契柯克：《批判性思维教育理念》，张亦凡、周文慧译，《高等教育研究》2012 年第 11 期。

［加］董毓：《批判性思维原理和方法——走向新的认知和实践》，高等教育出版社 2016 年版，第 4 页。

董毓、武宏志、王文方、熊明辉：《批判性思维笔谈》，《华中科技大学学报》（社会科学版）2014 年第 4 期。

董毓：《批判性思维三大误解辨析》，《高等教育研究》2012 年第 11 期。

范皑皑等：《本科期间科研参与情况对研究生类型选择的影响》，《中国高教研究》2017 年第 7 期。

范静波：《高等教育生源质量与教育质量对个人收入的影响——兼论教育的生产与信号功能》，《教育科学》2013 年第 3 期。

方长春、风笑天：《家庭背景与学业成就——义务教育中的阶层差异研究》，《浙江社会科学》2008 年第 8 期。

风笑天、王小璐：《城市青年的职业适应：独生子女与非独生子女的比较研究》，《江苏社会科学》2003 年第 4 期。

风笑天：《独生子女青少年的社会化过程及其结果》，《中国社会科学》2000 年第 6 期。

风笑天：《在职青年与父母的关系：独生与非独生子女的比较及相关因素分析》，《江苏社会科学》2007 年第 5 期。

风笑天：《中国第一代城市独生子女的社会适应》，《教育研究》2005 年第 10 期。

冯向东：《关于教育的经验研究：实证与事后解释》，《教育研究》2012 年第 4 期。

高潇怡、刘俊娉：《论混合方法在高等教育研究中的具体应用——以顺序性设计为例》，《比较教育研究》2009 年第 3 期。

谷振诣：《如何进行批判：孟子的愤怒与苏格拉底的忧伤》，上海教育出版社 2017 年版，第 19 页。

郭卉、韩婷：《大学生科研学习投入对学习收获影响的实证研究》，《教育研究》2018 年第 6 期。

郭卉、韩婷：《本科生科研学习收获因子相互关系研究》，《高等教育研究》2018 年第 9 期。

郭卉、韩婷：《大学生科技创新团队：最有效的本土化大学生科研学习形式——基于三所研究型大学的调查》，《高教探索》2018 年第 1 期。

郭卉、韩婷：《科研实践共同体与拔尖创新人才培养——大学生在科技创新团队中的学习经历探究》，《高等工程教育研究》2016 年第 6 期。

郭卉等：《理工科大学生参与科研活动的收获的探索性研究——基于"国家大学生创新创业训练计划"项目负责人的个案调查》，《高等工程教育研究》2015 年第 6 期。

郭建鹏、刘公园、杨凌燕：《大学生学习投入的影响机制与模型——基于 311 所本科高等学校的学情调查》，《教育研究》2021 年第 8 期。

韩嘉玲等：《城乡的延伸——不同儿童群体城乡的再生产》，《青年研究》2014 年第 1 期。

郝克明、汪明：《独生子女群体与教育改革——我国独生子女状况研究报告》，《教育研究》2009 年第 2 期。

郝文武：《实现三维教学目标统一的有效教学方式》，《教育研究》2009 年第 1 期。

华东师范大学教育系、杭州大学教育系：《现代西方资产阶级教育思想流派论著选》，人民教育出版社 1980 年版，第 41 页。

［美］加里·斯坦利·贝克尔：《人力资本——特别是关于教育的理论与经验分析》，梁小民译，北京大学出版社 1987 年版，第 2 页。

贾勇宏：《农村留守经历对大学生在校发展成就的影响研究——基于 4596 名在校本科大学生的调查》，《教育发展研究》2020 年第 23 期。

姜凡、眭依凡：《世界一流大学建设须以一流学科建设为基础》，《教育发展研究》2016 年第 19 期。

教育部、财政部、国家发展改革委：《关于高等学校加快"双一流"建设的指导意见（教研〔2018〕5 号）》（http://www.moe.gov.cn/srcsite/A22/moe_843/201808/t20180823_345987.html）。

教育部、财政部、国家发展改革委：《统筹推进世界一流大学和一流学科建设实施办法（暂行）（教研［2017］2号）》（http：//www. gov. cn/xinwen/2017 - 01/27/content_5163903. htm#1）。

教育部：《2018年全国教育事业发展基本情况年度发布》（http：//www. moe. gov. cn/fbh/live/2019/50340/sfcl/201902/t20190226_371173. html）。

［美］杰罗姆·布鲁纳：《布鲁纳教育论著选》，邵瑞珍等译，人民教育出版社1989年版，第13页。

靳诺：《世界一流大学一流学科建设的"形"与"魂"》，《国家教育行政学院学报》2016年第6期。

［美］理查德·莱文：《以批判眼光看中国本科教育》，《国际人才交流》2011年第3期。

李春玲：《社会政治变迁与教育机会不平等——家庭背景及制度因素对教育获得的影响（1940—2001）》，《中国社会科学》2003年第3期。

李根、葛新斌：《农民工随迁子女异地高考政策制定过程透析——从制度分析与发展框架的视角出发》，《高等教育研究》2014年第4期。

李湘萍：《大学生科研参与与学生发展——来自中国案例高校的实证研究》，《北京大学教育评论》2015年第1期。

李湘萍、周作宇、梁显平：《增值评价与高等教育质量保障研究：理论与方法述评》，《清华大学教育研究》2013年第4期。

李晓曼、曾湘泉：《新人力资本理论——基于能力的人力资本理论研究动态》，《经济学动态》2012年第11期。

李煜：《制度变迁与教育不平等的产生机制——中国城市子女的教育获得（1966 - 2003）》，《中国社会科学》2006年第4期。

李志：《城市独生子女大学生人格特征的调查研究》，《青年研究》1998年第9期。

蔺秀云、王硕、张曼云、周翼：《流动儿童学业表现的影响因素——从教育期望、教育投入和学习投入角度分析》，《北京师范大学学报》（社会科学版）2009年第5期。

刘精明：《中国基础教育领域中的机会不平等及其变化》，《中国社会科学》2008年第5期。

刘选会、钟定国、行金玲：《大学生专业满意度、学习投入度与学习效果的关系研究》,《高教探索》2017 年第 2 期。

卢忠耀、陈建文:《大学生批判性思维倾向与学习投入:成就目标定向、学业自我效能的中介作用》,《高等教育研究》2017 年第 7 期。

陆根书、胡文静:《师生、同伴互动与大学生能力发展——第一代与非第一代大学生的差异分析》,《高等工程教育研究》2015 年第 5 期。

[美] 罗伯特·斯腾伯格、陶德·陆伯特:《创意心理学》,曾盼盼译,中国人民大学出版社 2009 年版,第 5 页。

罗清旭:《论大学生批判性思维的培养》,《清华大学教育研究》2000 年第 4 期。

马莉萍、管清天:《院校层次与学生能力增值评价——基于全国 85 所高校学生调查的实证研究》,《教育发展研究》2016 年第 1 期。

聂景春等:《农村儿童兄弟姐妹的影响研究:交流互动或资源稀释?》,《人口学刊》2016 年第 6 期。

彭正梅、邓莉:《迈向教育改革的核心:培养作为 21 世纪技能核心的批判性思维技能》,《教育发展研究》2017 年第 24 期。

[美] 彼得·范西昂:《批判性思维:它是什么,为何重要?》,都建颖、李琼译,《工业和信息化教育》2015 年第 7 期。

钱颖一:《批判性思维与创造性思维教育:理念与实践》,《清华大学教育研究》2018 年第 4 期。

邵国平:《独生子女恋爱观及其行为调查与分析》,《青年研究》2010 年第 2 期。

沈红、汪洋、张青根:《我国高校本科生批判性思维能力测评工具的研制与检测》,《高等教育研究》2019 年第 10 期。

沈红、王鹏:《"双一流"建设与研究的维度》,《中国高教研究》2018 年第 4 期。

沈红、张青根:《我国大学生的能力水平与高等教育增值——基于"2016 全国本科生能力测评"的分析》,《高等教育研究》2017 年第 11 期。

沈红:《中国大学教师发展状况——基于"2014 中国大学教师调查"的分析》,《高等教育研究》2016 年第 2 期。

史静寰、涂冬波、王纾、吕宗伟、谢梦、赵琳:《基于学习过程的本科教育学情调查报告2009》,《清华大学教育研究》2011年第4期。

史静寰、文雯:《清华大学本科教育学情调查报告2010》,《清华大学教育研究》2012年第1期。

宋健、黄菲:《中国第一代独生子女与其父母的代际互动——与非独生子女的比较研究》,《人口研究》2011年第3期。

苏林琴、孙佳琪:《我国高校学生学业增值评价研讨——兼评美国的研究与实践》,《教学研究》2014年第5期。

孙冉、梁文艳:《第一代大学生身份是否会阻碍学生的生涯发展——基于首都大学生成长追踪调查的实证研究》,《中国高教研究》2021年第5期。

[英]特朗博·史蒂文森:《牛津英语大词典简编本》,上海外语教育出版社2004年版,第3500页。

田丰、刘雨龙:《高等教育对独生子女和非独生子女差异的影响分析》,《人口与经济》2014年第5期。

童星:《家庭背景会影响大学生的学业表现吗?——基于国内外41项定量研究的元分析》,《南京师大学报》(社会科学版)2020年第5期。

[美]托尼·法布尔:《独生子女与独生子女家庭》,王亚南译,云南教育出版社2001年版,第23页。

汪传艳、雷万鹏:《美国促进流动儿童接受高中教育基本经验研究》,《比较教育研究》2016年第7期。

王红、陈纯槿:《城市随迁子女义务教育质量的影响因素研究——基于中国教育追踪调查数据的实证分析》,《教育经济评论》2017年第2期。

王晓焘:《城市青年独生子女与非独生子女的教育获得》,《广西民族大学学报》(哲学社会科学版)2011年第5期。

王旭初、黄达人:《关于"双一流"建设若干关系的思考》,《高等教育研究》2018年第5期。

王跃生:《城市第一代独生子女家庭亲子居住方式分析》,《中国人口科学》2016年第5期。

温忠麟、叶宝娟:《中介效应分析:方法和模型发展》,《心理科学进展》2014年第5期。

文雯、初静、史静寰:《"985"高校高影响力教育活动初探》,《高等教育研究》2014 年第 8 期。

邬志辉、李静美:《农民工随迁子女在城市接受义务教育的现实困境与政策选择》,《教育研究》2016 第 9 期。

吴峰、王曦:《大学生情绪智力对学业成就的影响——基于结构方程模型实证研究》,《教育学术月刊》2017 年第 1 期。

吴霓、朱富言:《随迁子女在流入地高考政策实施研究——基于 10 个城市的样本分析》,《教育研究》2016 年第 12 期。

吴琼:《早期的流动经历与青年时期教育成就》,《中国青年研究》2017 年第 1 期。

[美]西奥多·舒尔茨:《对人进行投资——人口质量经济学》,吴珠华译,首都经济贸易大学出版社 2002 年版,第 21—45,46—63 页。

[美]西奥多·舒尔茨:《人力资本投资——教育和研究的作用》,蒋斌、张蘅译,商务印书馆 1990 年版,第 62 页。

夏欢欢、钟秉林:《大学生批判性思维养成的影响因素及培养策略研究》,《教育研究》2017 年第 5 期。

肖富群:《农村青年独生子女的就业特征——基于江苏、四川两省的调查数据》,《中国青年研究》2011 年第 12 期。

谢建社、牛喜霞、谢宇:《流动农民工随迁子女教育问题研究——以珠三角城镇地区为例》,《中国人口科学》2011 年第 1 期。

谢永飞、杨菊华:《家庭资本与随迁子女教育机会:三个教育阶段的比较分析》,《教育与经济》2016 年第 3 期。

徐晓新、张秀兰:《将家庭视角纳入公共政策——基于流动儿童义务教育政策演进的分析》,《中国社会科学》2016 年第 6 期。

许丹东、吕林海、傅道麟:《中国研究型大学本科生高影响力教育活动特征探析》,《高等教育研究》2020 年第 2 期。

薛海平、王蓉:《教育生产函数与义务教育公平》,《教育研究》2010 年第 1 期。

[美]雅各布·明塞尔:《人力资本研究》,张凤林译,中国经济出版社 2001 年版,第 4 页。

严善平：《地区间人口流动的年龄模型及选择性》，《中国人口科学》2004年第3期。

央广网：《75 所教育部直属高校公布 2019 年预算》（http：//www.cnr.cn/chanjing/jiaoyu/20190429/t20190429_524594990.shtml）

杨宝琰、万明钢：《父亲受教育程度和经济资本如何影响学业成绩——基于中介效应和调节效应的分析》，《北京大学教育评论》2015年第2期。

叶晓力、欧阳光华、曾双：《师范生自我概念与教师职业认同的关系：学习性投入的中介作用》，《教师教育研究》2021年第3期。

俞光祥、沈红：《家庭收入对本科生批判性思维能力的影响——基于院校层次中介效应的实证研究》，《中国高教研究》2019年第2期。

原新、穆滢潭：《独生子女与非独生子女居住方式差异分析——基于logistic差异分解模型》，《人口研究》2014年第4期。

[美] 约翰·杜威：《我们怎样思维·经验与教育》，姜文闵译，人民教育出版社2005年版，第6、13、94页。

张华峰、郭菲、史静寰：《促进家庭第一代大学生参与高影响力教育活动的研究》，《教育研究》2017年第6期。

张绘、龚欣、姚浩根：《流动儿童学业表现及影响因素分析》，《北京大学教育评论》2011年第3期。

张绘、郭菲：《美国流动儿童教育管理和教育财政问题及应对措施》，《比较教育研究》2011年第8期。

张青根、沈红：《独生子女与非独生子女大学生批判性思维能力的差异性分析》，《复旦教育论坛》2018年第4期。

张青根、沈红：《早期流动求学经历对大学生批判性思维能力及其增值的影响》，《教育经济评论》2018年第1期。

张青根、沈红：《中国本科生批判性思维能力增值再检验——兼议高等教育增值评价的实践困境》，《中国高教研究》2022年第1期。

张青根、沈红：《中国大学教育能提高本科生批判性思维能力吗——基于"2016全国本科生能力测评"的实证研究》，《中国高教研究》2018年第6期。

张月云、谢宇:《低生育率背景下儿童的兄弟姐妹数、教育资源获得与学业成绩》,《人口研究》2015年第4期。

赵宁宁等:《流动儿童环境支持要素探讨——流动儿童语文学业成绩及其环境要素的多层线性分析》,《教育学报》2016年第3期。

赵婷婷、杨翊、刘欧、毛丽阳:《大学生学习成果评价的新途径——EPP(中国)批判性思维能力测试报告》,《教育研究》2015年第9期。

赵婷婷、杨翊:《大学生学习成果评价:五种思维能力测试的对比分析》,《中国高教研究》2017年第3期。

郑也夫:《吾国教育病理》,中信出版社2013年版,第195页。

中华人民共和国教育部:《2016年全国教育事业发展统计公报》(http://www.moe.gov.cn/jyb_sjzl/sjzl_fztjgb/201707/t20170710_309042.html)。

钟秉林、方芳:《一流本科教育是"双一流"建设的重要内涵》,《中国大学教学》2016年第4期。

钟秉林:《一流本科教育是"双一流"建设的核心任务和重要基础》,《中国高等教育》2017年第19期。

仲海霞:《批判性思维能力测试评介》,《工业和信息化教育》2018年第5期。

周光礼、武建鑫:《什么是世界一流学科》,《中国高教研究》2016年第1期。

周光礼:《"双一流"建设中的学术突破——论大学学科、专业、课程一体化建设》,《教育研究》2016年第5期。

周皓、荣珊:《我国流动儿童研究综述》,《人口与经济》2011年第3期。

周皓、巫锡伟:《流动儿童的教育绩效及其影响因素:多层线性模型分析》,《人口研究》2008年第4期。

周皓:《家庭社会经济地位、教育期望、亲子交流与儿童发展》,《青年研究》2013年第3期。

周金燕:《流动儿童和城市本地儿童放学后时间分配的比较研究——来自北京市四所小学的调查证据》,《教育科学研究》2016年第5期。

后　　记

　　踏入本科生批判性思维研究领域，颇为偶然。2016 年年初，协助我的博士导师沈红教授申请国家自然科学基金面上项目，研究主题聚焦于高等教育增值与毕业生就业之间的关系，当时的基本思路还是沿用经典的本科生学习投入与收获调查等方式来间接测度本科生高等教育就读期间在知识扩展、学业进步、人际交往、组织管理、见识、情感、心理和人格等方面的发展情况，并基于此来探讨增值与就业之间的关系。巧合的是，同年 7 月底，《纽约时报》报道了斯坦福大学研究团队关于中美俄三国本科生批判性思维能力测评结果，引起了国内外巨大轰动，也极大地吸引了我们团队的注意。8 月中旬，导师年初申请的项目获批，研究工作开始系统推进。我们充分讨论、吸收和反思斯坦福大学研究团队的相关研究工作，并在项目申请书原有思路基础上进一步扩展，广泛借鉴世界经济论坛、21 世纪技能合作组织、世界银行等机构发布的研究报告，综合国内外专家学者意见，逐步将高等教育增值聚焦于以批判性思维能力、创造力、人际交往能力、问题解决能力等为代表的高阶核心认知能力的发展之上。这种转变选择面临着巨大的理论争议与可行性挑战，也考验着研究团队的毅力与决心。尤为特别的，我们联合国际化、多学科团队开发了针对中国本科生的本土化、客观化的批判性思维能力测试工具，这也是迄今为止国内高等教育研究领域极为罕见的测试工具。2016 年 12 月以及 2019 年 10 月至 12 月，研究团队花费了远超项目资助经费的成本，在克服各种极端困难下开展了全国本科生能力基线与追踪测评。本书正是在该基线与追踪调查数据库基础上完成的，其中不少内容已发表在国内外知名期刊上，近年来也在批判性思维研究领域偶尔激起了几缕涟漪。

开展本科生批判性思维研究，也兼具必然。2013至2016年间，我的博士学位论文研究的是中国个人教育收益中的文凭效应，试图利用多种计量经济学方法探讨在中国劳动力市场中教育文凭的信号价值及其实现机制，其本质是对人力资本理论与筛选理论的检验，也即是回答"教育经济价值到底是来源于教育提升了受教育者能力，还是通过教育系统筛选出了高能力个体"这一经典问题。博士毕业后，首先面临的选择是，要么继续沿着博士学位论文的思路，把"教育的作用"当作一个"黑箱"进行整体性分析，寻找更丰富全面的教育与劳动力市场数据、更科学严谨的研究设计、更高深复杂的计量模型等，来精细化探究教育经济价值、回应理论之争。这是过去六十多年来国内外教育经济学家开展研究的常规选择，极具理论价值与现实挑战，但也无法回答如何提升能力或挑选高能力个体。要么另辟蹊径，打破"黑箱"，深入考察教育与个体的互动过程，探究个体知识、技能与能力的提升程度及其内部作用机制，从而直接检验人力资本理论的核心论断。这种研究选择将研究重点从测度教育经济价值（生产性价值和信号价值）转移至高等教育增值评价上，其本质内核是相通的，同时，既保证了我前期研究工作的延续性，也为我开启了研究的另一扇窗。为此，我选择于2017年进入教育学博士后流动站，合作导师为贾永堂教授。开展高等教育增值评价研究，既要关注入门时的基线水平和出门时的毕业水平，也要关注在高等教育期间的增值水平，更需关注为什么高等教育能够带来知识、技能与能力等的增值。然而，推进这些研究的前提是寻找到关键抓手。批判性思维能力是创新创造的基础，也是国际高等教育普遍认可的高阶认知能力，更是高等教育人才培养的核心目标。以批判性思维能力发展作为高等教育增值研究的核心抓手，极具重要性、代表性与典型性。为此，我的博士后出站报告便聚焦于本科教育与中国本科生批判性思维能力增值研究，这也是本书的由来。

在找寻个人研究领域的偶然与必然之间，我也深深感受到在高等教育阶段开展批判性思维研究的时代应然。党和国家明确提出了"全面提高人才自主培养质量、着力造就拔尖创新人才"的时代要求，这也是服务科教兴国战略、人才强国战略、创新驱动发展战略的核心举措。但这绝不仅仅是面向少数天才学生的教育改革，也不是人才培养模式的局部微调，而是需要教育体系和人才培养模式的系统革新，尤其需要在顶层设计中旗帜鲜明地突出强调以批判性思维能力等为代表的高阶认知能力的培养目标。而反观当前中国高等教育的人才培养目标，罕见提及批判性思维字眼，在课程体系设计中也鲜见嵌入批判性思维培养。国内高等教育研究领域关于批判性思维的理论与实践研究也难称充分，尤其缺乏基于理论设计、实践支撑、客观化效果评估的系统性研究。这种以批判性思维为代表的高阶核心认知能力的理论研究与培养实践现状，也让人深深担忧面向未来的拔尖创新人才培养的可能、可行及其可靠性。作为高等教育领域中的实践者与研究者，切实希望能贡献实践与研究力量，回应时代号召。这也是选择出版此书的内在使命，希冀将这一本不太成熟的实证研究成果化作"瓦石"，在批判性思维理论研究与培养实践的平静湖面中泛起几朵浪花，引起学界及教育实践界同仁关注的同时，静待同仁们产生众多批判性思维研究"良玉"，共同推动高等教育人才的批判性思维培养。

在本书即将付梓之际，在此仅表达我最真挚的谢意。感谢博士后合作导师贾永堂教授一直以来给予的指导、帮助与支持。贾老师是思想深邃、知识渊博、谦逊儒雅、拥有宽广格局视野又不失幽默风范的资深前辈，他的为师、为学、为人风范让人敬仰，也时刻感召和激励我前进。感谢博士导师沈红教授给我创造的学习平台和研究机会，十二年来对我视如己出、精心栽培和细心呵护，为我个人学业成长、职业发展以及日常生活等付出了巨大心血。感谢参与2016至2019年基线与追踪调查的全国本科生们，感谢为调查做出重要贡献的高校联系人、监考员以及团队小伙伴们。感谢华中科技大学人文社科处、区域高等教育发展研究中心等给予的经费支持，感谢中国社会科学出版社赵丽编辑在专著出版过程中给予的竭诚帮助与辛勤付出。感谢让我学习和生活了十五年的华中科技大学及华中科技大学教育科学研究院，让我能够远离喧嚣，徜徉在学术的海洋。

张青根

华中科技大学 醉晚亭

2023年7月1日